Hannes Bonzheim | Matthias Futterer

Die magische Welt unserer Vögel

Die heimische Vogelwelt
ganz neu entdecken
und schützen

BLV

Bayerischer Landwirtschaftsverlag

Hannes Bonzheim | Matthias Futterer

Die magische Welt unserer Vögel

Die heimische Vogelwelt
ganz neu entdecken
und schützen

Text: Hannes Bonzheim
Fotos: Hannes Bonzheim und Matthias Futterer

BLV

Ob zu Land oder zu Wasser – unsere »gefiederten Freunde« begrüßen uns überall. Entweder hoch am Himmel oder verborgen in der Umgebung. Vögel gibt es in den verschiedensten Größen und Formen, vom majestätischen Höckerschwan mit bis zu 160 Zentimetern bis hin zum zierlichen Wintergoldhähnchen mit gerade mal acht bis neun Zentimetern Körpergröße. Viele schmücken sich mit einem prachtvollen Federkleid, andere legen lieber Wert auf hervorragende Tarnung. Es gibt exzellente Flieger, wie die Rauchschwalbe, die sich akrobatisch durch die Luft bewegen. Andere, wie der Zwergtaucher, erheben sich nur selten hoch in die Lüfte und tauchen lieber ein in die Unterwasserwelt. Manche erfreuen uns mit wohlklingendem Gesang, andere sind keine »Vögel der großen Töne«.

Mit diesem Buch möchten wir Ihnen einen Einblick in die atemberaubende Vielfältigkeit unserer heimischen Vogelwelt gewähren. Wir wollen Sie zum Staunen und Genießen einladen und Sie gleichzeitig anregen, selbst hinauszuziehen, um unsere Vögel und ihren Lebensraum besser kennenzulernen und aktiv zu schützen. Außerdem möchten wir Sie auf eine kleine Reise in das tropische mittelamerikanische Land Costa Rica entführen, dessen Vogelvielfalt aus über 900 Arten jedes europäische Land in den Schatten stellt. Obwohl dieses Vogelparadies über 9000 Kilometer entfernt liegt, ist die dortige Vogelwelt der unseren gar nicht so unähnlich.

Seit Jahren sind wir begeisterte Naturfotografen. Hinter vielen unserer eindrucksvollen Naturfotos stecken Dutzende Vorbereitungsstunden, gefolgt von geduldigem Ausharren im engen, dunklen Tarnzelt, bei Wind und Wetter. Als Naturliebhaber gehen wir interessiert auf Lebewesen zu, doch oft kommen die Tiere auch zu uns, und besondere Fotos wurden nur möglich, weil ein Tier uns sein Vertrauen schenkte. Viele dieser einzigartigen Momente, die wir in der Natur mit ihren Bewohnern erlebt haben, haben wir in diesem Buch für Sie, liebe Leserin, lieber Leser, zusammengetragen, um Ihnen neben den wunderschönen Vögeln und ihrer Lebensweise auch einen Einblick hinter die Kulissen des Naturfotografen zu geben.

Wenn Sie nicht bereits für die Vogelwelt brennen, hoffen wir, dass wir mit diesem Buch Ihr Feuer, Ihr Interesse und Ihre Faszination für die Natur und ihre Bewohner entfachen können. In diesem Sinne wünschen wir Ihnen viel Freude beim Lesen!

Hannes Bonzheim

Matthias Futterer

Die Winzlinge

In diesem Kapitel finden Sie Vogelarten, die mit einer Größe bis zu 13 Zentimetern aufwarten – vom Wintergoldhähnchen, dem kleinsten Vogel Europas, bis zum herrlich tirilierenden Schwarzkehlchen.

Wintergoldhähnchen

Regulus regulus

AUF EINEN BLICK

LEBENSERWARTUNG
bis zu 4 Jahre

GRÖSSE
8 bis 9 cm

MIGRATION
Standvogel

BRUTZEIT
April bis Juli

EIER
8 bis 12

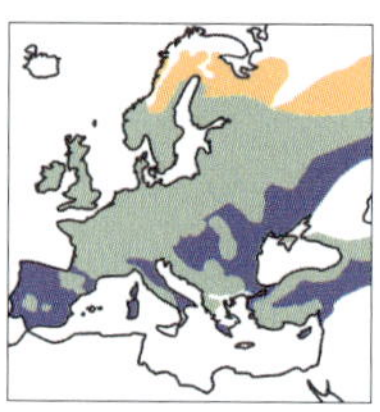

Darf ich vorstellen: das kleinste Vögelchen Europas - das Wintergoldhähnchen! Es wird mit einer Körpergröße von acht bis neun Zentimetern äußerst schnell übersehen und ist dazu noch mit einem Gewicht von gerade mal fünf bis sechs Gramm der »leichteste« Vogel Europas. Seinen Beinamen »Hähnchen« verdankt es den intensiv gefärbten Scheitelfedern, die an einen Hahnenkamm erinnern.

Man trifft das Wintergoldhähnchen häufig in Nadelbäumen, besonders in Fichten an, wo es rastlos von Ast zu Ast hüpfend in kleinen Schwärmen nach Fressbarem, wie winzigen Spinnen, Springschwänzen und anderen Insekten, sucht. Sogar kopfüber kann dieser Winzling unter den Ästen herumklettern, ohne abzustürzen. Weibliche und männliche Wintergoldhähnchen unterscheiden sich lediglich in der Farbe des Scheitelstreifs: Beim Weibchen ist er zitronengelb, beim Männchen weist dieser in der Mitte ein leuchtendes Orange auf, das außen in Gelb übergeht. Übrigens: Wintergoldhähnchen singen häufig. Allerdings ist ihr Gesang so hoch und klar, dass insbesondere ältere Menschen ihn oftmals nicht mehr wahrnehmen können.

Das Wintergoldhähnchen hat eine fast identische Zwillingsart: das Sommergoldhähnchen. Es ist in Gestalt und Größe kaum vom Wintergoldhähnchen zu unterscheiden. Wer genau hinschaut, dem verrät lediglich der schwarze Augenstreifen, dass es sich um ein Sommergoldhähnchen handeln muss.

Die persönliche
HANNES BONZHEIM
Geschichte

Mein erstes Wintergoldhähnchen konnte ich im Jahr 2018, als ich gerade mit der Naturfotografie begonnen hatte, im Garten meines Vaters beobachten und fotografieren.

Am Morgen dieses Tages war ich anfangs äußerst frustriert, weil ich am Tag zuvor außer Kohl- und Blaumeisen nichts im Garten beobachten konnte. Doch kurz nachdem ich das kleine Wintergoldhähnchen entdeckt hatte, verflog dieser Unmut wie von selbst. Das kleine Vögelchen war auf der Suche nach Blattläusen und »pflückte« sie überaus geschickt von der Unterseite der Blätter.

Nach zehn Minuten war es anscheinend satt und verschwand wieder in Richtung des Waldrandes. Übrigens können Wintergoldhähnchen erstaunlicherweise täglich die Menge ihres eigenen Körpergewichts fressen.

Es ist überraschend, dass mein erstes Bild dieser Vogelart bis heute eines meiner besten ist. Wintergoldhähnchen sind zwar nicht selten und auch nicht besonders scheu, doch da sie so klein und durchgehend in Bewegung sind, ist es alles andere als einfach, sie auf ein Bild zu bannen.

Die Naturfotografie, oder auch einzig und allein nur die wunderschönen Beobachtungen, die ich in der Natur schon erleben durfte, geben mir bis heute meinen inneren Frieden. Sie lassen mich für den Moment alle Probleme des stressigen Alltags vergessen, und ich kann mich einfach nur auf das Hier und Jetzt konzentrieren, während alles andere um mich herum ausgeblendet wird …

Zaunkönig

Troglodytes troglodytes

Deutschland, wie ganz Europa, beherbergt nur eine einzige Art aus der Familie der Zaunkönige: den Zaunkönig. Er hat den Titel zum kleinsten Vogel Deutschlands nur knapp verfehlt und muss sich gegen das um ein paar Zentimeter kleinere Winter- sowie Sommergoldhähnchen geschlagen geben. Was ihm an Größe fehlt, macht er durch seinen lauten, melodischen Gesang wieder wett, der während der Brutzeit schon mit dem ersten Licht des Tages zu vernehmen ist. Männchen, die keine Konkurrenz in ihrem Revier dulden, tragen ihn meist von erhöhten Singwarten, wie Heckenspitzen, frei stehenden Ästen, Zaunpfählen oder sonstigen geeigneten Plätzen, vor.

Wenn er gerade nicht singt, führt der Zaunkönig ein sehr verstecktes Leben im Schutz von Hecken und Sträuchern. Ob in Wäldern, dem eigenen Garten oder dem Stadtpark. Es kann sich lohnen, in den frühen Morgenstunden die Augen und Ohren offen zu halten. Meist ist er nicht sehr scheu und lässt sich mit der nötigen Ruhe und Geduld ausgiebig beobachten und mit etwas Glück auch fotografieren.

Seine Nahrung, zu der viele kleine Insekten, Spinnen oder auch Krebstierchen gehören, sucht er überwiegend am Boden. Dabei kann es vorkommen, dass man ihn auf den ersten Blick für eine Maus hält, wenn er heimlich, still und leise zwischen dem Geäst oder dem Unterholz herumhuscht. Ab und zu werden auch kleine Beeren oder Sämereien gern von ihm aufgenommen.

AUF EINEN BLICK

LEBENSERWARTUNG
bis zu 5 Jahre

GRÖSSE
9 bis 11 cm

MIGRATION
Standvogel

BRUTZEIT
April bis Juli

EIER
5 bis 8

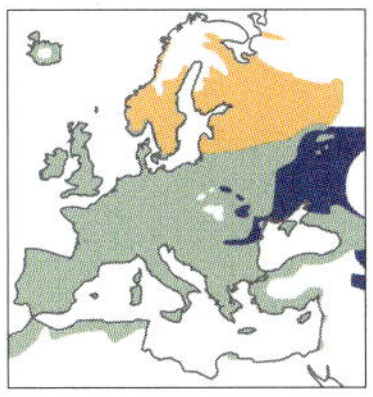

←
Junge Männchen beherrschen »nur« einfache Lieder, die sie im Laufe ihres Lebens verfeinern.

↑
Seiner gedrungenen Gestalt und dem kurzen, meist aufgerichteten Schwänzchen verdankt der Zaunkönig sein niedliches Aussehen.

↓ Duell der Winzlinge: Der Zaunkönig (vorne) und das Wintergoldhähnchen (hinten) Auge in Auge.

Die persönliche Geschichte

HANNES BONZHEIM

Eine weitere Art aus der Familie der Zaunkönige lernte ich erst viele Jahre später im Regenwald Costa Ricas kennen. Ich hatte mit meiner Gastfamilie in einem kleinen Bungalow am Rande eines großen Nationalparks übernachtet, und am nächsten Morgen machte ich beim Frühstück Bekanntschaft mit einem besonders frechen Vogel. Es handelte sich um einen Rotnacken-Zaunkönig, der um einiges größer ist als sein Verwandter aus Europa. Der Rotnacken-Zaunkönig erreicht eine Körperlänge von bis zu 19 Zentimetern und ernährt sich von Insekten, Beeren und Früchten, ist je nach Individuum allerdings auch flexibel beim Aufnehmen anderweitiger Nahrung.

Eines haben unser einheimischer Zaunkönig und sein Vetter in Costa Rica, mal abgesehen von dem Aufstellen ihrer Schwanzfedern, aber absolut gemeinsam: Sie nehmen kaum Notiz von uns Menschen und ziehen einfach ihr Ding durch.

Dieser Rotnacken-Zaunkönig war sogar so dreist, dass er mir am Morgen den gebratenen Speck vom Teller stibitzte. Ein ganz schön schlaues Vögelchen, vor dem man sich in Acht nehmen musste, wenn man am Morgen sein Frühstück genießen wollte. Einmal kurz nicht aufgepasst, und zack fehlte auch ein Stückchen Ei!

Daraufhin war ich aufmerksamer, und der kleine Dieb setzte sich in einiger Entfernung auf einen Stuhl. Dabei blickte er mich erwartungsvoll an, als warte er nur darauf, dass ich meinen Teller wieder aus den Augen lasse. Doch diesen Gefallen habe ich ihm an diesem Morgen nicht wieder getan.

Blaumeise

Cyanistes caeruleus

Dieser zierliche, nur 10 bis 12 Zentimeter große Singvogel hält sich häufig in unmittelbarer Nähe zu uns Menschen auf, ist oft sehr zutraulich und sollte wirklich jedem bekannt sein. Er ist der einzige Kleinvogel Europas, der eine blau-gelbe Gefiederfärbung aufweist, und ist somit sehr leicht von anderen Meisen wie beispielsweise der größeren Kohlmeise oder der Tannenmeise zu unterscheiden.

Die Blaumeise zählt mit einem geschätzten Bestand von 3 bis 4 Millionen Brutpaaren (im Zeitraum von 2005–2009) zu den häufigsten Vögeln Deutschlands und ist mit der größeren und robusteren Kohlmeise ein klassischer Futterstellenbesucher, wo sie sich gern kopfüber an Meisenknödeln zu schaffen macht. Durch ihre geringe Körpergröße ist sie oft einer der kleinsten Besucher der Futterstelle und macht diesen körperlichen Nachteil mit ihrer Flinkheit wieder wett. Wenn es um Futter geht, ist sie – im Gegensatz zu den zänkischen Grünfinken – absolut friedlich gegenüber anderen Vogelarten.

Während der Brutzeit versorgen die Elterntiere ihre Jungen größtenteils mit verschiedenen Insekten, Spinnen und anderen Wirbellosen. Auf der Suche nach Nahrung bewegen sie sich äußerst geschickt durchs Geäst und können mühelos auch kopfüber an Blättern und Zweigen hängen. Da die Aufzucht von bis zu 12 Jungtieren sehr anstrengend und kraftaufwendig sein kann, ist es nicht ungewöhnlich, dass Altvögel oft mitgenommen und zerzaust aussehen.

AUF EINEN BLICK

LEBENSERWARTUNG
bis zu 3 Jahre

GRÖSSE
10 bis 12 cm

MIGRATION
Standvogel

BRUTZEIT
April bis Mai

EIER
6 bis 12

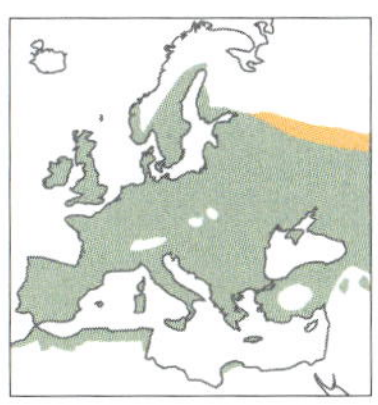

Die hübsche Blaumeise mit ihrer kleinen, kompakten Gestalt und dem kurzen Schnabel ist ein typischer Standvogel und daher ganzjährig bei uns zu beobachten.

Die persönliche Geschichte

HANNES BONZHEIM

Das untere Foto entstand bei einem der faszinierendsten Momente, den ich mit dieser Art hatte. Ich war mit einem Freund auf dem Hauptfriedhof unterwegs, um ihn ein wenig in die Vogelfotografie einzuweisen und vielleicht selbst das ein oder andere Foto zu schießen.

Im Augenwinkel entdeckte ich einen kleinen Vogel, der in einer Weißtanne herumhüpfte. Es war eine Blaumeise, die gerade auf Nahrungssuche in den Tannennadeln war, also hielt ich einfach mal mit der Kamera auf den Winzling. Noch während ich durch den Sucher schaute, tauchte plötzlich der Partnervogel auf und übergab seinem Partner, der kopfüber an einem Zweig hing, in der Luft stehend, wie ein Kolibri, ein Insekt. Was für eine Aktion! Ich war absolut beeindruckt von dieser akrobatischen Meisterleistung und überglücklich, dass ich es auf einem Bild festhalten konnte und hier nun präsentieren darf.

Die beiden sehr ähnlich aussehenden Geschlechter der Blaumeisen auseinanderzuhalten, ist im Übrigen gar nicht so einfach und auch nicht bei jedem Individuum möglich. Es gibt allerdings ein paar versteckte Merkmale, die einem auffallen, sobald man genau hinschaut. Die beiden hilfreichsten zur Bestimmung sind einerseits die Farbintensität des blauen Kopfgefieders, das beim Männchen intensiv blau, beim Weibchen matter ist, und die Breite des Halsbandes, das in der Regel bei männlichen Tieren etwas breiter ausfällt als bei weiblichen Tieren. Jungtiere, wie auf dem oberen Bild zu sehen, kann man an ihrem olivgrünen, mattgelblichen Gefieder und dem gelblichen Gesicht gut von den Altvögeln unterscheiden.

Haubenmeise

Lophophanes cristatus

AUF EINEN BLICK

LEBENSERWARTUNG
bis zu 3 Jahre

GRÖSSE
10 bis 12 cm

MIGRATION
Standvogel

BRUTZEIT
März bis Juni

EIER
4 bis 8

Die Haubenmeise sticht unter den Meisen in ihrem schlichten Gefieder nicht gerade durch bunte Farben heraus, doch in puncto Styling kann ihr mit ihrer schwarz-weiß gemusterten Federhaube so schnell keiner etwas vormachen.

Als Standvogel ist sie mehr oder weniger auf Nadelwälder mit ausreichend altem und totem Baumbestand angewiesen, denn sie ist wie so viele Meisenarten ein Höhlenbrüter. Ähnlich wie ein Specht, hackt das Weibchen zumeist eine kleine Höhle in morsche Stämme, wo es nach der Fertigstellung sein Nest hineinbaut. Auch in anderweitigen Naturhöhlen kann es zur Brut kommen, in Nistkästen jedoch brütet die Haubenmeise eher selten.

Das Nest besteht aus Moos, Tier- und Pflanzenwolle, Flechten und Spinnweben, in welches sie vier bis acht kleine Eier hineinlegt und diese 13 bis 16 Tage lang bebrütet. Nach etwa 20 bis 22 Tagen fliegt die neue Generation von Haubenmeisen aus und wird noch einige Wochen von den Eltern mit Nahrung versorgt.

Die Lebenserwartung einer Haubenmeise ist nicht besonders hoch und liegt gerade mal bei etwa drei Jahren. Wegen ihrer recht zurückgezogenen Lebensweise - einen großen Teil des Jahres verbringt sie in den Kronen der Nadelbäume auf der Suche nach Insekten und anderen Wirbellosen - bekommt man die schöne Haubenmeise eher selten zu Gesicht.

Hat man doch einmal das Glück, der Haubenmeise über den Weg zu laufen, kann man sie in der Regel sehr gut beobachten, da sie in den meisten Fällen kaum Notiz von menschlicher Anwesenheit nimmt. Insbesondere im Herbst und Winter stehen die Chancen nicht schlecht, wenn Samen eine große Rolle in ihrem Ernährungsplan spielen und sie diese und andere Nahrung auch gern am Boden sucht.

Betreibt oder kennt man eine Futterstelle im Garten, dem Stadtpark oder am Waldrand, mit ausreichendem Nadelbaumanteil, ist es gut möglich, dass man sie ab und an auch dort vorfindet.

> Durch ihre spezielle »Frisur« ist es immer wieder ein Erlebnis für mich, diese Meise in natura zu erleben.
>
> MATTHIAS FUTTERER

Alleinstellungsmerkmal Federhaube

In Europa ist die Haubenmeise die einzige Art aus der Familie der Meisen, die sich mit einer ausgeprägten schwarz-weißen Federhaube schmückt. Anders, als man vermuten könnte, ist sie nicht fest angewachsen, sondern kann angelegt werden, was insbesondere beim Herumhuschen durch dichtes Blattwerk oder das Unterholz von Vorteil ist. Sowohl das Männchen wie auch das Weibchen trägt eine Federhaube, daher ist es nicht möglich, die beiden Geschlechter anhand dieses äußerlichen Merkmals auseinanderzuhalten. Wozu die schicke Frisur dient, ist noch unklar. Vielleicht ist sie dazu da, vor einem potenziellen Partner attraktiver zu wirken oder um Rivalen einzuschüchtern.

← Unsere erste und bisher einzige Begegnung mit der Haubenmeise hatten Matthias und ich im Herbst 2020. Wir trafen sie am frühen Morgen im nebelverhangenen Schwarzwald auf einer kleinen Waldlichtung an. Dort war sie in einem kleinen Trupp unterwegs, der die dünnen Zweige nach etwas Fressbarem absuchte. Unsere Kameras waren schnell gezückt, und unter anderem ist dieses Foto gelungen.

Girlitz

Serinus serinus

Er ist quietschgelb befiedert, friedlich und noch dazu der kleinste heimische Fink. So könnte man den nur etwa 10 bis 12 Zentimeter großen Girlitz beschreiben. Seine ursprüngliche Heimat ist das warme Mittelmeergebiet. Erst im Laufe des 19. Jahrhunderts zog es viele Girlitze gen Norden. Erfolgreich erweiterten sie ihr Verbreitungsgebiet und wurden bei uns sesshaft. Sämereien und Insekten zählen zu ihren Lieblingsspeisen, die sie nahezu ausschließlich auf dem Boden suchen. Aber auch junge Knospen und Blüten werden zum Ärger vieler Gärtner nicht verschmäht. Gelegentlich besuchen Girlitze außerhalb der Brutzeit in kleinen Trupps auch unsere Futter- oder Wasserstellen.

Sein Nest baut der Girlitz gut geschützt in dichten Bäumen und Hecken. Während des Nestbaus und später auch der Brut, achtet das Männchen auf potenzielle Gefahr und gibt Alarm, falls sich diese zu sehr nähert. Auch Artgenossen werden von dem sonst so friedlichen Vogel mit energischem Reviergesang vom Brutplatz ferngehalten - zur Not auch attackiert und verfolgt. Ist das Nest fertig, legt das Weibchen jeden Tag ein Ei hinein und beginnt erst mit dem letzten gelegten Ei mit der Bebrütung, die nach 12 bis 14 Tagen abgeschlossen ist. Nach weiteren 14 bis 17 Tagen verlassen die Jungen das Nest und erkunden die nähere Umgebung. Jetzt übernimmt das Männchen häufig die alleinige Versorgung seiner Nachkommen, denn seine Partnerin ist oft bereits mit der zweiten Brut beschäftigt.

AUF EINEN BLICK

LEBENSERWARTUNG
bis zu 5 Jahre

GRÖSSE
11 bis 12 cm

MIGRATION
Zugvogel

BRUTZEIT
Mai bis Juli

EIER
3 bis 5

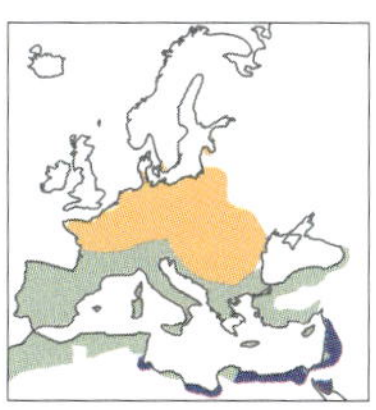

←
Der Girlitz ernährt sich überwiegend von Sämereien. Wenn Sie Wildkräuter wie etwa Hirtentäschel oder Löwenzahn in Ihrem Garten stehen lassen, hilft das dem Winzling bei der Nahrungssuche.

↓
Achtung, Verwechslungsgefahr! Der Erlenzeisig, den ich im schneereichen Winter 2020 vor die Linse bekam, sieht dem Girlitz mit ungeübtem Auge zum Verwechseln ähnlich!

Erlenzeisig

Carduelis spinus

Der Erlenzeisig ist ein flinker, akrobatischer Kletterer und Flieger. Er zählt zu unseren kleinsten Finkenvögeln. Das Männchen ist an seiner schwarzen Kopfplatte sowie seinem schwarzen Kinn erkennbar. Dem Weibchen fehlen diese Merkmale. Es ist zudem schlichter gefärbt und besitzt eine schwarz gestrichelte Unterseite.

Da der Erlenzeisig sein winziges Nest meist in Fichten baut, trifft man ihn während der Brutzeit in lichten Misch- und Nadelwäldern an. Das Nest wird aus Gräsern und Moosen gebaut. Die Brutzeit der drei bis fünf Eier dauert 13 Tage. Nach dem Schlüpfen werden die Jungen vor allem mit Blattläusen und Raupen gefüttert, bis sie mit etwa 13 Tagen flügge werden. Gegen Ende des Jahres ziehen Erlenzeisige in Trupps auch durch offene Landschaften und sind oft in oder unter Erlen und Birken anzutreffen, wo sie mit ihren dünnen Schnäbeln deren Samen herausklauben. Auch viele weitere Sämereien, Knospen, Insekten und Beeren stehen auf ihrem Speiseplan, und an der ein oder anderen Futterstelle sind sie ebenfalls zu bewundern. Trotz seiner geringen Größe ist der Erlenzeisig durchaus in der Lage, größeren Vögeln wie Kohlmeise oder Haussperling zu zeigen, wer der Chef am Futterhaus ist. Übrigens, wenn Sie den Erlenzeisigen im Winter an der Futterstelle eine Freude machen möchten, dann sammeln Sie Kiefern- und Fichtenzapfen. Mit Eifer picken die kleinen Vögel die Samen aus den Zapfen. Wie kurzweilig, sie dabei zu beobachten!

AUF EINEN BLICK

LEBENSERWARTUNG
bis zu 3 Jahre

GRÖSSE
11 bis 13 cm

MIGRATION
Standvogel

BRUTZEIT
Mai bis Juli

EIER
3 bis 5

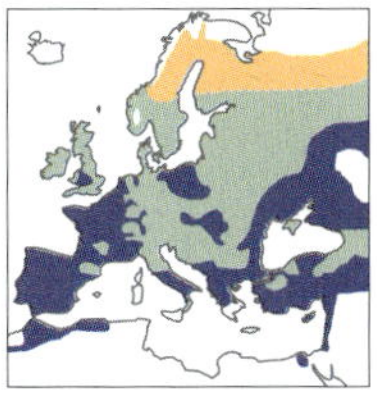

←
Erlenzeisige reagieren besonders auf hektische Bewegungen, wenn man sie fotografieren möchte. Befindet man sich jedoch in einem Tarnzelt und bewegt das Objektiv langsam und flüssig, nehmen die Vögel kaum Notiz davon.

↓
Für das menschliche Auge ist mein Liegetarnzelt im Schnee natürlich ziemlich auffällig. Doch um Erlenzeisige und andere Kleinvögel zu fotografieren und sie nicht in ihrem natürlichen Verhalten zu stören, ist das Tarnzelt geradezu ideal.

↑
In der Schneelandschaft ist der Erlenzeisig mit seinem gelben Gefieder recht auffällig. Da könnte man meinen, dass Fressfeinde wie der Sperber leichtes Spiel haben. Doch unterschätzen Sie nicht die Vorteile eines Lebens im Schwarm. Während nämlich die einen am Boden nach Nahrung suchen, halten andere – auch unterschiedliche Arten, wie etwa Kohlmeisen – nach Gefahren Ausschau und geben Alarm, wenn sich ein Feind nähert.

SPECIAL

Fotografieren im Schnee

Wenn der Winter Einzug hält, es eisig kalt ist und das Land wie ausgestorben daliegt, könnte man meinen, die Fotosaison sei vorbei. Doch der Winter mit all seinen unterschiedlichen Facetten bietet viele großartige Möglichkeiten zum Fotografieren, wenn man weiß, sie zu nutzen.

SO GEHT'S

Besonders wenn es geschneit hat und alles weiß ist, zieht es mich regelmäßig an einen ganz bestimmten Platz. Er ist nicht weit entfernt, nein, sogar direkt vor der Haustür. Die Futterstelle im Garten! Ja, es ist einfacher, als man denkt, denn Futterstellen bieten den Vögeln nicht nur eine Möglichkeit, gestärkt durch den Winter zu kommen, sondern auch mir die Gelegenheit, fotografisch aktiv zu werden.
Gerade intensiv gefärbte Vögel, wie etwa der Erlenzeisig, die Goldammer oder der Grünfink, geben, wenn sie die Futterstelle besuchen, im Kontrast zu dem weißen Schnee traumhafte Motive ab.
Als es im Winter 2020 so viel Schnee wie seit Langem nicht mehr in meinem Dorf gab, wollte ich versuchen, Vögel in völlig weißer Umgebung zu fotografieren.
An der Futterstelle, die ich bereits seit Oktober eingerichtet hatte, waren zurzeit elf verschiedene Vogelarten zu Gast, darunter auch der gelbe Erlenzeisig, auf den ich es wegen seiner kontrastreichen Färbung besonders abgesehen hatte. Perfekte Voraussetzungen also, meine Idee endlich in die Tat umzusetzen.

Tarnzelt, warme Kleidung und leckeres Futter
Den ersten Versuch startete ich am frühen Morgen, als es noch dunkel war. Das hat den Vorteil, dass ich mich in Ruhe einrichten kann und die Vögel mich nicht bemerken. Als Tarnung hatte ich das Liegetarnzelt im Gepäck, das ich jedem nur wärmstens empfehlen kann, denn es ermöglicht, auf Augenhöhe mit den Tieren zu sein und sowohl weißen Vordergrund als auch Hintergrund aufs Bild zu bekommen. Nun drückte ich vorsichtig eine handbreite Mulde, etwa fingernageltief, in den Neuschnee und füllte sie fast bis zum Rand mit Sonnenblumenkernen auf. Und dann schnell ab ins Liegetarnzelt! An diesem Morgen zeigte das Thermometer -10 Grad an, und wenn man regungslos liegt, nur durch den dünnen Stoff des Zelts und eine Isomatte vor dem eiskalten Schnee geschützt, sollte man unbedingt darauf achten, sehr warme Kleidung zu tragen, wenn man vorhat, sich mehrere Stunden dort aufzuhalten. Ich hatte außerdem noch eine Wärmflasche in meine Winterjacke gestopft, und so ließ sich das Warten auf meine gefiederten Freunde recht gut aushalten.

Mein Plan ist aufgegangen
Schon bald tauchten die ersten Meisen und Grünfinken auf. Ich war begeistert, wie gut meine Tarnung und die Idee mit dem Futter in der Vertiefung für meine Fotoaktion funktionierten.
Auf dem Bild waren die Sonnenblumenkerne nicht zu sehen, und der halbe Vogel wurde von dem weißen Vordergrund verdeckt. Die Erlenzeisige tauchten nach einiger Zeit ebenfalls auf, und ich kam zu meinen Traumfotos.

DISKUSSIONSPUNKT

SCHLIESSEN SICH NATURFOTOGRAFIE UND NATURSCHUTZ AUS?

Bilder schaffen Aufmerksamkeit

Naturfotografie im Sinne des Naturschutzes

Die Naturfotografie ist nicht nur ein großartiges Hobby, bei dem man viel Zeit an der frischen Luft verbringt und versucht, spannende Momente mit der Kamera einzufangen, sondern auch ein wichtiges Tool für die Öffentlichkeitsarbeit und damit den Naturschutz. Sie ist spannend, vielseitig und kann begeistern, ist aber auch verbunden mit viel Geduld, Anstrengungen und Verantwortung. Anders als der »klassische« Naturbeobachter mit Fernglas oder Spektiv, muss und möchte man als Naturfotograf näher an die Tiere heran. Um diese hierbei jedoch nicht zu beunruhigen oder zu stören, ist es wichtig, gewisse Regeln einzuhalten und dem Fotomotiv mit entsprechendem Respekt zu begegnen.

Bilder als Türöffner

Keine Frage, schöne Bilder aus der Natur sind Türöffner. Sie können Menschen mitziehen und für ein Thema anregen und/oder sensibilisieren - viel mehr, als dem Laien gegenüber »nur« von etwas zu erzählen, was für diesen gar kein Begriff ist. Wer kennt als Laie schon Zwergdommel, Steinwälzer, Dreizehenspecht, Raufußkauz oder viele mehr. Wenn man von einer Beobachtung erzählt und dem Zuhörer dazu noch ein eigenes Bild präsentieren kann, wird es meist interessierter aufgefasst und bleibt im Gedächtnis. Es führt dem Gegenüber bildlich vor Augen, wie sehr einem das Thema am Herzen liegt und warum man solch einen enormen Aufwand betreibt. Das kann einem bei der reinen Erzählung einer Vogelbeobachtung auch gelingen, keine Frage, aber eigene Bilder bieten noch ein ganz anderes Potenzial.

Mit Vorträgen neugierig machen

Mit Bildern lässt sich, wie bereits angesprochen, Öffentlichkeitsarbeit betreiben, die ein wichtiger Teil des Naturschutzes darstellt. Regelmäßig halte ich Vorträge, die mir helfen, die Natur und insbesondere unsere artenreiche Vogelwelt in eineinhalb Stunden einem größeren Publikum vorzustellen und die Menschen mit meinen Bildern darauf aufmerksam zu machen, wie faszinierend die Vogelwelt ist und dass es sich lohnt, sich für ihren Schutz einzusetzen.

Mit Führungen Natur live erleben

Denselben, wenn nicht sogar einen noch besseren Effekt erzielen Führungen, die ich jährlich für das Naturzentrum Kaiserstuhl leite. Sie bieten einer kleinen Gruppe von bis zu 30 Personen die Chance, die Natur live zu erleben und zu meinen eigenen Entdeckungen vor Ort informiert zu werden.
Wen macht es nicht stolz, einen Wiedehopf, einen Bienenfresser oder eine Turteltaube in natura entdeckt zu haben? Oder eine glänzende Smaragdeidechse in den Böschungen zu erspähen? Auch bei Führungen habe ich stets ein paar meiner Bilder der heimischen Artenvielfalt auf kleinen Schildern abgedruckt, auf denen man die entdeckte Art, die möglicherweise schnell wieder verschwunden ist oder nur in weiter Ferne zu sehen war, näher betrachten kann. Es macht mich glücklich und auch ein wenig stolz, nach Führungen die Begeisterung in den Augen vieler Teilnehmer sehen zu können und zu wissen, diese Personen sind nun ein Stück informierter und sensibilisierter für den Wert einer intakten Natur.

Mit Bildern einer Ausstellung Eindruck machen

Ebenso führen Bilder einer Ausstellung - versehen mit Infotexten - bei Besuchern zu einem »Wow«-Effekt und mit etwas Glück und dem Fünkchen Interesse des Betrachters zu einem bleibenden Eindruck.

> Fotos sind Türöffner,
> die es vermögen, Menschen zugleich
> für ein Thema
> zu begeistern und zu sensibilisieren.
>
> HANNES BONZHEIM

Einen großen Effekt erzielen

Ich könnte noch Dutzende Beispiele für die Öffentlichkeitsarbeit aufzählen, die Matthias und ich mit unseren Bildern schon umgesetzt haben.
Da gibt es beispielsweise noch die vielen Zeitungsartikel und Zeitschriften, in denen wir mit unseren Bildern auf das Thema Natur und Naturschutz aufmerksam machen, Bilder auf Infotafeln in Vogelbeobachtungshütten, gewonnene Fotowettbewerbe mit verbundener Ausstellung von Bildern und nun auch dieses Buch. Nicht zu unterschätzen ist die Reichweite von Beiträgen und Storys auf Instagram, Facebook und unseren Websites, die Tausende von Menschen auf der ganzen Welt erreichen.
Das alles sind Dinge, die Aufmerksamkeit für die Natur wecken. Auch wenn es bei vielen »nur« das Begeistern der Familie und des Freundes- und Bekanntenkreises ist, ist dies ein wertvoller Beitrag im Sinne des Naturschutzes.
Allein kann man vielleicht nicht die Welt retten, aber wenn viele eine ähnliche Intention verfolgen, ist gemeinsam Großes möglich. Und wie heißt es doch so schön: »Mit einer Hand lässt sich kein Knoten knüpfen.«

Das richtige Verhalten

Als Naturfotografen und Naturbeobachter haben wir also ein wertvolles Werkzeug für den Naturschutz in der Hand: Wir können unseren Mitmenschen die Augen öffnen für die faszinierenden Schönheiten der Natur, und wir sind der festen Überzeugung, dass so gut wie jeder Naturfotograf und Naturbeobachter eine tiefe Begeisterung und Verbundenheit mit den Tieren und Pflanzen verspürt, mit denen er sich beschäftigt. Damit geht einher, dass er wohl kaum absichtlich der Natur schaden möchte. Dennoch gilt es, sich immer wieder selbst an der Nase zu fassen und der Natur stets Ruhe und Respekt zu gewähren und gewisse Regeln einzuhalten.

Sich an Regeln halten

Als Fotograf ist es so, dass man in vielen Fällen näher an sein Motiv heranrücken muss oder zumindest möchte als der »klassische« Naturbeobachter. Ein verantwortungsvoller Naturfotograf zu sein, heißt jedoch, dass der Schutz des fotografischen Motivs immer an erster Stelle steht, sodass das Leben des Tieres oder der Pflanze und deren Lebensraum nicht beziehungsweise so wenig wie möglich beeinträchtigt wird. Bei deutlichen Anzeichen, dass diese Voraussetzung – aus welchen Gründen auch immer – nicht gegeben ist, sollte es (trotz der manchmal sehr großen Foto- und Beobachtungslust) in der Pflicht jedes Einzelnen stehen, das Feld zu räumen und sich zurückzuziehen. Sich an bestimmte Regeln zu halten, wie beispielsweise in Naturschutzgebieten oder Nationalparks auf den ausgewiesenen Wegen zu bleiben oder nicht unerlaubt gekennzeichnete Privatgrundstücke zu betreten, sollte eine Selbstverständlichkeit sein.

Vorarbeit leisten

Den Grundstein, um entspannte Tiere, die natürliches Verhalten zeigen, fotografieren zu können, bilden in erster Linie das Wissen über das jeweilige Zielmotiv und reichliche Vorbeobachtung. Ohne das Wissen, wo sich ein Tier aufhält, wie es lebt, wie es sich verhält und wann die richtige Jahres- und Tageszeit ist, wird es fast unmöglich, es ungestört zu fotografieren.
Um mögliche Konflikte zu vermeiden, sollte man unter Umständen auch die Erlaubnis des Grundstückseigentümers oder – gerade an Waldrändern und Waldlichtungen – des zuständigen Försters einholen, wenn man vorhat, sich zum Fotografieren länger auf einem fremden Grundstück aufzuhalten.

> Für einen verantwortungsvollen Naturfotografen steht der Schutz seines Motivs immer an erster Stelle.
>
> MATTHIAS FUTTERER

Hat man diese wesentlichen Dinge geklärt, wird sich zeigen, welche Art von Ausrüstung vonnöten sein wird. Durch verschiedenstes Equipment, wie beispielsweise Tarnzelte, Tarnnetze oder Tarnanzüge, und auch über Fernauslöser und Kameras, die lautlose Fotografie ermöglichen, hat man reichlich Auswahl, den möglichen Störfaktor des Fotografen zu minimieren. (Natürlich ist derartiges Auffahren an Ausrüstung nicht bei jeder Art und jedem Vorhaben notwendig.)

Es gibt kein größeres Kompliment, keinen größeren Vertrauensvorschuss des Tieres an den Fotografen, als wenn das Tier natürliches Verhalten zeigt, sich vor ihm putzt, vor ihm einschläft oder sich vielleicht sogar vor ihm paart. Dann weiß man als Fotograf, dass man alles richtig gemacht hat und das Tier einen nicht als Gefahr wahrnimmt.

Bei Fehlverhalten deeskalierend wirken

Ein Thema, das Matthias und mir sehr am Herzen liegt, ist Deeskalation bei Fehlverhalten. Jeder macht mal einen Fehler, egal wie verantwortungsvoll und vorbildlich er sich verhält – früher oder später wird es passieren. Wir sind uns sicher, dass niemand fehlerlos ist, selbst Spezialisten und Profis nicht. Fehler sind dazu da, es beim nächsten Mal besser zu machen, doch leider kennen wir ein paar Naturbeobachter und Fotografen (vor allem junge Menschen), die sich durch schlechte Erfahrungen vom Thema Natur entfernt und sich sogar gänzlich davon abgewandt haben. Das darf so nicht passieren, und daher sind wir entschiedene Befürworter von deeskalierender Aufklärung.

Es kommt oft vor, dass (in den meisten Fällen) unerfahrenen Naturbeobachtern und Fotografen, die noch nicht lange auf dem Gebiet der Naturbeobachtung und Fotografie unterwegs sind, schnell ein unbeabsichtigter Fehler unterläuft (in welcher Hinsicht, ist erst einmal unwichtig).

An diesem Punkt ist es äußerst unangebracht, solche Personen in ihrem Tun anzugreifen oder gar aggressiv, drohend oder ausfallend zu werden. Genau an diesem Punkt wird der Angegriffene nämlich versuchen, sich zu verteidigen, denn man sollte immer im Hinterkopf behalten, dass den meisten ihr Fehler durch mangelnde Erfahrung nicht bewusst war und ihnen die Natur im Regelfall genauso am Herzen liegt wie einem selbst. Wenn man der Person hingegen höflich und mit Respekt begegnet und versucht, sie über ihren Fehler aufzuklären, wird man sicher mit größerer Wahrscheinlichkeit die Einsicht und die Besserung für die Zukunft erreichen als mit der aggressiven Variante.

Wir können nachvollziehen, dass dies schwer sein kann, wenn man mancherorts vielleicht wöchentlich mit solchen Problemen konfrontiert wird, doch wir würden uns wünschen, dass man Menschen immer so behandelt, wie man selbst behandelt werden möchte.

Mit unserer Kamera und der Naturfotografie haben wir Naturfotografen ein wundervolles Werkzeug in der Hand, mithilfe dessen wir unsere Mitmenschen für die Schönheit der Natur auf unserem Blauen Planeten begeistern und faszinieren können. Lasst uns gemeinsam – mit Respekt und Bedacht – diese Chance nutzen!

Schwarz-kehlchen

Saxicola rubicola

AUF EINEN BLICK

LEBENSERWARTUNG
bis zu 5 Jahre

GRÖSSE
11 bis 13 cm

MIGRATION
Zugvogel

BRUTZEIT
März bis August

EIER
5 bis 6

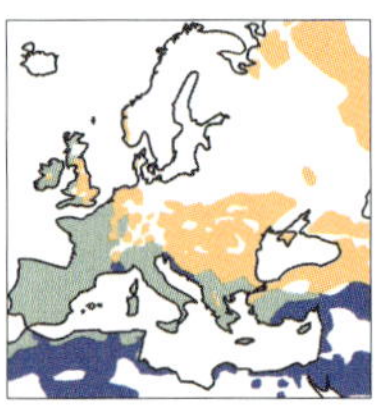

Das Schwarzkehlchen ist ein Vogel der offenen Landschaft, wo vereinzelte Büsche und Bäume jedoch nicht fehlen dürfen. Auch Streuobstwiesen, Schilf- und Weinbaugebiete, Moore und Heiden sind gern besiedelte Habitate. Das Schwarzkehlchen ernährt sich von Insekten, kleinen Würmern, Spinnen und anderen Wirbellosen, die es größtenteils am Boden erbeutet. Wegen des schwarzen Kehl- und Kopfgefieders der Männchen bekam das Schwarzkehlchen seinen Namen. Während es in Südeuropa durch das warme Klima ein Standvogel ist, ziehen deutsche Schwarzkehlchen als Zugvögel zum Überwintern ins Mittelmeergebiet und teilweise sogar bis nach Nordafrika. Bereits Anfang März des darauffolgenden Jahres kehrt das Schwarzkehlchen allerding bereits wieder in sein Brutgebiet zurück und beginnt direkt nach der Ankunft, seinen Gesang vorzutragen. Schon am frühen Morgen lässt es ihn von hohen Strauch- oder Baumspitzen, Zaunpfählen oder anderweitigen Sitzgelegenheiten erklingen. Zum einen, um eine Partnerin für die anstehende Brutzeit anzulocken, und zum anderen um allen männlichen Schwarzkehlchen im Umkreis zu signalisieren: »Hier ist mein Revier!« Sind beide Faktoren gewährleistet, beginnt das frischgebackene Schwarzkehlchenpaar mit dem Nestbau. Ist die kleine, gut im Bodenbewuchs oder in dichten Hecken oder Sträuchern versteckte Kinderstube hergerichtet, beginnt das Weibchen mit der Ablage seiner fünf bis sechs cremefarbenen Eier, die

hellbraune Sprenkel aufweisen. Nach zwei Wochen schlüpfen die Küken und entwickeln sich in weiteren 14 bis 16 Tagen zu kräftigen Jungvögeln, die sich über die von den Eltern erbeuteten Insekten, Spinnen und anderen Wirbellosen hermachen. Gewöhnlich zieht ein Schwarzkehlchenpaar zwei, bis gelegentlich sogar drei Bruten pro Jahr auf. Gegen Mitte August beginnt der Herbstzug, und die kleinen Vögel machen sich wieder langsam auf den Weg in ihr Winterquartier.

> Kaum im Brutgebiet angekommen, fällt das Schwarzkehlchen auch schon durch seinen fröhlichen Gesang auf.
>
> MATTHIAS FUTTERER

Kehlchen in vierfacher Ausführung

In Deutschland gibt es neben dem Schwarzkehlchen noch drei weitere Brutvögel aus der Familie der Fliegenschnäpper, die die Bezeichnung »Kehlchen« im Namen tragen.

Das Rotkehlchen wird so gut wie jeder schon mal gesehen haben. Der kleine Vogel mit seiner rotorangefarbenen Kehle lebt häufig in unmittelbarer Menschennähe. Das Blaukehlchen zu entdecken, gestaltet sich da schon schwieriger. Dieser hübsche Vogel mit der blauen Brust und dem weißen oder rotbraunen Kehlfleck ist häufig in Feuchtgebieten anzutreffen. Das Braunkehlchen ist dem Schwarzkehlchen in Färbung und Erscheinung am ähnlichsten. Es lebt vor allem auf artenreichen Feuchtwiesen mit Sträuchern und Zaunpfählen, die als Sitzwarten genutzt werden.

←
Das Schwarzkehlchen ist nahe mit dem weit verbreiteten und bekannten Rotkehlchen verwandt. Beide Arten gehören zur Familie der Fliegenschnäpper. Das Schwarzkehlchen ist mit seinen 11 bis 13 Zentimetern zwar einer der kleinsten Vertreter seiner Familie, aber dennoch auffällig durch seinen fröhlich schwatzenden Gesang. Vielerorts steigen seit Jahren die Bestände dieses hübschen Vögelchens.

SPECIAL

Anleitung zur Vogelfotografie

VORKENNTNISSE SAMMELN

Um Schwarzkehlchen und auch viele andere Vogelarten schön in Szene zu setzen, erfordert es eine gewisse Vorkenntnis über die Lebensweise der jeweiligen Art. Eine der wichtigsten Voraussetzungen ist es zum Beispiel zu wissen, in welchen Habitaten die Art vorkommt. Wer Schwarzkehlchen im winterlichen Nadelwald sucht, ist selbst schuld. Zu welcher Tageszeit ist die gesuchte Art besonders aktiv? Ist der gesuchte Vogel ruffreudig? Wenn ja, machen Sie sich mit seinen Rufen vertraut. Ist er ein Einzelgänger oder Schwarmvogel? Gibt es besondere Verhaltensweisen? Beim Schwarzkehlchen wäre das beispielsweise das Singen von erhöhten Warten aus. All das können mögliche Schlüsselfaktoren sein, daher rate ich, sich so viel Wissen wie möglich über die gesuchte Vogelart anzueignen, um beim Fotografieren erfolgreich zu sein.

BEOBACHTUNGEN VORAB

In 80 Prozent der Fälle ist es sehr hilfreich, erst zu beobachten, bevor man mit der Kamera anrückt. Viele Arten, darunter auch das Schwarzkehlchen, sind mehr oder weniger Gewohnheitstiere, die bestimmten Tagesabläufen folgen. Schwarzkehlchen verraten sich recht schnell durch ihren Gesang, für den sie gern hohe Singwarten wie die Spitzen von Bäumen oder Büschen nutzen, aber auch viele andere freie Sitzmöglichkeiten. Wenn man erst einmal ihre Lieblingswarten ausfindig gemacht hat, von denen aus sie auch häufig Insekten jagen, ist man so gut wie am Ziel.

TAGESZEIT UND TARNUNG

Schwarzkehlchen beginnen mit dem Einsetzen der Morgendämmerung, aktiv zu werden, daher ist es Gold wert, auch wenn es schwerfällt, sehr früh aufzustehen und noch in völliger Dunkelheit vor den Schwarzkehlchen vor Ort zu sein. Das hat den Vorteil, dass die Tiere nichts von der Ankunft eines Menschen mitbekommen.
Ohne Tarnung geht jedoch gar nichts! Schwarzkehlchen sind dann nur schwer zu fotografieren. Im Tarnzelt oder hinter einem dichten Tarnnetz hingegen ist es oft fast zu einfach, sie auf ein Foto zu bannen, besonders dann, wenn man weiß, wo sie sich aufhalten. Eine lautlose Kamera, angemessener Abstand und keine hektischen Bewegungen mit dem Objektiv - und das Schwarzkehlchen wird sich von Ihrer Anwesenheit nicht stören lassen. Viel Spaß und Erfolg beim Ausprobieren!
Zu guter Letzt noch ein Tipp: Seien Sie bitte nicht enttäuscht, wenn Sie nicht auf Anhieb zu den »besten« Bildern kommen. Das müssen Sie auch gar nicht, denn jedes eigene Bild ist etwas Besonderes, das Ihnen eine ganz persönliche Geschichte erzählt. Es ist eine Erinnerung an das Erlebte, welche Sie nie vergessen werden und sich beim Ansehen immer zurück ins Gedächtnis rufen können. Wenn Sie einen Tennisschläger in die Hand gedrückt bekommen, heißt das ja auch noch lange nicht, dass Sie sofort Wimbledon-Sieger werden. Ebenso verhält es sich, wenn Sie die ersten Male mit der Kamera losziehen.

Die Kleinen

Hier geht es um Vogelarten mit einer Größe bis zu 22 Zentimetern – vom Gartenbaumläufer mit seinem filigranen, langen Schnabel bis zum Sanderling, dem kleinen, unscheinbaren Watvögelchen.

Gartenbaumläufer

Certhia brachydactyla

AUF EINEN BLICK

LEBENSERWARTUNG
bis zu 3 Jahre

GRÖSSE
12 bis 14 cm

MIGRATION
Standvogel

BRUTZEIT
März bis Juli

EIER
5 bis 7

Wenn ich von einem Gartenbaumläufer erzähle, vermuten viele Laien hinter diesem Namen einen Käfer oder Ähnliches. Doch es handelt sich um ein 12 bis 14 Zentimeter kleines Vögelchen, das vielen Naturfreunden ein Begriff sein sollte. Ebenso wie Spechte oder Kleiber, klettert dieser Baumläufer mithilfe seiner langen, scharfen Krallen und den langen Schwanzfedern als Stützhilfe mühelos die Bäume hinauf und hinunter - immer auf der Suche nach Nahrung. Lediglich das Herabklettern kopfüber, wie es der Kleiber beherrscht, vermag der Gartenbaumläufer nicht. Durch seine bräunlich rindenähnliche Gefiederfärbung ist er ideal an ein heimliches Leben in alten Laubwäldern, Streuobstwiesen oder manchmal sogar direkt vor unserer Haustür in Gärten oder Parkanlagen angepasst. Allerdings wird er durch seine geringe Größe schnell übersehen. Obwohl der Gartenbaumläufer außerhalb der Brutzeit ein strikter Einzelgänger ist, kann es in besonders kalten Winternächten vorkommen, dass sich mehrere Tiere zum Überleben in Verstecken zusammenfinden und sich dicht aneinandergekuschelt gegenseitig wärmen.

Übrigens hat der Gartenbaumläufer einen Doppelgänger - den Waldbaumläufer. Sie sind gleich groß und anhand ihres Gefieders kaum zu unterscheiden. In der Regel ist die Hinterzehe des Gartenbaumläufers kürzer als die des Waldbaumläufers. Sicherstes Bestimmungsmerkmal ist der Gesang (→ Adressen im Internet, Seite 379).

Stieglitz

Carduelis carduelis

AUF EINEN BLICK

LEBENSERWARTUNG
bis zu 5 Jahre

GRÖSSE
12 bis 14 cm

MIGRATION
Standvogel

BRUTZEIT
Mai bis Juli

EIER
4 bis 6

Dort oben im Baum auf einem dünnen Zweig sitzt ein kleiner, leuchtend bunter Vogel, der die Farben Rot, Weiß, Schwarz, Hellbraun und Gelb im Gefieder trägt. So exotisch kann doch kaum einer unserer einheimischen Vögel gefärbt sein. Bestimmt ist der irgendwo aus einem Käfig entflogen.

Keineswegs! Der Stieglitz, auch Distelfink genannt, ist einer der hübschesten heimischen Kleinvögel, die wir bei uns bestaunen können. Durch seine geringe Körpergröße von gerade mal 12 bis 14 Zentimetern in Verbindung mit der charakteristischen roten Gesichtsmaske und den zitronengelben Flügelstreifen ist es so gut wie unmöglich, ihn mit einem anderen heimischen Kleinvogel zu verwechseln. Sein hastig trillernder Gesang macht einen fröhlich munteren Eindruck und ist auch außerhalb der Brutzeit zu vernehmen.

Den tagaktiven Stieglitz findet man in abwechslungsreicher Kulturlandschaft mit Büschen, Sträuchern, Wiesen und Wildkräuterflächen, in Obstbaumwiesen, an Rändern von Laub- und Mischwäldern, aber auch in Parks, auf Friedhöfen oder in Gärten mit altem Laubbaumbestand. Halbreife und reife Sämereien von Wiesenpflanzen, Kräutern, Stauden und Bäumen stellen seine Hauptnahrung dar, die er mit seinem spitzen Schnabel herausklaubt. Wenn die Brutzeit vor der Tür steht, frisst er auch gern kleine Insekten und Spinnen. Stieglitze gehen oft in kleinen Trupps auf Nahrungssuche.

Ende Februar, Anfang März beginnt das Stieglitzmännchen von einer hohen Ansitzwarte aus immer häufiger seinen lautstarken Gesang zum Besten zu geben, um damit ein Weibchen für sich zu gewinnen. Hat es Erfolg und seine Herzensdame von sich überzeugt, beginnt sie sogleich mit dem Nestbau, an dem sich das Männchen nicht beteiligt.

Das Weibchen legt das Nest gut versteckt in hohen Büschen oder Bäumen an. Es besteht aus Moos, Flechten, kleinen Zweigen, Halmen sowie Spinnweben und wird mit Federn und anderem weichen Material ausgepolstert. Nach einer Woche ist das Nest fertig. Die vier bis sechs Eier bebrütet nur das Weibchen, während es von seinem Partner mit Futter versorgt und vor Feinden wie Hauskatzen, Mardern oder dem Sperber gewarnt wird.

FUN FACT

Wenn die Jungvögel geschlüpft sind, werden sie von den Eltern vor allem mit Sämereien gefüttert, bis sie nach etwa zwei Wochen in der Lage sind, das Nest zu verlassen. Nach einem guten Monat sind die jungen Stieglitze vollkommen selbstständig. Unmittelbar danach beginnen die Eltern oft bereits mit der zweiten Brut.

Die persönliche Geschichte

HANNES BONZHEIM

Vor meinem Haus wächst ein kleines Perückenbäumchen, das bis hoch zum Balkon reicht. Von meinem Fenster aus habe ich es gut im Blick und kann während des Sommers in seinen dicht belaubten Zweigen zumindest hören, was sich in seinem Inneren so alles abspielt.

Im Sommer 2019 fiel mir das erste Mal auf, dass hier verdächtig oft ein Stieglitz sein Liedchen trällerte. Doch viel dabei gedacht habe ich mir nicht.

Erst im Herbst, als das Bäumchen langsam seine Blätter verlor, gab es den Blick auf ein kleines, sorgfältig zusammengeflochtenes Nest frei. Es wurde hoch in der Baumkrone gebaut. Da begriff ich es: Ein Stieglitzpärchen hatte dort im Sommer sein Nest angelegt.

Im darauffolgenden Jahr stellte ich erfreut fest, dass das Pärchen wieder da war und ein neues Nest - nun etwas tiefer - im selben Bäumchen gebaut hatte. Es war großartig, die Stieglitzfamilie mit ihren Jungen vom Balkon aus jetzt gezielt beobachten und fotografieren zu können.

Unermüdlich versorgte das Männchen während der zweiwöchigen Brutzeit sein Weibchen mit Futter. Und nachdem die kleinen Stieglitze geschlüpft waren, half auch die Mutter, die Schnäbelchen der Kleinen zu stopfen.

Heute darf ich stolz verkünden, dass das Stieglitzpaar auch 2021 zum dritten Mal in Folge im Perückenbaum vor meinem Haus seinen Nachwuchs großgezogen hat. Ich hätte nicht gedacht, dass Stieglitze so standorttreu sein können. Mal schauen, ob sie auch im nächsten Jahr wieder da sind ...

Feldsperling

Passer montanus

Viele, denen dieser schlichte Geselle auffällt, werden ihn als »einfachen« Spatz abstempeln. Aber Achtung! Was für ein »Spatz« ist es denn? Auf diese Frage erntet man nicht selten ratlose Gesichter, denn bei uns in Deutschland werden bevorzugt zwei Arten unter die Bezeichnung »Spatz« gepackt: der Haussperling und der Feldsperling. Gibt es da überhaupt einen Unterschied? Oh ja, denn diese beiden Arten sind zwar nah miteinander verwandt und sehen für einen ungeübten Beobachter identisch aus, doch sie gehören nicht zur selben Spezies. Das charakteristischste Unterscheidungsmerkmal ist – neben der geringeren Größe – der schwarze Wangenfleck im Zusammenspiel mit dem braunen Oberkopf des Feldsperlings.

Die Geschlechter lassen sich beim Feldsperling äußerlich nicht unterscheiden. Das ist beim etwas größeren Haussperling anders. Bei ihm besitzen die Männchen eine graue Kappe und bräunliche Seiten und die Weibchen eine graubraune Kappe mit hellem Streifen hinter dem Auge. Der Feldsperling siedelt anders als sein »großer Bruder« seltener direkt in Dörfern oder Städten. Er bevorzugt die Randbereiche von Siedlungen oder meidet diese gänzlich. Als Schwarmvogel zieht er außerhalb der Brutzeit in kleinen Trupps umher, die auch aus fremden Arten wie Grün- oder Buchfinken sowie Ammern und dem Haussperling bestehen können. Dann findet man ihn häufig an unseren Futterstellen, wo er seine Nahrung bevorzugt am Boden aufnimmt.

AUF EINEN BLICK

LEBENSERWARTUNG
bis zu 5 Jahre

GRÖSSE
12 bis 14 cm

MIGRATION
Standvogel

BRUTZEIT
April bis Juli

EIER
4 bis 7

ROTE LISTE DEUTSCHLAND
(6. Fassung 2020)
Kategorie V (Vorwarnliste)

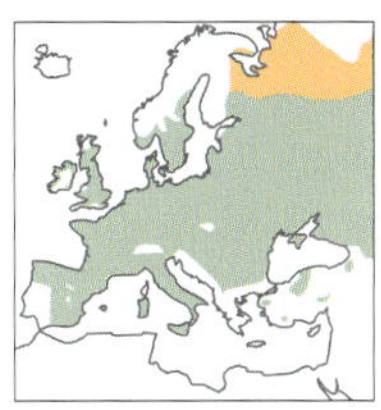

←
Der Feldsperling kommt vor allem an Feld- und Waldrändern vor und weiß als Höhlenbewohner auch die Idylle und Vorzüge alter Streuobstwiesen zu schätzen. Als ursprünglicher Eurasier ist er heute in vielen Teilen der Welt eingebürgert, wie etwa in Nordamerika, Australien, auf den Kanarischen Inseln und den Philippinen.

↓
Darf ich vorstellen: der fliegende Erzfeind Nummer 1. Der blitzschnelle Sperber hat besonders an Futterstellen mit unachtsamen Feldsperlingen und anderen Kleinvögeln leichtes Spiel. Die Kleinen fühlen sich nämlich oft zu sicher.

↑
Ein ausgewachsener Feldsperling füttert seinen wenige Wochen alten Jungvogel auf einem Ast. Der Feldsperling ernährt sich in erster Linie von verschiedenen Gräsern, Knospen, Sämereien und Beeren. Doch der Nachwuchs bevorzugt nach dem Schlüpfen tierische Kost, wie kleine Insekten, deren Larven und andere Wirbellose. Im Winter nutzt der Feldsperling gern den Luxus von bereitgestellter Nahrung an den Futterstellen.

Rotkehlchen

Erithacus rubecula

Draußen ist es stockfinster, und es herrscht noch Totenstille, die Morgendämmerung bricht herein. Allmählich tut sich etwas in den Hecken und Sträuchern vor dem Haus. Ein klares trillerndes Stimmchen, frei nach dem Motto »Der frühe Vogel fängt den Wurm«, ist zu hören. Es geht von einem kleinen Vögelchen mit rotem Bäuchlein aus, das in einer Hecke Platz genommen hat. Ob Männchen oder Weibchen, man weiß es nicht, denn äußerlich gleichen sich die beiden bis auf die Feder, und beide singen auch.

Das Rotkehlchen gehört neben der Amsel, dem Haussperling und der Kohlmeise wohl zu den bekanntesten Vögeln bei uns und kam durch sein orangerotes Brustgefieder zu seinem Namen.

Es ist ein typischer und gern gesehener Buschbewohner unserer Wälder, Gärten, Parks und Friedhöfe, und als Standvogel bleibt es das ganze Jahr über bei uns. In Dörfern und Städten gewöhnt sich das Rotkehlchen sehr schnell an die Anwesenheit der vielen federlosen Zweibeiner und zeigt nur geringe Scheu.

Zusammen mit seinem Partner besetzt das Rotkehlchen ein Revier, das sie gemeinsam gegen fremde Artgenossen verteidigen. Oft beginnt das Rotkehlchen bereits im März mit dem Bau seines Nests, das in Bodennähe angelegt wird. Ob gut versteckt in einer Böschung, in einem hohlen Baumstumpf oder in einer Mauernische - wählerisch ist der kleine Fliegenschnäpper in der Wahl des Neststandortes nicht.

AUF EINEN BLICK

LEBENSERWARTUNG
bis zu 5 Jahre

GRÖSSE
12 bis 14 cm

MIGRATION
Standvogel

BRUTZEIT
März bis August

EIER
5 bis 7

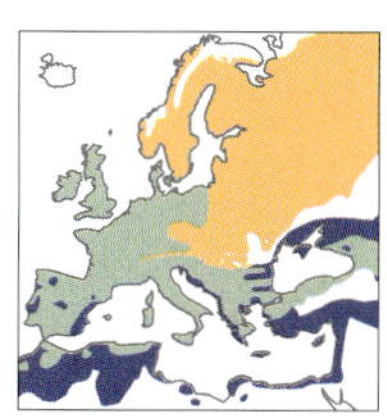

↑
Das Rotkehlchen ist unverwechselbar und gehört zu den beliebtesten einheimischen Vögeln.

Auch halboffene Nistkästen, efeubewachsene Gebäude oder dichte Hecken werden gelegentlich für die Brut genutzt. Wo die neue Kinderstube bei der großen Auswahl an potenziellen Neststandorten letztlich entsteht, entscheidet das Weibchen. Nach nicht mal einer Woche ist das Nest fertiggestellt, und die Ablage der fünf bis sieben Eier beginnt.

Die Nahrung des Rotkehlchens besteht hauptsächlich aus vielen kleinen Insekten, Spinnen, Würmern und anderen Wirbellosen, die es am Boden oder von einem kleinen Ansitz aus erbeutet. Auch Sämereien, Beeren und Früchte werden, je nach Verfügbarkeit, gern gefressen.

Besonders im Winter ist das Rotkehlchen ein häufiger Gast an Vogelfutterhäuschen, wo es sich über Fettfutter und Sonnenblumenkerne freut. Auch eine kleine Wasserschale aufzustellen, kann nicht schaden, denn es badet sehr gern und ausgiebig, ab und zu sogar im Winter.

Es kommt oft vor, dass Rotkehlchen sehr zutraulich werden und sich von uns Menschen nicht mehr beunruhigen lassen. Das liegt daran, dass viele gelernt haben, von unserer Anwesenheit zu profitieren. So ist vielleicht dem ein oder anderen schon aufgefallen, dass ihm bei der Gartenarbeit oder dem Durchstreifen eines Parks ein kleines Rotkehlchen Gesellschaft leistet und seinen Spuren am Boden folgt. Und warum ist das so? Ganz einfach, dem Rotkehlchen geht es um Nahrung. Wenn Sie zum Beispiel im Garten ein Beet umgraben, sucht es nach freigelegter oder aufgescheuchter Nahrung, die es nur noch aufzupicken braucht.

Auch in Wäldern lässt es sich helfen. Es folgt regelmäßig Säugetieren wie etwa Wildschweinen und sucht in der von ihnen aufgewühlten Erde nach Futter. Ganz schön schlau, der kleine Piepmatz!

Artenvielfalt im naturnahen Garten

Das Rotkehlchen wurde nach 1992 im Jahr 2021 erneut zum Vogel des Jahres gewählt und steht für die Botschaft: Mehr Gartenvielfalt!

Naturnahe Gärten sind in der heutigen Zeit Gold wert, denn sie bieten vielen Lebewesen Nahrung und Zuflucht. Wer sich wundert, dass sich in seinem Garten mit kurz geschnittenem englischem Rasen oder monotonen Kiesflächen kaum Vögel, Insekten oder andere Tiere blicken lassen, hat so einiges falsch gemacht. In solchen Gärten finden die Tiere weder Nahrung noch Versteck- oder Nistmöglichkeiten. Was also sollten sie in dieser Einöde wollen?

Für mehr Artenvielfalt im eigenen Garten zu sorgen, ist gar nicht so schwer. Mit nur wenig Aufwand schaffen Sie die besten Voraussetzungen, zum Beispiel durch:

- Das Anlegen von Blühwiesen. Hier wachsen unterschiedliche Blühpflanzen, die eine hervorragende Nahrungsquelle etwa für Bienen, aber auch viele andere Insekten und Vögel darstellen. Von den Insekten ernähren sich wiederum viele Vogelarten.
- Das Anpflanzen einheimischer Bäume. Hier bieten sich zum Beispiel Apfelbaum, Birke, Eberesche, Echte Mehlbeere, Feldahorn, Hainbuche, Kirschbaum, Stieleiche und Vogelkirsche an.
- Das Anpflanzen von Büschen und Sträuchern. Gut geeignet sind beispielsweise Berberitze, Brombeere, Eberesche, Haselnuss, Heckenkirsche, Heckenrose, Kornelkirsche, Pfaffenhütchen, Sanddorn, Schwarzer Holunder, Sommerflieder, Traubenkirsche und Weißdorn.
- Das Anlegen von Verstecken, Nistmöglichkeiten und Überwinterunsquartieren.

Für jeden etwas dabei

Nicht nur das Rotkehlchen freut sich über einen insektenreichen Garten, sondern auch eine Vielzahl anderer Vogelarten, die sich von Insekten ernähren und mit diesen ihren Nachwuchs großziehen.

Die Amsel und andere Vögel schätzen besonders die Früchte des Efeus und des Schwarzen Holunders. Hier finden sie auch Schutz vor Feinden, wie beispielsweise dem Sperber, und außerdem Brutmöglichkeiten.

Ein kleiner Gartenteich, ein Vogelfutterhaus, eine Trockenmauer, ein Reisighaufen, ein paar Brennnesseln, Nistkästen für Vögel, Insektenhotels, Ohrwurmquartiere und ein Igelhaus machen den naturnahen Garten komplett.

Es gibt viele Bücher, Dokumentationen, Zeitschriften und natürlich das Internet, wo man sich weitere und detailliertere Infos und Anregungen für die Anlage eines »perfekten« naturnahen Gartens holen kann. Wir können nur empfehlen, es selbst auszuprobieren. Verwandeln Sie Ihren Garten in eine kleine Naturoase! Sie werden staunen, welche wunderbaren Erlebnisse Sie erwarten.

FUN FACT

Das Rotkehlchen brütet in der Regel zwei-, seltener sogar dreimal pro Jahr. Sind die Jungvögel der ersten Brut ausgeflogen, beginnt das Weibchen nach kurzer Zeit bereits mit der Suche nach einem neuen Nistplatz. Ist ihm der eigene Nestbau zu aufwendig, renoviert es – je nach Verfügbarkeit – verlassene Nester der Amsel, Singdrossel oder Goldammer.

←
In der Abendsonne sitzt dieses Rotkehlchen völlig entspannt, ganz nah bei mir, auf dem Geländer.

↑
Der melodische Gesang des hübschen Rotkehlchens ist das ganze Jahr über zu hören.

Mehlschwalbe

Delichon urbicum

AUF EINEN BLICK

LEBENSERWARTUNG
bis zu 5 Jahre

GRÖSSE
13 bis 14 cm

MIGRATION
Zugvogel

BRUTZEIT
April bis August

EIER
3 bis 5

ROTE LISTE DEUTSCHLAND
(6. Fassung 2020)
Kategorie 3 (Gefährdet)

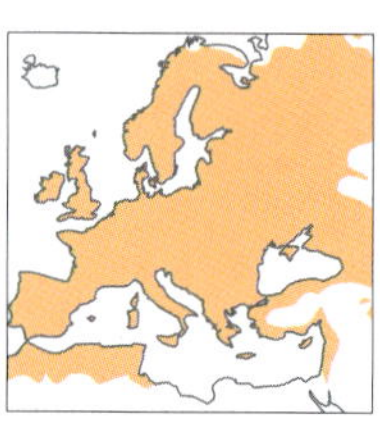

Schwalbe ist nicht gleich Schwalbe, denn in Deutschland können wir allein vier dieser rasanten Flugakrobaten entdecken. In dieser kurzen Artbeschreibung soll es um die Mehlschwalbe gehen, die wie die restlichen unserer drei heimischen Schwalbenarten ein Zugvogel ist und im warmen Afrika überwintert.

Zusammen mit der Uferschwalbe gehört die Mehlschwalbe in Deutschland zu den kleinsten Vertretern ihrer Familie. Der reinweißen Unterseite verdankt sie ihren Namen, und wegen ihrer Vorliebe, an den Außenseiten unserer Gebäude ihre Nester anzulegen, wird sie gelegentlich auch als Stadt- oder Kirchschwalbe bezeichnet.

Das Element der Mehlschwalbe ist zweifelslos die Luft. Einen großen Teil ihres Lebens verbringt sie dort und ist bei uns unter anderem für ihre Flugkünste und spektakulären Flugmanöver auf der Jagd nach Fluginsekten bekannt. Wenn der Jäger zum Gejagten wird, kann die Mehlschwalbe auf der Flucht vor ebenfalls blitzschnellen Räubern wie Wanderfalke, Sperber oder Baumfalke auch gut und gern mal eine Geschwindigkeit von bis zu 74 Kilometer pro Stunde erreichen.

Die Mehlschwalbe ist wie die Rauchschwalbe ein Gebäudebrüter und darum mehr als beispielsweise die Felsen- oder Uferschwalbe an uns Menschen gebunden. Wenn die Brutzeit vor der Tür steht und sich ein Paar gefunden hat, beginnt sie mit dem Nestbau. Dazu sammelt sowohl das Männchen wie auch das Weibchen, die man optisch

nicht auseinanderhalten kann, Schlamm-, Lehm- und Erdklümpchen auf feuchten Böden, um aus diesen ihr halbkugeliges Nest Stückchen für Stückchen an senkrechten Wänden aufzumauern.

Die Mehlschwalbe ist ein Koloniebrüter, und daher können Nester verschiedener Paare in unmittelbarer Nähe zueinander gebaut werden. Schwalbennester sind auch bei anderen Vogelarten beliebt, und es kommt vor, dass Sperlinge oder Meisen versuchen, diese zu erobern. Wenn das gelingt, sind die ehemaligen Hausherren gezwungen, mit dem Bau eines neuen Nests zu beginnen.

Ein Tipp für die Fotografen unter Ihnen

Das Foto auf Seite 52 unten links zeigt einen Schneekappenkolibri, den ich bei meinem Aufenthalt in Costa Rica vor die Linse bekam. Ein so winziges Kerlchen mit einer Körpergröße von gerade mal sechs Zentimetern scharf im Flug abzubilden, ist eine Herausforderung an jeden Fotografen, und es braucht dazu die nötige Ausrüstung, Geduld und natürlich auch ein bisschen Glück.

Weil ich häufig gefragt werde, was für Verschlusszeiten ich für Flugfotos verwendet habe, hier ein kleines Beispiel für die Fotografen unter Ihnen. Während mir bei den Mehlschwalben im Flug eine Verschlusszeit von 1/1600 reichte, damit auch die Flügel »eingefroren« abgebildet waren, brauchte ich bei dem Schneekappenkolibri schon eine Verschlusszeit von 1/3200. Und selbst dann waren manche Bilder des Kolibris für mich noch nicht zufriedenstellend.

←
Mehlschwalben, die in Kolonien brüten, sammeln Nestbaumaterial. Lehm-, Schlamm- und Erdklümpchen auf feuchten Bodenstellen bilden die Grundlage für ihre beinahe geschlossenen, kunstvoll gebauten Nester.

↓
Unglaubliche 80 Mal können Kolibris pro Sekunde mit den Flügeln schlagen. Hier sehen Sie einen Schneekappenkolibri. Diesen winzigen Flugakrobaten konnte ich in Costa Rica fotografieren.

↑
Mehlschwalben sind bei der Jagd auf Insekten oder dem Ausweichen eines Feindes für ihre atemberaubenden Flugmanöver bekannt. Bis zu fünfmal pro Sekunde schlägt eine Mehlschwalbe dabei im Flug durchschnittlich mit den Flügeln. Das ist zwar eine beachtliche Leistung, aber im Gegensatz zu dem winzigen Kolibri auf dem Foto links nur ein durchschnittlicher Wert. Dennoch beeindruckt uns die Flugkunst der Schwalben.

Kleiber

Sitta europaea

Der etwa sperlingsgroße Kleiber mit seinen scharfen Krallen und dem kleinen robusten Körper ist der Baumspezialist schlechthin. So gut wie sein ganzes Leben verbringt er auf Bäumen und ist perfekt an verschiedenste Lebensraumgegebenheiten angepasst.

Sowohl zum Brüten als auch zur Nahrungssuche besiedelt er alte Laub- und Mischwälder, und ab und zu ist er auch in großen Gärten, Parks oder auf Friedhöfen mit altem Baumbestand anzutreffen.

Der kleine, flinke Vogel frisst hauptsächlich Insekten, die er von Blättern und Zweigen sammelt. Je nach Verfügbarkeit runden verschiedene Sämereien, Beeren oder Früchte seinen Ernährungsplan ab. Harte Nahrung - wie Nüsse beispielsweise - klemmt er wie viele Spechtarten zwischen passende Baumspalte und hackt sie mit seinem kräftigen, spitzen Schnabel auf. Befindet sich eine Futterstelle in seinem Revier, lässt er sich nicht zweimal bitten und ist auch dort ein häufiger Gast, der besonders gern Sonnenblumenkerne und Haselnüsse zu schätzen weiß. Wie so manch anderer Vogel, legt auch er Nahrungsvorräte für schlechte Zeiten an, die er in seinem Revier versteckt.

In puncto Nistplatzwahl ist der Kleiber als Höhlenbrüter nicht sehr wählerisch. Er bezieht Baumhöhlen, Nistkästen, Spechthöhlen oder andere zum Brüten geeignete Nischen. Ist seine Wunschhöhle schon belegt, kommt es vor, dass er den Besitzer durch sein aggressives Auftreten einfach aus der eigenen Höhle vertreibt.

AUF EINEN BLICK

LEBENSERWARTUNG
bis zu 3 Jahre

GRÖSSE
12 bis 15 cm

MIGRATION
Standvogel

BRUTZEIT
April bis Juni

EIER
5 bis 9

←
Schwarze Augenstreifen, eine blaugraue Oberseite und eine orangebraune Unterseite: Das kann nur ein Kleiber sein.

↓
Anders als der Specht, der sich mit seinen Schwanzfedern am Stamm abstützt, verlässt sich der Kleiber auf seine kräftigen Füße mit den scharfen Krallen. Sie ermöglichen ihm, auch kopfüber die Baumstämme herabzuklettern.

Mönchsgrasmücke

Sylvia atricapilla

Die Mönchsgrasmücke ist die häufigste Art aus der Vogelfamilie der Grasmücken in Deutschland und ein Zugvogel. Normalerweise verbringt sie den Winter im warmen Mittelmeerraum und in Afrika. Doch infolge des Klimawandels ändern immer mehr Individuen ihr Zugverhalten und ziehen gen Nordwesten nach Großbritannien.

Die Mönchsgrasmücke lebt versteckt in unterholzreichen, lichten Laub- und Nadelwäldern, Auwäldern, Streuobstwiesen und lässt sich auch gern in heckenbestückten Parks, Friedhöfen und Gärten nieder. Obwohl sie nicht gerade selten ist, bemerkt man ihre Anwesenheit oft erst, wenn sie ihren anfangs leise schwätzenden, dann immer lauter werdenden klangvoll flötenden Gesang aus einem Gebüsch oder Bäumchen zum Besten gibt. Die Mönchsgrasmücke ist ein Insektenfresser und jagt ebenso Spinnen und andere Wirbellose. Aber auch vegetarische Kost wie Beeren und Früchte pflückt sie von den Pflanzen.

Für ihren Nestbau und die spätere Brut sind dichte Gebüsche und Hecken essenziell. Dort baut sie aus feinen Gräsern, Wurzeln, Halmen und Moos ihr halboffenes Nest.

Nach zwei Wochen Brutdauer schlüpfen die Küken. Sie werden von ihren Eltern mit Insekten, Spinnen und Beeren großgezogen. Nach weiteren zwei Wochen verlassen die Jungvögel das Nest in der schützenden Hecke und starten in die weite Welt. Hier lauern viele Feinde wie etwa Sperber, Marder und Hauskatzen.

AUF EINEN BLICK

LEBENSERWARTUNG
bis zu 5 Jahre

GRÖSSE
13 bis 15 cm

MIGRATION
Zugvogel

BRUTZEIT
April bis Juli

EIER
4 bis 5

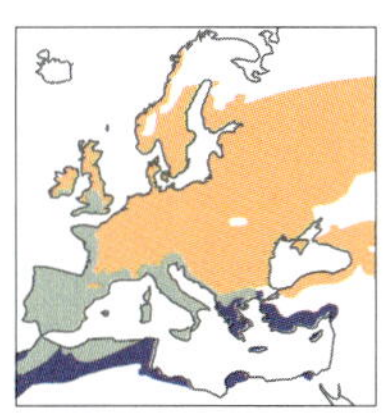

←
Bei der Mönchsgrasmücke lassen sich Männchen und Weibchen leicht unterscheiden. Die Männchen haben im Gegensatz zum Weibchen eine schwarze Gefiederkappe.

↓
Das Weibchen hat eine orangebräunliche Gefiederkappe. Die Bezeichnung Mönchsgrasmücke soll an die Kopfbedeckung von Mönchen erinnern.

Kohlmeise

Parus major

Die Kohlmeise ist in Deutschland die häufigste Vertreterin aus der Familie der Meisen und durch ihre Anpassungsfähigkeit in nahezu allen Lebensräumen, wo sie genügend Nahrung und Brutmöglichkeiten vorfindet, zu beobachten. Besonders in Gärten und Parks erfreut sie uns tagtäglich mit ihrer Anwesenheit.

Im Sommer besteht die Nahrung der Kohlmeisen vor allem aus Insekten und deren Larven, Spinnen und Blattläusen. Im Winter ernähren sie sich von Sämereien. Mittlerweile sind sie auch häufige Besucher an Futterstellen und zeigen wenig Scheu vor uns Menschen.

Sobald das Frühjahr beginnt, beziehen Kohlmeisen liebend gern aufgestellte Nistkästen, obwohl sie von Haus aus eigentlich in Baumhöhlen brüten. Zwischen März und Juli päppeln sie bis zu 12 Jungvögel auf, die überwiegend mit Insekten oder kleinen Spinnentieren versorgt werden. Nach 17 bis 20 Tagen fliegen die kleinen Meisen aus und suchen Schutz in nahe gelegenen Büschen, Bäumen und Sträuchern.

Jedes Jahr kommt es vor, dass unwissende Naturfreunde eine frisch ausgeflogene, voll befiederte, aber noch nicht flugfähige Meise am Boden oder im Gebüsch finden und sie für von den Eltern verlassen oder verletzt halten. Gutgläubig wird sie mit nach Hause genommen, um sie vor dem vermeintlich »sicheren Tod« zu bewahren. Man kann diesen Vogelfreunden deshalb keinen Vorwurf machen, doch sie haben unbewusst einen Fehler gemacht und sollten aufgeklärt werden.

AUF EINEN BLICK

LEBENSERWARTUNG
bis zu 3 Jahre

GRÖSSE
13 bis 15 cm

MIGRATION
Standvogel

BRUTZEIT
März bis Juli

EIER
6 bis 12

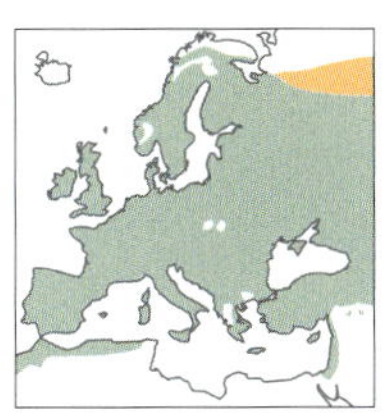

↑
Schwarz-weißer Kopf, gelbe Brust und schwarzer Bauchstreifen: Die Kohlmeise ist unverwechselbar.

Finger weg von Jungvögeln!

Falls Sie in solch eine Situation geraten, merken Sie sich stets, dass Altvögel – gleich welcher Vogelart – ihre Jungen stets im Blick haben und sie über mehrere Wochen hinweg weiterversorgen, bis sie vollständig flügge, also flugfähig, sind. Keinesfalls sollte man den Jungvogel mit nach Hause nehmen. Ist man sich nicht sicher, ob der kleine Piepmatz tatsächlich in Not ist, kann man den Kleinen in einiger Entfernung mit einem Fernglas beobachten und wird meist sehr schnell irgendwo die Mutter oder den Vater entdecken.

Befindet sich der junge Vogel in akuter Gefahr, sitzt beispielsweise mitten auf einem viel begangenen Weg oder gar einer Straße, sollte man ihn in den nächstgelegenen Busch oder Baum setzen, ihn aber auf keinen Fall weit weg vom Fundort bringen! Anders als zum Beispiel bei Rehkitzen, deren Mütter diese oft nach Berührung durch Menschen verlassen, stört das die meisten Vogeleltern normalerweise nicht! Es kann zwar etwas Zeit vergehen, bis sie sich wieder zu ihrem Nachwuchs trauen, doch für gewöhnlich wird der Jungvogel ganz normal weiterversorgt. Nur im Notfall, etwa wenn der Jungvogel offensichtlich verletzt ist, kann man ihn vorsichtig mitnehmen und so schnell wie möglich zu einem Tierarzt bringen. Am besten setzt man den kleinen »Unglücksraben« hierfür in einen mit Küchenpapier gepolsterten, geschlossenen Schuhkarton mit Luftlöchern. Die Dunkelheit soll dem enormen Stress, den das Tier auf dem Weg verspürt, entgegenwirken.

→ Die Gefiederfarben des Kohlmeisen-Männchens wirken insgesamt etwas intensiver als die des Weibchens. Das schwarze Bauchgefiederband ist relativ breit.

→ →
Das Weibchen ist matter gefärbt. Sein Bauchgefiederband ist schmal oder unterbrochen und sieht sogar ein wenig »unordentlich« aus.

↑
Gegenüber anderen Meisen ist die Kohlmeise dominant und durchsetzungsfähig. Sobald allerdings größere Vögel – wie hier im Bild zum Beispiel der Grünfink – an der Futterstelle auftauchen, zieht sie schnell den Kürzeren.

↓
Diese Kohlmeise hat einen Maikäfer erbeutet und offensichtlich Probleme, ihn wegen seiner Größe zu verspeisen. Ihn auf einem Ast zu zerkleinern, gelang ihr nicht wirklich.

Haus-rotschwanz

Phoenicurus ochruros

AUF EINEN BLICK

LEBENSERWARTUNG
bis zu 5 Jahre

GRÖSSE
14 bis 15 cm

MIGRATION
Zugvogel

BRUTZEIT
Mai bis Juli

EIER
4 bis 6

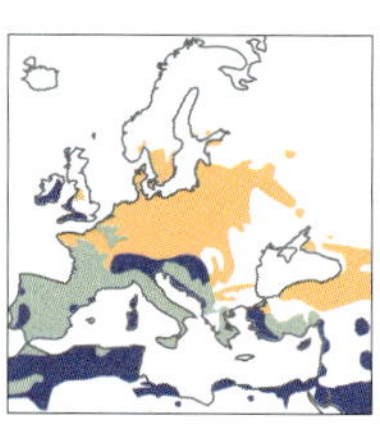

Der Hausrotschwanz war ursprünglich überwiegend ein Brutvogel steiniger Gebirgsregionen, wo er wegen seines dunklen Gefieders auch unter dem Volksnamen »Rußvogel« bekannt war. Im Laufe der Zeit hat er sich jedoch immer mehr ins Flachland ausgebreitet, wo er sich mit unseren städtischen »Betonburgen« anfreundete. Dort ist er mittlerweile ein kaum mehr wegzudenkender Singvogel, der bereits am frühen Morgen damit beginnt, von hohen Hausdächern, Laternen oder Hausantennen lautstark sein Lied zu trällern.

In Deutschland ist er weit verbreitet und hat Steinbrüche, Kieswerke, Industriegebiete genauso erobert wie viele weitere offene vegetationsarme Habitate. Der Hausrotschwanz ist ein sturer Einzelgänger, der sich nur zur Brutzeit auf einen Partner einlässt. Das Nest wird in Höhlungen aller Art angelegt, und die Vögel sind äußerst unempfindlich gegenüber Störungen. Für die Jagd benötigt der Hausrotschwanz freie Flächen, wo er Insekten entweder im Flug hinterherjagt oder auf Ästen beziehungsweise sonstigen Ansitzen dicht über dem Boden ausharrt und auf eine passende Gelegenheit wartet. Am Boden erbeutet er unter anderem auch Spinnen, Schnecken, Regenwürmer und andere wirbellose Tiere. Wenn tierische Nahrung knapp wird, frisst er auch gern Sämereien, Beeren und Früchte. Im Foto rechts sehen Sie ein Männchen mit dem typischen rotorangefarbenen Schwanz, dem hellen Flügelfeld und dem ansonsten dunklen Gefieder.

←
Das Weibchen des Hausrotschwanzes ist unspektakulär gefärbt. Der Hausrotschwanz ist ein Zugvogel. Es kommt allerdings vor, dass vereinzelte Vögel auch das ganze Jahr über hierbleiben.

↓
Achtung, Verwechslungsgefahr! Ein naher Verwandter des Hausrotschwanzes ist der Gartenrotschwanz – hier ein Männchen.

Felsen-schwalbe

Ptyonoprogne rupestris

Wie alle Schwalben ist auch die unscheinbare Felsenschwalbe eine Flugkünstlerin und ohne Probleme in der Lage, beispielsweise im Flug von der Wasseroberfläche zu trinken.

Sie ist mit 14 bis 15 Zentimetern eine der größeren Schwalben Deutschlands und lebt, wie in ihrem Namen schon angedeutet, in bergigen Regionen - vor allem im bayerischen Alpenraum und mittlerweile auch im Schwarzwald.

Dort findet man sie in den meisten Fällen in unmittelbarer Nähe zu Gewässern, wo sie häufig in Begleitung von Mehlschwalben oder Rauchschwalben Fluginsekten hinterherjagt. Dabei stellt sich die Felsenschwalbe etwas geschickter an als die kleinere und plumper wirkende Mehlschwalbe.

Die Felsenschwalbe kann mit der etwas größeren Rauchschwalbe gut mithalten. Wie diese, meidet auch die Felsenschwalbe für die Jagd meistens die höheren Luftschichten und fliegt lieber in geschickten Manövern dicht über dem Boden oder gleitet an Felswänden entlang. Dort legt sie unter anderem an überhängenden Stellen, die gut gegen Wind und Wetter geschützt sind, ihr aus Lehm, Schlamm und Speichel geformtes Nest an. Vielerorts hat die Felsenschwalbe mittlerweile auch den Nutzen von Bauwerken des Menschen erkannt und baut ihr Nest zunehmend an hohen Gebäuden wie Kirchen und Türmen, aber auch an Staumauern und unter Brücken.

AUF EINEN BLICK

LEBENSERWARTUNG
bis zu 5 Jahre

GRÖSSE
14 bis 15 cm

MIGRATION
Zugvogel

BRUTZEIT
April bis Juli

EIER
4 bis 5

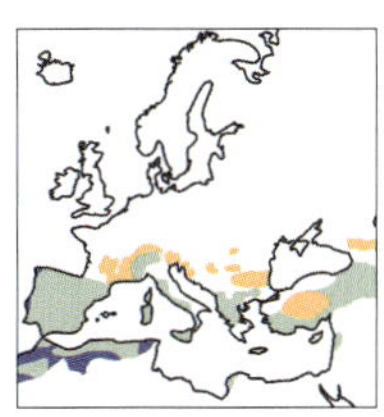

←
Felsiges Gelände und Wasser sind Grundvoraussetzungen für den Lebensraum der Felsenschwalbe.

↑
Die unscheinbare Felsenschwalbe hat ein weißgraues Bauchgefieder und weiße Schwanzflecken.

Die persönliche Geschichte

HANNES BONZHEIM

Die Sommerferien standen vor der Tür, und es ging die ersten zwei Wochen nach Österreich in die Berge. Ich war gespannt, was ich alles entdecken würde. Schon am ersten Abend in unserem Ferienort schien es gut loszugehen. Aus dem Fenster eines kleinen Restaurants beobachtete ich viele Mehlschwalben, die auf der nahe gelegenen Wiese herumschwirrten. Immer wieder war mir so, als flöge dort aber auch noch etwas anderes Größeres und Flinkeres herum. Ich konnte nicht ausmachen, was es war, bis es plötzlich ganz dicht an der Scheibe vorbeiflog. Das war in der Tat keine Mehlschwalbe, sondern eine Felsenschwalbe.

Am nächsten Morgen machte ich mich direkt auf den Weg zur selben Stelle. Die Schwalben waren zwar wieder fleißig am Fliegen, doch es schüttete wie aus Eimern. Ein paar Tage später besserte sich das schlechte Wetter endlich. Jetzt aber los! Leider waren bei dem Restaurant keine Schwalben zu entdecken, doch ich fand sie ein paar Straßen weiter auf einem kleinen Parkplatz. Heute waren es sogar drei Felsenschwalben. Man darf allerdings nicht vergessen, dass diese Vögel nicht zu den langsamsten gehören. Blitzschnell, wie Schwalben nun mal sind, können sie ihre Richtung ändern. Doch nach ein paar Anflügen wusste ich, wo sie regelmäßig vorbeiflogen, und mir gelangen die ersten Aufnahmen. Nach etwa drei Stunden war das Spektakel vorbei, und ich machte mich zufrieden auf den Rückweg. Wer hätte gedacht, dass ich auf einem abgelegenen Dorfparkplatz neben einem kleinen Fluss die großartigen Felsenschwalben entdecken würde und sie fotografieren könnte.

Bergfink

Fringilla montifringilla

Dieser schöne, bunte Singvogel gehört zur Familie der Finken und besucht uns als typischer Wintergast regelmäßig in Deutschland. Seine Brutgebiete liegen jedoch in Nordeuropa, beispielsweise in Norwegen, Schweden und Finnland.

Die Hauptnahrung des Bergfinks machen während der Sommermonate Insekten und andere Wirbellose aus. Wenn diese jedoch im Winter knapp werden, ernährt er sich von Nüssen, Bucheckern und Sämereien, die er in kleinen Trupps bevorzugt am Boden aufliest.

Auf den ersten Blick kann man ihn als Laie schnell mal mit dem Buchfink verwechseln, denn die beiden Arten sehen sich äußerlich sehr ähnlich. Gute Erkennungsmerkmale des Bergfinken sind sein heller gelblicher Schnabel mit schwarzer Spitze und das orange Brustgefieder mit reinweißem Bauchgefieder. Diese drei markanten Merkmale weist der Buchfink nicht auf.

Wo es große Buchenbestände mit vielen Bucheckern gibt, etwa in Süddeutschland, kann es vorkommen, dass der Bergfink dort in manchen Jahren im Winter in riesigen Schwärmen einfällt. Selbst wenn die begehrten Bucheckern unter einer feinen Schneedecke verschwunden sind, schaffen es die Bergfinken, mithilfe ihrer Flügel und ihrem Schnabel die Bucheckern »auszubuddeln«. Gegen Abend suchen die Vögel gemeinsam ihre Schlafplätze auf, wo sie dicht aneinander gedrängt die kalten Nächte verbringen.

AUF EINEN BLICK

LEBENSERWARTUNG
bis zu 5 Jahre

GRÖSSE
14 bis 15 cm

MIGRATION
Zugvogel

BRUTZEIT
Mai bis Juni

EIER
5 bis 7

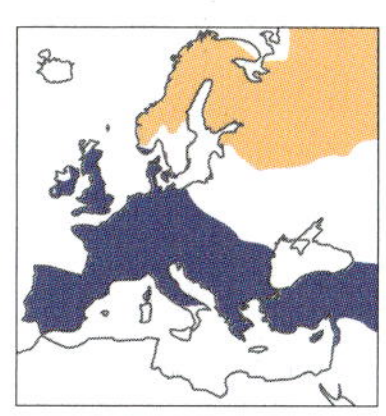

Zwei streitende Bergfinken-Männchen im Schlichtkleid. Im Prachtkleid ist die auf dem Foto schuppige Kopfgefiederzeichnung schwarz gefärbt.

Schwanz-meise

Aegithalos caudatus

Dieser einzigartige Singvogel wirkt wegen seines winzigen Schnabels wie ein kleines Federbällchen, das mit bis zu 10 Zentimeter langen Schwanzfedern ausgestattet ist

Die Schwanzmeise ernährt sich hauptsächlich von kleinsten Insekten und Spinnen, die sie häufig von den äußersten Zweigen von Bäumen und Büschen pickt. Besonders hervorheben muss man die Art ihres Nestbaus und ihren Brutverlauf. Das kunstvolle Nest ist ein runder Beutel mit seitlichem Eingang, der aus Moos, Federn, Spinnweben sowie Tier- und Pflanzenwolle gefertigt wird und außen mit Flechten des Nistbaumes oder -busches, worin es verwoben ist, getarnt wird. Der Bau dieses Kunstwerks, an dem sich beide Geschlechter beteiligen, nimmt in der Regel bis zu einem Monat in Anspruch. Ist das Nest fertig, beginnt das Weibchen mit der Eiablage.

Das Männchen ist während der Brutzeit lediglich für die Versorgung seiner Partnerin und später der Küken verantwortlich, die nach gut zwei Wochen schlüpfen. Da ein Weibchen in Ausnahmefällen bis zu 16 Eier legt, kann es allein mit seinem Partner unmöglich alle Küken mit Nahrung versorgen. Deshalb bekommen die beiden, wenn es gut läuft, Fütterungsunterstützung von Helfern. Bei diesen handelt es sich meistens um die Nestgeschwister des Männchens, die beispielsweise in diesem Jahr keinen Nachwuchs erwarten oder unverpaart geblieben sind.

AUF EINEN BLICK

LEBENSERWARTUNG
bis zu 3 Jahre

GRÖSSE
13 bis 16 cm

MIGRATION
Standvogel

BRUTZEIT
April bis Juni

EIER
5 bis 12

←
Die Schwanzmeise ist ein beliebter und nett anzusehender Gartenbesucher. Man kann sie im Winter mit Meisenknödeln oder Fettfutter, das man in die Baumrinde streicht oder als Fettfutterglocke in Bäume und Sträucher hängt, an die eigene Futterstelle locken.

↓
Die mitteleuropäische Schwanzmeise hat einen für sie typischen dunklen, breiten Überaugenstreifen. Ihre langen Schwanzfedern helfen der Schwanzmeise, bei der Nahrungssuche in den dünnen Zweigen die Balance zu halten.

↑
Wenn Sie im Winter Schwanzmeisen mit einem reinweißen Kopfgefieder an der Futterstelle beobachten, handelt es sich in der Regel um Vertreter einer Unterart aus Nordeuropa. Sie mischen sich in dieser Zeit unter die ganzjährig bei uns lebenden mitteleuropäischen Schwanzmeisen. Die Vögel im Foto oben und im Foto links wurden zu Forschungszwecken beringt.

Wiesenpieper

Anthus pratensis

Der sperlingsgroße, gut getarnte Wiesenpieper benötigt für seine Brut offene Landschaften wie Feuchtwiesen, Dünen, Heiden oder Moorgebiete mit dürftigem Angebot an Bäumen und Hecken. Auch an der Küste und im Gebirge kann man auf ihn stoßen.

Als Bodenbrüter ist er auf sein tarnendes Gefieder angewiesen, denn nur allzu leicht könnten ihn sonst Fressfeinde beim Brutgeschäft entdecken. Das Nest besteht aus feinen Halmen, Gräsern, Tierhaaren und Moos und wird vom Weibchen gut versteckt in der Vegetation angelegt. Wenn das Nest fertiggestellt ist und es seine Eier gelegt hat, bebrütet es diese gute zwei Wochen, bis die Küken schlüpfen.

Wenn der Wiesenpieper Pech hat, schlüpft nur ein Jungtier, und möglicherweise ist das nicht einmal das eigene. Dann ist der Vogel einem listigen Brutparasiten zum Opfer gefallen – dem Kuckuck –, der von seiner eigentlichen Mutter in das Wiesenpiepernest geschmuggelt wurde und nun von seinen unfreiwilligen Adoptiveltern versorgt wird.

Wie viele andere Bodenbrüter, hat auch der Wiesenpieper mit der Zerstörung geeigneter Lebensräume für die Brut zu kämpfen. Die Nahrungssuche des Wiesenpiepers spielt sich ebenfalls zu einem großen Teil auf dem Boden ab, wo ihm sein Gefieder wieder ein ums andere Mal hilft, sich neugierigen Blicken zu entziehen. Er erbeutet kleine Insekten, Schnecken und Spinnen aller Art, und auch Sämereien werden gerade in der kälteren Jahreszeit gern gefressen.

AUF EINEN BLICK

LEBENSERWARTUNG
bis zu 5 Jahre

GRÖSSE
14 bis 15 cm

MIGRATION
Zugvogel

BRUTZEIT
Mai bis Juli

EIER
4 bis 5

ROTE LISTE DEUTSCHLAND
(6. Fassung 2020)
Kategorie 2 (Stark gefährdet)

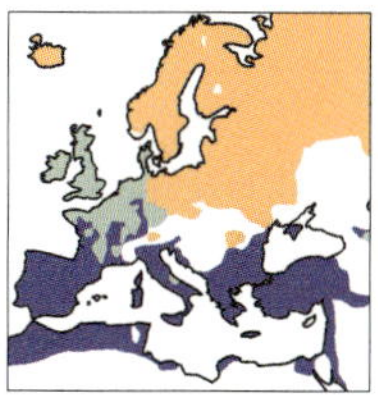

←
Der Wiesenpieper lässt sich häufig gut sichtbar auf Buschspitzen oder Zaunpfählen nieder.

↑
Die beste Zeit, um Wiesenpieper zu fotografieren, ist das Frühjahr und der Sommer. Sie nutzen am Tag gern dieselben Ansitzwarten.

↓ Um keine Nester am Boden zu zertreten, ist es wichtig, Wiesenpieper auf Ansitzwarten stets von einem Weg aus zu beobachten.

Haussperling

Passer domesticus

AUF EINEN BLICK

LEBENSERWARTUNG
bis zu 5 Jahre

GRÖSSE
14 bis 16 cm

MIGRATION
Standvogel

BRUTZEIT
April bis August

EIER
4 bis 6

Sicher haben Sie schon einmal die ein oder andere Redewendung wie zum Beispiel »Die Spatzen pfeifen es von den Dächern«, »Du Spatzenhirn«, »Lieber den Spatz in der Hand als die Taube auf dem Dach« gehört und dann mit diesem kleinen Vogel in Verbindung gebracht. Er sieht dem Feldsperling recht ähnlich und gehört ebenfalls zur Familie der Sperlinge.

Jeder sollte den Haussperling hierzulande kennen, denn er lebt vielerorts in großen Schwärmen quasi direkt vor unserer Haustür. Der Haussperling oder im Volksmund - wie schon erwähnt - einfach nur »Spatz« genannt, folgte uns schon vor Tausenden von Jahren als sogenannter Kulturfolger in unsere Dörfer und Städte und ist dort nicht mehr wegzudenken. Mit einem geschätzten Bestand von 1,6 Milliarden Tieren ist er auf allen Kontinenten, mit Ausnahme der Antarktis, vertreten, was zum Teil auch auf Einbürgerungen zurückzuführen ist. Allerdings gehen bei uns die Bestände deutlich zurück. Gründe dafür sind etwa die Verknappung des Nahrungsangebots durch Flächenversiegelung und das Fehlen naturnaher Gärten.

Sowohl Männchen als auch Weibchen haben einen kräftig schwarz-braun gestreiften Rücken. Die Weibchen sind sonst eher unscheinbar grau und braun. Die Männchen dagegen haben eine schwarze Kehle und einen schwarzen Latz, einen grauen Scheitel und graue Wangen sowie einen braunen Kopfstreifen.

Der Haussperling brütet zumeist in großen oder kleinen Kolonien und legt sein Nest in geschützten Hohlräumen, unter Dachgiebeln oder in Lücken unter Ziegeln an. Auch Nistkästen oder Schwalbennester werden gern in Besitz genommen. Sämereien von Weizen, Gerste, Hafer und verschiedenen Wildgräsern sowie Knospen, Wurzeln und Beeren machen in ländlichen Gegenden seine Hauptnahrung aus. Tierische Nahrung, die aus Insekten und anderen Wirbellosen besteht, spielt insbesondere während der Brutzeit eine wichtige Rolle, weil sie die Grundversorgung der Jungvögel darstellt.

In Großstädten entpuppt sich der Hausperling zunehmend als robuster Allesfresser, der Imbissbuden, Biergärten, Bahnhöfe und vieles mehr aufsucht, um Essensreste zu ergattern.

FUN FACT

Haussperlinge scheuen den Menschen nicht – im Gegenteil. Häufig kann man in den Städten im Außenbereich von Restaurants und Cafés beobachten, wie sie unter dem Tisch oder sogar auf dem Tisch die Krümel »erbeuten«. Im Winter stellen sie sich zahlreich am Futterhäuschen im Garten oder auf dem Balkon ein und genießen den reich gedeckten Tisch.

Die persönliche Geschichte

HANNES BONZHEIM

Es war Mittag, und ich befand mich auf dem Heimweg. Ein Gewitter lag in der Luft. Just in dem Moment, als ich den Schlüssel in das Schloss der Haustür steckte, vernahm ich für einen kurzen Moment neben mir ein Rascheln, das aus der Regenrinne kommen musste. Für mich war sofort klar, da ist ein Tier drin! Ich klopfte mehrmals vorsichtig an die Stelle, wo ich das Geräusch wahrgenommen hatte, doch keine Reaktion. Ich war mir sicher und würde vor dem nahenden Regen dieses »mögliche Tier in Not« nicht seinem Schicksal überlassen. Ich musste die Regenrinne öffnen. Also hastete ich die Treppen in den dritten Stock hinauf, schnappte mir Hammer und Schraubenzieher und eilte wieder nach unten.

Gott sei Dank war die Rinne nicht verlötet, und ich konnte das Rohrstück herausziehen. Ein Schwall modriger Gestank und warme Feuchtigkeit schlugen mir entgegen, als ich in das schwarze Loch blickte, das sich vor mir aufgetan hatte. Mit meinem Handy leuchtete ich in die Dunkelheit und traute meinen Augen nicht! Am hintersten Ende der verdreckten Rinne, etwa eine Armlänge von mir entfernt, saß ein völlig durchnässter, abgemagerter Haussperling. Ohne zu überlegen, steckte ich meinen Arm, der gerade so in die Rinne passte, hinein und bekam schließlich ein weiches Federknäuel zu greifen. Ich zog es aus der Dunkelheit, setzte es zusammen mit einem Schälchen Wasser und Sonnenblumenkernen in einen kleinen Vogeltransportkäfig und stellte diesen - mit einem Tuch überdeckt - ins warme Wohnzimmer. Gut eine Stunde später kam langsam wieder Leben in das Vögelchen, und es begann zu pfeifen und im Käfig herumzuhüpfen. Gerettet!

Bartmeise

Panurus biarmicus

Es ist ein sonniger, windstiller Herbstmorgen. Sie laufen über einen Holzsteg durch schier undurchdringliches Schilf, das einen großen See umsäumt. Im goldgelben Licht der aufgehenden Sonne nehmen Sie neben sich eine huschende Bewegung wahr. Sie bleiben stehen und erhaschen einen kurzen Blick auf einen kleinen, langschwänzigen Vogel in den Schilfhalmen. So wird vermutlich die erste Sichtung einer Bartmeise bei den meisten Menschen abgelaufen sein., denn dieser kleine orangefarbene Vogel, dessen Namen er den schwarzen »Bartstreifen« des Männchens verdankt, ist wohl eine der am engsten an ein Habitat gebundenen Vogelarten Deutschlands. Man trifft Bartmeisen ausschließlich in großflächigen Röhrichten, besonders in dichten Schilfflächen an, wo sie sich ganzjährig aufhalten. Die Bartmeise erinnert in ihrer Größe und Gestalt an eine Meise, doch Bartmeisen bilden eine eigene Familie!

Die Bartmeise ist der Inbegriff von Treue. Hat sie einen Partner gefunden, bleibt sie ihm ein Leben lang treu und weicht ihm das ganze Jahr über nicht von der Seite. Die Brutzeit beginnt im April. In einem kleinen Napf aus Schilfmaterial und Federn, der über dem Wasser gebaut wird, bebrütet allein das Weibchen seine fünf bis sieben Eier. Dabei versorgt das Männchen es mit Nahrung. Nach zwei Wochen schlüpfen die Küken und werden nach ein paar Tagen, wenn sie nicht mehr gewärmt werden müssen, von beiden Elternteilen gefüttert.

AUF EINEN BLICK

LEBENSERWARTUNG
bis zu 5 Jahre

GRÖSSE
14 bis 16 cm

MIGRATION
Standvogel

BRUTZEIT
April bis August

EIER
5 bis 7

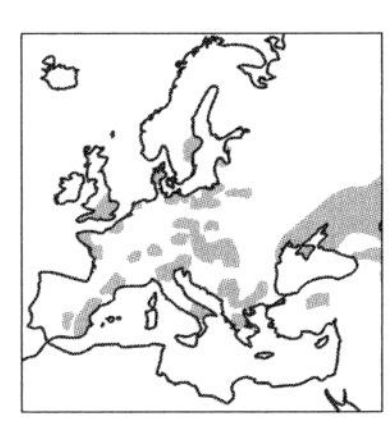

↓
Die Nahrung der Bartmeise besteht überwiegend aus Insekten. Wenn diese knapp werden, frisst sie Schilfsamen und andere Sämereien.

→
Das Männchen ist um ein minimales Stück größer als das Weibchen, hat einen intensiv schwarzen Bartstreifen und ein graues Kopfgefieder.

Stein-schmätzer

Oenanthe oenanthe

AUF EINEN BLICK

LEBENSERWARTUNG
bis zu 5 Jahre

GRÖSSE
14 bis 16 cm

MIGRATION
Zugvogel

BRUTZEIT
April bis Juli

EIER
5 bis 6

ROTE LISTE DEUTSCHLAND
(6. Fassung 2020)
Kategorie 1 (vom Aussterben bedroht)

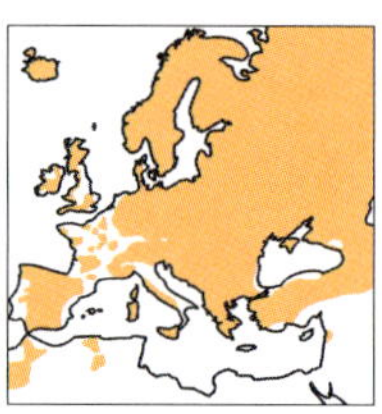

Der Steinschmätzer ist ein Sommervogel, den man mit etwas Glück und einem scharfen Auge während seiner Brutzeit zwischen April und Juli überwiegend in Gebirgsregionen antrifft, aber auch in Mooren oder auf Feucht- und Heidewiesen.

Wenn er sich im Herbst auf den langen Weg in sein Winterquartier nach Afrika, südlich der Sahara, macht, kann er auch in vielen weiteren Habitaten angetroffen werden, wie beispielsweise der Küste. Häufig sieht man ihn auf leicht erhöhten Warten sitzen, zum Beispiel auf Steinen, Pfosten oder niedrigen Ästen.

Gegenüber Menschen zeigt der Steinschmätzer meist eine eher geringe Fluchtdistanz und entfernt sich, wenn er aufgeschreckt wird, nicht weit. Das Männchen ist im Prachtkleid, das es im Frühjahr und Sommer trägt, leicht an seiner intensiv schwarzen Augenmaske zu erkennen und präsentiert sich in einem grauen Rückengefieder, einem orangebräunlichen Brustgefieder und einem weißgräulichen Bauchgefieder.

Aus der Ferne könnte man den Steinschmätzer für einen Raubwürger halten, doch mit seinen zarten 14 bis 16 Zentimetern ist er deutlich kleiner als diese große Würgerart. Das Weibchen ist insgesamt, wie bei vielen Vögeln, schlichter gefärbt, und erst wenn das Männchen sein Schlichtkleid trägt, kann es eventuell zu Verwechslungen der beiden Geschlechter kommen.

Der Steinschmätzer ist ein Bodenvogel und meidet Bäume, liebt dafür aber steinige Flächen, denn diese bieten ihm einige entscheidende Vorteile.

Zum einen kann er auf und neben den im Sonnenlicht aufgewärmten Steinen wunderbar nach Nahrung suchen, die hauptsächlich aus kleinen Insekten, Spinnen, Würmern, Schnecken und anderen Wirbellosen besteht. Diese erbeutet er entweder auf dem Boden hüpfend oder auch im Flug. Aber auch Beeren verachtet der Steinschmätzer nicht.

Zum anderen bieten sich Hohlräume oder Höhlungen unter Felsbrocken und Steinen sehr gut als Kinderstube an. Dort legt er sein aus verschiedenen Gräsern geformtes Nest an und bebrütet seine fünf bis sechs Eier etwa 14 Tage lang. Sind die Kleinen geschlüpft und haben das Nest verlassen, werden sie noch rund zwei Wochen von den Eltern versorgt, bis sie selbstständig sind.

> Es wäre eine Tragödie, sollte dieser tolle Vogel aus Deutschland verschwinden!
>
> HANNES BONZHEIM

Zum Niedergang verurteilt?

Der Steinschmätzer ist eine der am stärksten bedrohten Vogelarten Deutschlands und wird mittlerweile in der ersten Kategorie der Roten Liste deutscher Brutvögel als vom Aussterben bedroht geführt. Schätzungen zufolge gibt es nur noch 2000 bis 3100 Brutpaare. Einer der Gründe dafür ist der Schwund an geeigneten Lebensräumen sowie zunehmende Probleme beim Brutgeschäft. Offenes Gelände ist für den Steinschmätzer das A und O, doch leider verschwinden diese Lebensräume immer rasanter und werden beispielsweise zu Bauland oder für den Vogel durch Zuwuchs und Verbuschung schlichtweg unbrauchbar.

GLEICHER LEBENSRAUM

Der Steinschmätzer bevorzugt offenes, steiniges Gelände. Er teilt sich schon seit Jahrhunderten seinen Lebensraum mit dem stattlichen Alpensteinbock. Doch das hätte Mitte des 19. Jahrhunderts fast ein Ende gehabt, denn durch intensive Bejagung wurde der Steinbock beinahe ausgerottet! Durch Schutzmaßnahmen konnte man dies verhindern, und heute leben wieder etwa 40.000 Steinböcke in den Alpen.

SPECIAL

Fotos in den Bergen

STEINSCHMÄTZER ENTDECKEN

Gerade wenn Sie in den Bergen unterwegs sind, lohnt es sich immer wieder, links und rechts des Weges Ausschau nach dem Steinschmätzer zu halten. Vielerorts teilt er sich seinen Lebensraum mit weitaus größeren Lebewesen, wie etwa dem Steinbock, der Gämse oder dem Murmeltier.
Der Steinschmätzer ist in Deutschland zwar selten, aber sollten Sie ihn doch einmal entdeckt haben, zeigt er sich bei der richtigen Herangehensweise nicht unbedingt besonders scheu und kann sehr gut beobachtet und mit etwas Glück auch fotografiert werden.
Oft trifft man den Steinschmätzer in Geröllfeldern mit vielen Steinen an. Führt ein Wanderweg durch solch eine Landschaft, ist es gut möglich, dass er Wanderer ignoriert und auf Steinen, direkt neben dem Weg, ausharrt.

BEOBACHTEN UND FOTOGRAFIEREN

Hat man einen Steinschmätzer aus der Ferne neben dem Weg entdeckt, kann man ihn mit einem Fernglas oder Spektiv wunderbar beobachten. Sollten Sie versuchen wollen, den Vogel zu fotografieren, dürfen Sie nicht im normalen Gehtempo weiterlaufen, denn dann wird der Vogel sehr wahrscheinlich wegfliegen.
Bleiben Sie kurz stehen und beobachten Sie die Reaktion des Steinschmätzers. Wenn er Sie ignoriert, beziehungsweise keine Anzeichen für einen Abflug macht, nähern Sie sich ihm in Zeitlupentempo Schritt für Schritt an und bleiben nach wenigen Metern immer wieder für 10 bis 15 Sekunden stehen, machen ein paar Bilder und wiederholen schließlich das Ganze.
Sehr wichtig: Vermeiden Sie hektische Bewegungen! Versuchen Sie sich so flüssig und ruhig wie möglich zu bewegen. Aus eigener Erfahrung empfehle ich Ihnen, die Kamera beim Annähern immer schon auf den Vogel gerichtet hochzuhalten, denn sollten Sie in guter Fotoposition sein und die Kamera dann erst in einer schnellen Bewegung hochheben, um durch den Sucher zu schauen, wird sich der Vogel mit großer Wahrscheinlichkeit erschrecken und abfliegen - ein Fehler, der mir mittlerweile nicht mehr passiert.
Wenn Sie sich geschickt anstellen und ein entspanntes Tier gesichtet haben, werden Sie gute Ergebnisse erzielen.

UND NOCH EIN TIPP

Folgen Sie einem weit entfernten oder abgeflogenen Tier nicht ins Gelände. Es gibt immer einen Grund, warum ein Tier Abstand von uns hält. Wenn Sie ihm nachlaufen, wird das in der Regel zu nichts führen.
Warten Sie einfach ab und versuchen Sie es an einem anderen Tag, an einer anderen Stelle oder lassen Sie eine günstigere Gelegenheit einfach auf sich zukommen. Mit ziemlicher Sicherheit wird die Gelegenheit kommen, oft gerade dann, wenn Sie am wenigsten damit rechnen.
In diesem Sinne viel Glück bei der Suche nach dem Steinschmätzer und viel Erfolg beim Beobachten und Fotografieren!

Grünfink

Carduelis chloris

AUF EINEN BLICK

LEBENSERWARTUNG
bis zu 5 Jahre

GRÖSSE
14 bis 16 cm

MIGRATION
Standvogel

BRUTZEIT
April bis Juni

EIER
5 bis 6

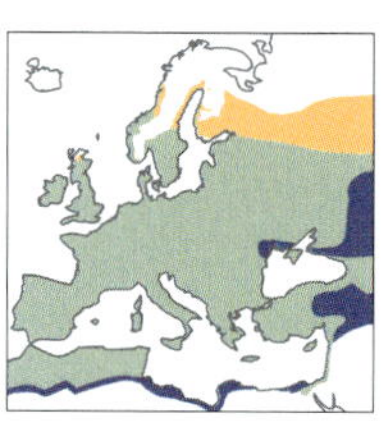

Der Grünfink oder auch Grünling genannt, ist eine der häufigsten Finkenarten in Deutschland und bleibt als treuer Standvogel das ganze Jahr über bei uns. Er kommt sowohl an lichten Waldrändern wie auch in Gärten, Parks oder Friedhöfen vor, und auch in der offenen Kulturlandschaft mit vereinzelten Bäumen und dichten Hecken findet man ihn. Im Sommer ist er, wenn die Bäume saftig grüne Blätter tragen, eher seltener zu sehen, erscheint im Winter dafür aber umso häufiger an bereitgestellten Futterstellen.

Mit einer anderen Vogelart kann man den Grünfink kaum verwechseln, denn gerade wegen des überwiegend grün schimmernden Gefieders mit den intensiv gelben Flügelaußenseiten lässt sich das Männchen leicht bestimmen.

Zur Balzzeit singt das Männchen entweder im Flug oder von hoher Warte aus, wie Baum- und Heckenspitzen, um ein Weibchen anzulocken und sein Revier zu markieren.

Die Brut findet in einem kleinen, napfförmigen Nest aus Reisig und Halmen statt, das mit Moos, Federn und Tierhaaren gepolstert und gut versteckt in Sträuchern und Hecken gebaut wird. Nachdem das Weibchen seine fünf bis sechs weißen Eier mit vereinzelten rostbraunen Tupfen hineingelegt hat, schlüpfen nach zwei Wochen die Grünfinkenküken. Nach weiteren zwei Wochen verlassen sie das Nest. Bis zur vollständigen Selbstständigkeit werden sie noch von den Alt-

vögeln geführt und versorgt. Zum Nahrungsspektrum des Grünfinken gehören hauptsächlich verschiedene Sämereien, und auch Knospen, Beeren oder Insekten werden je nach Jahreszeit gefressen. Zu seiner besonderen Leibspeise gehören Hagebutten. Viele Grünfinken erreichen bei Weitem nicht ihr potenzielles Höchstalter und fallen Prädatoren, also Fressfeinden, wie dem Sperber, dem Wanderfalken, der Hauskatze oder dem Marder zum Opfer.

Vorsicht während der Sommerfütterung

Das ganzjährige Füttern von Vögeln am Futterhaus ist ein umstrittenes Thema. Viele Vogelfreunde sind der Meinung, es sei unbedingt notwendig, andere wiederum sehen keine Notwendigkeit oder sogar eine Gefahr darin.

Seit 2009 hat insbesondere der Grünfink mit einer tödlichen Krankheit zu kämpfen, mit der er sich besonders in den heißen Sommermonaten an Wassertränken und Futterhäusern ansteckt. Allein im Jahr 2009 kostete die Trichomonadose schätzungsweise 70.000 bis 80.000 Grünfinken das Leben. Ein erkrankter Vogel ist stark aufgeplustert, zeigt keine natürliche Fluchtdistanz mehr, wirkt kraftlos und schläfrig. Außerdem leiden viele an einem verklebten Schnabel und Schluckbeschwerden und versterben häufig nach wenigen Tagen.

Wenn Sie ein Tier mit diesen Symptomen an Ihrem Futterhaus beobachten, sollten Sie unverzüglich die Fütterung einstellen und Wassertränken gründlich reinigen oder ganz entfernen, um weitere Ansteckungen zu verhindern.

←
Kaum eine Kleinvogelart kann sich gegen die energiegeladenen Grünfinken durchsetzen, und auch der etwas kleinere Bergfink hat in diesem Fall das Nachsehen. Gegen den bulligen Kernbeißer hätte der Grünfink jedoch keine Chance.

↓
Das Weibchen weist einen deutlich schwächeren Grünanteil im Gefieder auf. Es ist größtenteils eher bräunlich gefärbt. Dafür besitzt es oft einen schwach angedeuteten hellbraunen Überaugenstreifen, den das Männchen nicht hat.

↑
Obwohl der Grünfink außerhalb der Brutzeit in Schwärmen unterwegs ist, ist er, wenn es um Nahrung geht, eine richtige Kratzbürste und geht nicht nur mit Artgenossen zänkisch um. Auch andere Kleinvogelarten werden aufgebracht verscheucht. Dieses Schauspiel können Sie in kalten Wintern häufig am Futterhaus beobachten. Körner und ölhaltige Samen locken den Grünfink besonders an.

Buchfink

Fringilla coelebs

Der Buchfink ist ein mittelgroßer Singvogel aus der Familie der Finken und kommt ganzjährig in Deutschland vor. Er bewohnt die unterschiedlichsten Lebensräume. Am liebsten besiedelt er Laub- und Mischwälder, ist aber auch in unmittelbarer Nähe zu uns Menschen – in Parkanlagen, Friedhöfen oder Hausgärten – zu finden.

Verschiedene Sämereien, Wirbellose wie Insekten und gelegentlich Beeren und Früchte stellen seine Nahrung dar, die er zum Großteil auf dem Boden sucht.

Während der Buchfink sich außerhalb der Brutzeit zu geselligen umherschweifenden Schwärmen und Trupps zusammenschließt, die gelegentlich auch unsere Futterstellen aufsuchen, ist er im Frühling, wenn die Brutperiode bevorsteht, ausgesprochen territorial und besetzt mit seinem Partner ein Revier, das er konsequent auch gegen jeden Artgenossen verteidigt.

Während das Männchen damit beschäftigt ist, mit seiner kräftigen Stimme sein Revier zu markieren, ist das Weibchen dabei, das Nest anzulegen. Aus verschiedenen Halmen, Moos, Flechten sowie Haaren, Federn und anderen Materialien baut es das Nest in Sträuchern, Hecken oder Bäumen. Nach bereits zwei Wochen schlüpfen die Küken und werden von beiden Altvögeln mit Insekten gefüttert. Nach weiteren zwei bis drei Wochen verlassen die Jungvögel gestärkt das Nest und erforschen die nähere Umgebung.

AUF EINEN BLICK

LEBENSERWARTUNG
bis zu 5 Jahre

GRÖSSE
14 bis 18 cm

MIGRATION
Standvogel

BRUTZEIT
April bis Juni

EIER
4 bis 6

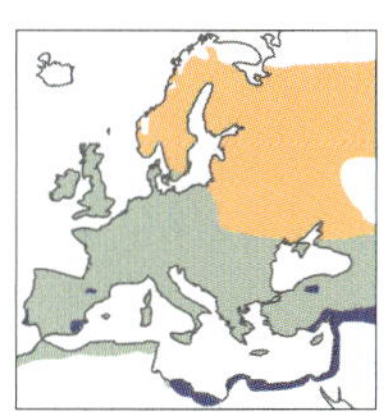

←
Brust und Rücken des schön gefärbten Männchens sind rötlich, Nacken und Kopfplatte blaugrau.

↑
Im Winter kann man das Buchfinken-Männchen leicht mit dem Bergfinken verwechseln, der ganz ähnlich gefärbt ist.

↓ Das Weibchen ist auf der Oberseite dunkelbraun bis braungrau und hat weiße Flügelbinden. Unterseite und Kopf sind hellbraun.

Goldammer

Emberiza citrinella

AUF EINEN BLICK

LEBENSERWARTUNG
bis zu 5 Jahre

GRÖSSE
15 bis 17 cm

MIGRATION
Standvogel

BRUTZEIT
April bis Juli

EIER
3 bis 5

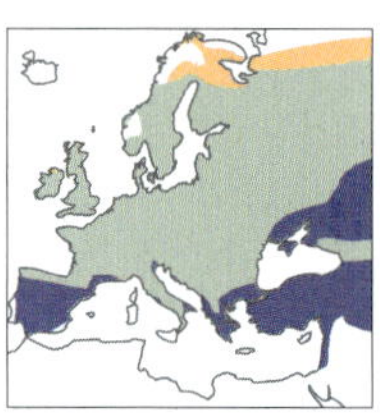

Mit ihrem wunderschönen gelben Gefieder ist die Goldammer ein richtiger Schönling! Vor allem die Färbung des Männchens sticht ins Auge. Besonders kurz vor und in der Brutzeit ist seine Gefiederfärbung besonders ausgeprägt. Das Weibchen hingegen hat ein blasseres Federkleid, weshalb es oft übersehen wird.

Ihre Nahrung sucht die Goldammer bevorzugt am Boden, wo sie in kleinen Trupps verschiedenste Sämereien aufstöbert. In besonders kalten Wintern kommt sie gelegentlich auch an Futterstellen und ist dort unverwechselbar.

Während der Brutzeit, die sich von April bis in den Juli erstreckt, wird das Nahrungsspektrum auf den Nachwuchs abgestimmt. Es werden zum Großteil Insekten, Spinnen und andere Wirbellose gefangen und verfüttert. Bis zu fünf Junge kann ein Paar in guten Jahren wohlbehütet aufziehen.

Mit einem Bestand von schätzungsweise 1,25 bis 1,8 Millionen Brutpaaren (2005 bis 2009) ist die Goldammer die häufigste unserer sechs heimischen Ammern. Sie bewohnt offene Kulturlandschaften mit Feld- und Wiesenflächen, wo auch Büsche, Hecken, Bäume sowie Feldgehölze als Rückzugsorte und geeignete Brutplätze nicht fehlen dürfen. Da Felder jedoch immer stärker bewirtschaftet werden und auch Büsche und Hecken in der Nähe verschwinden, wird diese wunderschöne Ammer immer seltener.

Die persönliche
MATTHIAS FUTTERER
Geschichte

Es war ein frostiger Wintermorgen. Schon früh war ich auf den Beinen, um noch bei Dunkelheit in meinem »Hide«, meinem Beobachtungsversteck, zu sitzen. Mein »Hide« ist eine selbst gebaute Hütte aus Holz, die Hannes und ich Mitte 2019 auf dem Grundstück eines befreundeten Jägers zur Kleinvogelbeobachtung aufgebaut hatten. Fotografieren kann man aus zwei kleinen Luken heraus, die mit Tarnstoff versehen sind. Auch eine kleine Gasheizung habe ich installiert, damit wir es hier im Winter gut aushalten können.

Ich liebe kaltes Wetter mit Morgenfrost, wenn noch alles schläft und ich in der Hütte sitze und hoffe, stimmungsvolle Fotos machen zu können. An diesem Morgen spekulierte ich darauf, einen Fasan im Morgenfrost fotografieren zu können, wäre aber auch schon mit einem Feldhasen oder Sperber als Fotomotiv zufrieden gewesen. Jedes Mal aufs Neue ist es Glückssache, ob meine Wünsche in Erfüllung gehen oder ich an diesem Tag leer ausgehen muss. Leider wurden meine Erwartungen diesmal enttäuscht. Keiner meiner Wunschkanditen tauchte auf.

Doch dafür erschien plötzlich ein anderer kleiner, schmucker Vogel - eine Goldammer. Sie im Morgenfrost vor die Kamera zu bekommen, war genial! Das satte Gelb stellte einen wunderschönen Kontrast zu den kühlen Winterfarben dar.
Ich war einfach nur begeistert und glücklich, dass sich das frühe Aufstehen an diesem Tag so für mich gelohnt hatte ...

Nachtigall

Luscinia megarhynchos

Sie ist ein heimlicher kleiner Vogel, der durch sein bräunlich schlichtes Federkleid kaum auffällt und doch unverwechselbar ist – die Nachtigall! Jahr für Jahr kündigt sie uns ab Anfang April mit ihrem kraftvollen, klaren Gesang den Frühling an. Doch zu Gesicht bekommen nur wenige Menschen diese geheimnisvolle Sängerin, deren Leben sich gut versteckt im Schutz des Dickichts abspielt.

Im Frühjahr beginnt die Nachtigall oft schon mitten in der Nacht mit ihrem wohlklingenden Gesang, der äußerst komplex ist und nur von männlichen Tieren vorgetragen wird. Ein althochdeutsches Wort für Gesang lautet »gal«. Der Name Nachtigall bedeutet also schlicht »der Nachtsänger«.

Besonders schön hört es sich an, wenn mehrere Männchen in der stillen Nacht um die Wette singen – mit dem Ziel, ein Weibchen zu beeindrucken. Nach der Verpaarung singt die Nachtigall auch tagsüber, vor allem, um ihr Revier zu verteidigen. Wer besonders viel Glück hat, kann nicht nur den Gesang vernehmen, sondern auch den Vogel dazu entdecken.

Insekten sollten sich in der Nähe einer Nachtigall in Acht nehmen, denn allzu leicht landen sie in ihrem Schnabel. Auch Spinnen, Würmer und andere wirbellose Tiere kann dieses Schicksal ereilen. Die Nachtigall ernährt sich allerdings auch gern mal vegetarisch von Beeren und Früchten.

AUF EINEN BLICK

LEBENSERWARTUNG
bis zu 5 Jahre

GRÖSSE
16 bis 17 cm

MIGRATION
Zugvogel

BRUTZEIT
April bis Juni

EIER
4 bis 5

↑
Eine singende Nachtigall in einer Hecke. Auch in der Nacht lässt sie im Frühling ihre auffälligen Lieder erklingen.

Einmal im Jahr – zwischen April und Juni – schreitet die Nachtigall gemeinsam mit ihrem Partner zur Brut. Diese findet in einem kleinen Nest am Rande einer Hecke oder eines Busches meist dicht über dem Boden statt. Zwischen vier bis fünf Eier legt das Weibchen, die es dann zwei Wochen lang bebrütet und behütet.

Nach weiteren nicht mal zwei Wochen sind die Jungvögel bereits komplett befiedert und verlassen voller Energie das Nest. Ihre Eltern sorgen dafür, dass ihnen in den ersten Lebenswochen nichts zustößt, und versorgen sie mit Nahrung.

Melodien, die inspirieren

Jedes erwachsene Männchen der Nachtigall beherrscht etwa 180 Strophentypen, jüngere Männchen um die 120. Jede Strophe dauert etwa drei bis fünf Sekunden, gefolgt von einer kurzen Pause, bis die nächste Strophe präsentiert wird.

Wenn Sie eine Nachtigall auf einem sommerlichen Abendspaziergang oder einer Nachtwanderung aus dem Wald oder einer Hecke heraus singen hören, wird Ihnen dieses Erlebnis noch lange in Erinnerung bleiben.

Die wunderschönen Melodien der Nachtigall haben viele Künstler inspiriert, darunter berühmte Komponisten wie beispielsweise Ludwig van Beethoven, Frédéric Chopin, Joseph Haydn, Georg Friedrich Händel, Antonio Vivaldi und Igor Strawinsky. Außerdem gilt die Nachtigall als Symbol der Liebe und findet in unzähligen Liedern, Geschichten und Gedichten Erwähnung.

Die persönliche Geschichte

HANNES BONZHEIM

Seit Langem hatte ich keinen Ausflug mehr mit meiner Familie unternommen, aber nun war es mal wieder so weit. Das Ziel: ein Auwald in der Nähe des Rheins. Die Kamera hatte ich für den Fall der Fälle natürlich dabei. Als wir ankamen, war der Parkplatz nahezu menschenleer. Der leicht bewölkte Himmel bot ideale Lichtvoraussetzungen zum Fotografieren.

Neben dem Parkplatz entdeckte ich einen Teich, auf dem zwei Nilgänse ein Blässhuhn auf dem Kieker hatten. Bereits zwei Minuten nach unserer Ankunft hatte ich schon die ersten Bilder von einem Kampf zwischen Nilgans und Blässhuhn »im Kasten«. Mein Vater drängte zum Weitergehen. So liefen wir also, meine zwei kleinen Geschwister mit Tretrollern vorneweg, einen schmalen Weg am Auwald entlang, der an schönen Obstbaumwiesen vorbeiführte. Da Kinder im Alter von drei und sechs Jahren nicht unbedingt ruhig und unauffällig sind, ging ich nicht mehr von allzu vielen Vogelbeobachtungen aus. Ich lief meinem kleinen Bruder hinterher, der schon weggeflitzt war und wahrscheinlich alle Vögel am Wegrand in die Flucht geschlagen hatte. Als ich bei ihm ankam, nahm ich plötzlich eine Bewegung, keine zehn Meter vor uns im Gebüsch, wahr und traute meinen Augen kaum. Dort saß eine Nachtigall! Nie zuvor hatte ich diesen Vogel in natura gesehen. Vor Aufregung ein wenig forsch, machte ich meinem kleinen Bruder klar, er solle sofort stehen bleiben und sich ruhig verhalten. Ich ging in die Hocke und näherte mich vorsichtig mit der Kamara . Die Nachtigall zeigte sich ziemlich unbeeindruckt und trällerte ihr Lied unbeirrt weiter. Nach drei Minuten hatte sie zu Ende gesungen und verschwand wieder im Dickicht der Hecke.

Neuntöter

Lanius collurio

AUF EINEN BLICK

LEBENSERWARTUNG
bis zu 5 Jahre

GRÖSSE
16 bis 18 cm

MIGRATION
Zugvogel

BRUTZEIT
Mai bis Juni

EIER
3 bis 8

Der wärmeliebende Neuntöter gehört zur Familie der Würger und ist ein Zugvogel, der ebenso wie der Kuckuck, Wiedehopf oder Weißstorch im warmen Afrika überwintert.

Das prächtig gefärbte Männchen mit seinem grauen Oberkopf und seinem rostroten Rückengefieder lässt sich anhand der schwarzen Gesichtsmaske sehr gut vom Weibchen unterscheiden, das eine hellbraune Gesichtsmaske besitzt.

Man findet den Neuntöter in heckenreichen Landschaften mit genügend Freiflächen, da er diese für die Jagd benötigt. Auch in Streuobstwiesen oder Weinbaugebieten ist er regelmäßig anzutreffen.

Neuntöter verpaaren sich jedes Jahr aufs Neue und legen ihr Nest in den meisten Fällen gut versteckt im Dickicht von Dornenhecken an. Ist das Nest nicht gut genug versteckt, kann es vorkommen, dass es ein Kuckuck entdeckt, der nur allzu gern sein Ei hineinschmuggelt. Die Brutzeit reicht von Mai bis Juni, und die drei bis acht Eier werden gute zwei Wochen allein vom Weibchen bebrütet.

Während dieser Phase bringt das Männchen seiner Partnerin genügend Nahrung und warnt sie vor potenziellen Gefahren. Wenn die Küken geschlüpft sind und nicht mehr gehudert werden müssen, beteiligt sich auch das Weibchen an der Versorgung des hungrigen Nachwuchses. Sobald die Jungen größer sind und das Nest verlassen, sind sie im Schutz der stacheligen Pflanze vor Räubern wie dem

←
Das Neuntöter-Männchen, links im Bild, füttert sein frisch ausgeflogenes Jungtier, das mit weit aufgesperrtem Schnabel auf es wartet. Noch mehrere Wochen nach dem Verlassen des Nests versorgen Neuntöter-Eltern ihren Nachwuchs mit Nahrung.

↓
Der Neuntöter ist ein Langstreckenzieher, der sein Brutgebiet bereits im August Richtung Afrika verlässt. Auf seinem Zug überquert er die Alpen, das Mittelmeer sowie die Sahara. Anfang Mai kehrt er wieder aus seinem Winterquartier zurück.

↑
Das Neuntöter-Männchen mit seiner schwarzen Maske hat ein unachtsames schwarz-gelbes Insekt in der Wiese erspäht und mit einem gezielten Überraschungsangriff erbeutet. Nun bringt der Neuntöter es auf seine Ansitzwarte, eine große Dornenranke, wo er es im Ganzen hinunterschluckt. Ist der Fang zu groß, um ihn zu schlucken, nutzt er die Dornen der Ranke, um ihn darauf festzuspießen und in kleine Stückchen zu zerteilen.

Marder oder Hauskatzen sicher und werden von den Altvögeln weiter mit Nahrung versorgt

Der Neuntöter besitzt scharfe Krallen und einen kräftigen Schnabel, der zur Spitze hin in einen Haken mündet. Diese beiden Werkzeuge nutzt er bei der Jagd auf Insekten, Spinnen, Würmer und gelegentlich auch Schnecken.

Trotz seiner eher geringen Körpergröße ist der Neuntöter ein nicht zu unterschätzender tödlicher Räuber, der selbst Kleintiere wie eine Feldmaus, Amphibien, kleine Singvögel oder Reptilien regelmäßig erbeutet.

Bei der Jagd bedient er sich häufig der Ansitzmethode, indem er sich auf einer erhöhten Buschspitze oder einem erhöhten Ast niederlässt, von dem aus er eine gute Sicht auf beispielsweise eine Wiese hat. Dort wartet er, bis er ein potenzielles Beutetier ausgemacht hat, und stürzt sich darauf.

Dem Neutöter auf der Spur

Einen Neuntöter, der übrigens der häufigste Vertreter der Familie der Würger ist, zu sehen, ist mit ein bisschen Geschick, Geduld und Glück recht einfach. Die beste Jahreszeit für eine erfolgreiche Beobachtung ist der Frühling, wenn der Neuntöter aus seinem Winterquartier heimkehrt, oder der Spätsommer, wenn die jungen Neuntöter ihre ersten Jagdversuche unter den wachsamen Augen ihrer Eltern unternehmen.

Die Chancen, einen Neuntöter zu entdecken, sind besonders am frühen Morgen und dem späten Nachmittag sehr hoch, aber auch am Mittag können Sie mit etwas Glück erfolgreich sein.

Besonders lohnende Habitate, in denen der Neuntöter vorkommt, sind offene Flächen mit vereinzelten Hecken und Sträuchern, aber auch Streuobstwiesen oder Weinbaugebiete. Letztere sind allerdings zum ausgiebigen Beobachten zumeist ungeeignet, da der Vogel zu viele Ansitzmöglichkeiten in Form von Rebpfählen hat, auf denen er sich niederlassen kann, und dadurch sehr häufig schnell übersehen wird.

Wie Sie bereits gelesen haben, nutzen besonders die Männchen immer wieder dieselben Sitzgelegenheiten für die Jagd, also rate ich Ihnen, nach genau solchen Stellen Ausschau zu halten.

Außerhalb der Zugzeiten können Sie bei der Sichtung eines Neuntöters mit Sicherheit davon ausgehen, ihn im Umkreis regelmäßig anzutreffen, da er ein treuer Reviervogel ist.

> Der Neuntöter wirkt wie ein harmloser Kleinvogel, doch für fast jedes Insekt ist er ein todbringender Jäger.
>
> MATTHIAS FUTTERER

FUN FACT

Warum hat der Neuntöter solch einen brutal klingenden Namen? Dieser geht auf seine Vorliebe zurück, Beutetiere auf Dornen aufzuspießen. Früher glaubte man, er würde erst nach dem neunten aufgespießten Tier anfangen, das erste zu fressen. Das Aufspießen dient aber nur der Vorratshaltung, der Insekten, kleine Wirbeltiere, Eidechsen oder sogar Kleinvögel zum Opfer fallen.

Die persönliche Geschichte
MATTHIAS FUTTERER

Mitte 2020 hatten Hannes und ich das große Glück, dass ein Neuntöterpaar in unmittelbarer Nähe zu unserer Ansitzhütte sein Revier bezogen hatte. Die beiden boten uns die einmalige Gelegenheit, sie aus nächster Nähe beobachten und fotografieren zu können.

Unser Beobachtungsversteck ist eine selbst gebaute Hütte aus Holz, die Hannes und ich Mitte 2019 auf dem Grundstück eines befreundeten Jägers zur Kleinvogelbeobachtung aufgebaut hatten. Fotografieren kann man aus zwei kleinen Luken, die mit Tarnstoff versehen sind.

Rechter Hand von unserer Hütte stehen große Dornenhecken mit vielen Dornenranken, die daraus hervorwachsen. Bei gutem Wetter flog größtenteils das Neuntöter-Männchen diese Hecke bis zu dreißigmal am Tag an und nutzte sie als Ansitzwarte zur Jagd auf Insekten oder einfach nur, um zu ruhen oder sein Revier zu überwachen.

Einmal gelandet, blieb das Männchen dort in der Regel gut und gern zehn Minuten lang sitzen. Erspähte es ein Insekt in der Wiese, stürzte es sich ins hohe Gras und hatte nahezu immer einen Jagderfolg. Dann kam es mit seiner Beute zurück und verspeiste sie oder flog dichter in die Hecken hinein, um sie irgendwo aufzuspießen oder seinem Weibchen zu übergeben.

Manchmal stand der Neuntöter sogar wie ein Turmfalke im Rüttelflug in der Luft, um sich einen Überblick zu verschaffen. Es war faszinierend, diesem sonst so scheuen Vogel so nah sein und ihn über einen so langen Zeitraum beobachten zu können. Dies war allerdings nur deshalb möglich, weil unsere Ansitzhütte das ganze Jahr über an der gleichen Stelle steht und sich perfekt in die Landschaft einfügt.

Wendehals

Jynx torquilla

Dieser kleine Vogel ist ein Meister der Tarnung. Viele Menschen werden vielleicht schon an ihm vorübergegangen sein, ohne ihn bemerkt zu haben. Scheu ist der Wendehals in der Regel kaum. Obwohl er von der Gestalt her eher an eine zu klein geratene Drossel erinnert, gehört er zur Familie der Spechte.

Wenn sich der Wendehals bedroht fühlt, weil er beispielsweise zur wissenschaftlichen Beringung, die zur Erforschung des Zugverhaltens dient, in einem Netz gefangen wird, beginnt er mit seltsamen Kopfbewegungen in verschiedene Richtungen und gibt dabei oft noch zusätzlich zischende Laute von sich. Früher fürchtete man, dieser Vogel besäße magische Kräfte, und machte lieber einen großen Bogen um ihn. Heute vermutet man, dass er durch diese typischen Kopfbewegungen und die Zischlaute versucht, eine Schlange nachzuahmen, um auf diese Weise Fressfeinde abzuschrecken. Dieses Verhalten brachte ihm schließlich den amüsanten Namen »Wendehals« ein.

Der Wendehals ist wie der Grün- und Grauspecht ein Ameisenspezialist und versteht sich darauf, diese hüpfend am Boden aufzuspüren und mit seiner langen, klebrigen Zunge zu verspeisen. Auch Ameisenbaue können mit Schnabelhieben von ihm geöffnet und geplündert werden. Daneben frisst er jedoch auch andere Insekten und Spinnen. Nachdem der Wendehals in seinem Brutgebiet angekommen ist, beginnt die Balzphase.

AUF EINEN BLICK

LEBENSERWARTUNG
bis zu 10 Jahre

GRÖSSE
16 bis 18 cm

MIGRATION
Zugvogel

BRUTZEIT
Mai bis Juni

EIER
7 bis 14

ROTE LISTE DEUTSCHLAND
(6. Fassung 2020)
Kategorie 3 (Gefährdet)

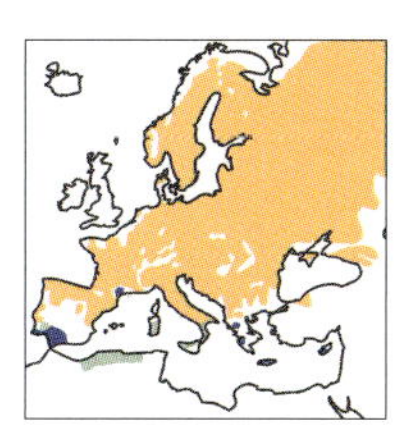

Der Wendehals bevorzugt offene, strukturreiche Lebensräume wie etwa Obstwiesen, Weinbaugebiete, große Gärten und Waldlichtungen.

Diese beinhaltet Verfolgungsflüge des auserkorenen Partnervogels, lang andauernde Gesangseinlagen und die gemeinsame Suche nach einem Nistplatz. Die Paarung findet - anders, als bei vielen Vogelarten üblich - vorzugsweise auf dem Boden statt.

Während der Brutzeit lebt der Wendehals mit seinem ausgewählten Partnervogel zusammen und ist sehr territorial. Jede Art von Konkurrenz wird energisch attackiert und vertrieben. Sogar Vögel, die doppelt so groß sind wie er, ziehen oft den Kürzeren. Als Höhlenbrüter, der sich keine eigenen Höhlen schaffen kann, ist der Wendehals auf natürliche Baumhöhlen angewiesen. Auch Nistkästen werden angenommen. Nicht selten besetzt er sogar die Höhle einer anderen Vogelart. Dabei werden bereits vorhandene Eier oder Jungvögel nach draußen »entsorgt«.

Sobald das Weibchen sein erstes mattweißes Ei gelegt hat, kommt jeden Tag ein neues hinzu, bis das Gelege mit bis zu 14 Eiern vollständig ist. In Ausnahmefällen kommen sogar Gelege mit sage und schreibe 20 Eiern zustande! Erst mit der Ablage des letzten Eies beginnt das Weibchen, fest zu brüten, und wechselt sich mit seinem Männchen ab. Nach dem Schlupf der Küken werden diese noch etwa drei Wochen von ihren Eltern mit Futter versorgt. Nach dem Verlassen des Brutplatzes fallen junge Wendehälse durch laute Bettelrufe auf, die nicht selten Fressfeinde anlocken. Das erste Lebensjahr eines unerfahrenen Wendehalses ist gefährlich, doch wenn er es schafft, diese Hürde zu meistern, winkt ihm mit etwas Glück ein langes Wendehalsleben von bis zu zehn Jahren.

Anders als alle anderen heimischen Spechtarten sieht man den Wendehals nie senkrecht an Bäumen sitzen, sondern fast ausschließlich auf Querästen. Auch das spechttypische Trommeln ist vom Wendehals nicht zu hören. Als Zugvogel verlässt er uns gegen Ende August, Anfang September wieder Richtung Afrika. Wendehälse ziehen in der Regel allein und während der Nacht!

FUN FACT

Der Wendehals ist ein kleiner Specht, der allerdings wenig spechttypisches Verhalten zeigt.

- Von einem Specht erwartet man, dass er sich eine eigene Höhle in den Baum zimmert. Dazu ist der Wendehals mit seinem kurzen, dünnen Schnabel jedoch nicht in der Lage und bezieht stattdessen lieber vorgefertigte Höhlen.
- Ein Specht klettert senkrecht die Baumstämme hinauf, doch auch dazu ist der Wendehals nur bedingt in der Lage. Viel lieber sitzt er quer auf dünnen Zweigen oder klammert sich an dicke Äste.
- Alle bei uns heimischen Spechte sind Standvögel, doch der Wendehals nimmt Jahr für Jahr den beschwerlichen Weg nach Afrika auf sich. Er ist ein Zugvogel.
- Der typische wellenförmige Flug vieler Spechtarten ist beim Wendehals nur schwach ausgeprägt.
- Bei den meisten Spechten kann man Männchen und Weibchen optisch voneinander unterscheiden. Dreimal dürfen Sie raten, bei wem dies nicht möglich ist. Richtig! Beim Wendehals kann man optisch keinen Unterschied feststellen.

So viele Unterschiede machen den Wendehals zu einer einzigartigen Spechtart.

←
Der Wendehals ist auf das Vorkommen bestimmter Ameisenarten angewiesen, die er mit seiner langen, klebrigen Zunge erbeutet. Bevorzugt frisst er deren Larven und Puppen, aber auch ausgewachsene Ameisen gehören zum Speiseplan.

↓
Die dunklen Flecken und Bänder auf dem graubraunen Gefieder sind ein perfektes Tarnmuster. Männchen und Weibchen unterscheiden sich äußerlich kaum voneinander. Weibchen sind etwas matter gefärbt, was allerdings kaum zu erkennen ist.

↑
Diese zwei kleinen Wendehälse haben Mitte Juni das Licht der Welt erblickt und beginnen nun langsam, die Gegend zu erkunden. Durch ihr Tarngefieder sind sie optimal vor Beutegreifern geschützt, da sie optisch nahezu mit dem Stamm verschmelzen. Fühlen sich Jungvögel bedroht, stoßen sie einen schlangenähnlichen Zischlaut aus. Zuweilen setzen aber auch erwachsene Vögel diesen Laut zur Abschreckung ein.

Bachstelze

Motacilla alba

Die schwarz-weiß gefiederte Bachstelze ist in Deutschland sehr häufig zu sehen und gut an ihrem charakteristischen Schwanzwippen zu erkennen. Dieses brachte ihr im Niederdeutschen den Namen »Wippsteert« ein. Findet sie Nahrung, wie zum Beispiel eine Mücke, wird das Wippen heftiger, als würde sie sich außerordentlich darüber freuen. Auf ihrem Speiseplan stehen größtenteils Insekten, aber auch Schnecken, Beeren und kleine Krebstiere. Oft findet man Bachstelzen ganz in unserer Nähe in Viehställen, wo sie Fliegen, Mücken und anderen Insekten hinterherjagen. Auch auf Fußballplätzen oder der Stadtparkwiese gehen sie regelmäßig der Insektenjagd nach.

Anders als andere Stelzen ist die Bachstelze nicht zwingend auf Gewässer angewiesen und auch mal im offenen Ackerland, auf Feldern oder Wiesen, fernab vom nächsten Gewässer, anzutreffen. Im Flug kann sie eine Geschwindigkeit von bis zu 30 Kilometer pro Stunde erreichen, was für einen Vogel mit einer Körpergröße von nur etwa 18 Zentimetern eine solide Leistung ist.

Bachstelzen erreichen im Durchschnitt meist nur ein Alter von zwei bis drei Jahren, denn sie stehen auf dem Speiseplan vieler hungriger Räuber. Das kann der blitzschnelle Sperber sein, ein Falke oder eine Eule, aber auch ein Marder oder eine Hauskatze, die Nestlinge oder gar den brütenden Altvogel erbeuten. Wenn sie jedoch all diesen Gefahren trotzt, kann eine Bachstelze bis zu zehn Jahre alt werden.

AUF EINEN BLICK

LEBENSERWARTUNG
bis zu 10 Jahre

GRÖSSE
17 bis 18 cm

MIGRATION
sowohl Stand- als auch Zugvogel

BRUTZEIT
April bis August

EIER
5 bis 6

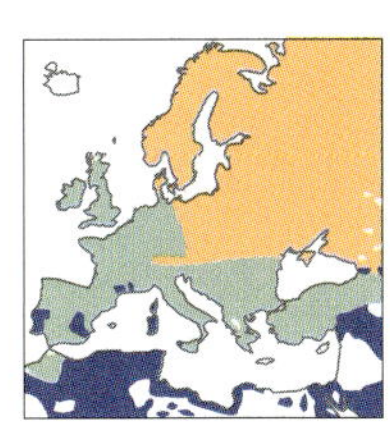

→
Diese gehandicapte Bachstelze jagt am Strand des Rheins nach kleinen Mücken. Da diese so zahlreich vertreten sind, schnappt sie mühelos eine nach der anderen – hüpfend aus der Luft. Wie sie ihr linkes Bein verloren hat, bleibt ihr Geheimnis. Ihr scheint diese Beeinträchtigung glücklicherweise nicht allzu viel auszumachen.

↓
Bachstelzen sind solide Flieger, doch auch gut zu Fuß. Nicht selten legen sie überschaubare Strecken in hastigen Schrittchen zurück, anstatt sich in die Luft zu erheben. Die junge Bachstelze auf dem Foto, erkennbar an ihrem hellgrau verwaschenen Gefieder, spaziert auf der Suche nach Nahrung über den Asphalt einer Autobahnraststätte, um die danebenliegende Grasfläche zu erreichen.

←
Mancherorts teilt sich die Bachstelze ihren Lebensraum mit einer weiteren Stelzenart – der Gebirgsstelze! Sie fällt durch ihren langen Schwanz und ihre gelbe Farbe im Gefieder auf und ist mit 18 bis 19 Zentimetern etwas größer als die Bachstelze. Anders, als es ihr Name verspricht, ist sie nicht nur im Bergland zu Hause, sondern auch regelmäßig im Flachland zu finden.

Kernbeißer

Coccothraustes coccothraustes

Dieser Vogel strotzt nur so vor Kraft und ist zweifelslos der König unter den Finken, weshalb er ab und an auch »Finkenkönig« genannt wird. Mit einer Körpergröße von 17 bis 18 Zentimetern ist der Kernbeißer der größte Vertreter aus der Familie der Finken. Und wenn es um die Beschaffung von Nahrung geht, kann ihm so schnell keiner das Wasser reichen.

Mit seinem außergewöhnlich großen und kräftigen Schnabel ist er bestens ausgestattet, und selbst die zänkischen Grünfinken haben bei Futterkonkurrenz gegen ihn das Nachsehen. Sein Schnabel, der im Sommer blaugrau ist und sich im Winter dunkelgrau bis hornfarben färbt, ermöglicht es ihm, mühelos die verschiedensten Sämereien und Nüsse zu verspeisen und sogar Kerne von Steinobst wie beispielsweise Zwetschgen oder Kirschen zu knacken.

Diese Fähigkeit brachte ihm auch den Namen »Kirschkernbeißer« ein. Der Kernbeißer kann einen unglaublichen Druck von bis zu 50 Kilogramm mit seinem Schnabel erzeugen! Außerdem ernährt er sich auch von Beeren, Knospen und Insekten. In der Nähe von Waldrändern besteht die Chance, dass der Kernbeißer sporadisch an Futterstellen auftaucht – allein oder auch in kleinen Trupps, die dann meistens aus Familienangehörigen bestehen. Am Futterhäuschen setzt er sich energisch gegenüber anderen Vogelarten durch. Mit Vorliebe frisst der Kernbeißer dort Sonnenblumenkerne oder Erdnüsse.

AUF EINEN BLICK

LEBENSERWARTUNG
bis zu 5 Jahre

GRÖSSE
17 bis 18 cm

MIGRATION
Standvogel

BRUTZEIT
April bis Juni

EIER
4 bis 5

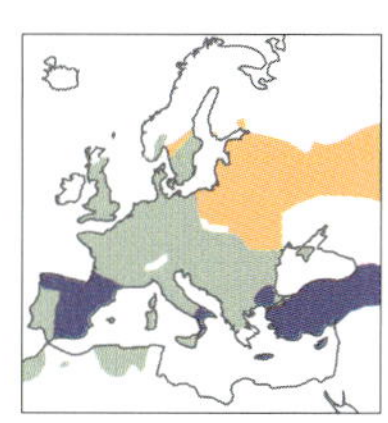

↑
Das Kernbeißer-Männchen ist ein kleines Kraftpaket. Im Prachtkleid ist sein Schnabel graublau gefärbt.

Das Männchen zeichnet sich durch ein auffallend kontrastreiches Gefieder aus. Es besitzt einen braunen Rücken mit einer weißen Flügelbinde, blauschwarze Schwingen, ein graues Nackenband und ein orangebräunliches Kopf- sowie Bauchgefieder. Sein Schnabel ist schwarz umrandet und verläuft darunter in einen breiten, dunklen Kehlfleck. Das Gefieder des etwas größeren und schwereren Weibchens ist insgesamt matter gefärbt, ebenso das Kopfgefieder.

Der Kernbeißer ist ein Vogel der Baumkronen und insbesondere während der Brutzeit in lichten Laub- und Mischwäldern sowie Parks und Gärten mit alten Obst- und Laubbäumen, wie beispielsweise Eichen, Buchen oder Ulmen, zu finden. Das Nest wird innerhalb von einer Woche nahe des Stamms in einer kleinen Astgabel angelegt und vom Männchen wie auch vom Weibchen aus kleinen Ästen, Halmen, Wurzeln, Tierhaaren und trockenen Blättern gefertigt. Die vier bis fünf Eier bebrütet in der Regel nur das Weibchen gute zwei Wochen lang, bis die ersten Jungen schlüpfen. Das Männchen gewährleistet während der gesamten Brutperiode die Versorgung seines Weibchens und seiner Jungvögel und hält Artgenossen sowie andere Kleinvögel vom Nest fern.

Die Jungvögel werden vor allem mit Insektenlarven, Spinnen und gelegentlich auch Regenwürmern gefüttert. Fressfeinde, die dem Kernbeißer während der Brut gefährlich werden können, sind vor allen der Sperber, der Waldkauz, der Baummarder oder die Hauskatze.

Die persönliche Geschichte

HANNES BONZHEIM

Mehr als zwei Jahre habe ich darauf gewartet, einen Kernbeißer fotografieren zu können. Im Winter 2021 war er endlich da.

Nachdem ich an den Kaiserstuhl gezogen war und von einem Bekannten hörte, dass hier im Winter Kernbeißer gelegentlich Futterstellen besuchen, richtete ich auf einer kleinen Streuobstwiese eine Vogelfutterstelle ein. Leider trug dieser Versuch vorerst keine Früchte, und ich wartete vergeblich auf den begehrten Vogel. Auch kaum andere Vögel zeigten sich interessiert an der Futterstelle. Im Dezember des folgenden Jahres war dann schon deutlich mehr los, und viele verschiedene Vogelarten waren regelmäßig zu Gast.

Seien Sie also nicht enttäuscht, wenn im ersten Jahr Ihrer neu eröffneten Vogelfutterstelle noch nicht viele Besucher auftauchen. Schließlich müssen die Vögel diese Nahrungsquelle erst mal entdecken und auch Artgenossen informieren. Wichtig ist allerdings, dass Sie schon rechtzeitig – am besten Anfang Oktober – mit der Fütterung beginnen und den ganzen Winter über genügend Futter zur Verfügung stellen.

Es war der Sonntagmorgen des 5. Dezembers, als ich um 7 Uhr aufwachte. Draußen war es noch dunkel, und ich überlegte, ob ich weiterschlafen oder aufstehen sollte. Glücklicherweise siegte meine Neugierde, denn ich wollte sehen, was heute wohl an meiner Futterstelle los ist. Eine Stunde später saß ich also in meinem Tarnzelt an Ort und Stelle. Und nach einiger Zeit erblickte ich ihn – den Finkenkönig! Ich war sofort hin und weg und schwenkte mit der Kamera auf ihn zu. Dummerweise war ich so aufgeregt, dass ich die Kamera etwas zu hastig drehte. Der Kernbeißer erschrak und flog davon. Ich war bitter enttäuscht, doch fünf Minuten später kam er schon wieder zurück und gab mir eine weitere Chance, ihn auf ein Foto zu bannen. Endlich hatte ich diesen beeindruckenden Finkenvogel aus nächster Nähe fotografieren und beobachten können.

Eisvogel

Alcedo atthis

AUF EINEN BLICK

LEBENSERWARTUNG
bis zu 10 Jahre

GRÖSSE
17 bis 20 cm

MIGRATION
Standvogel

BRUTZEIT
Mai bis Juli

EIER
6 bis 8

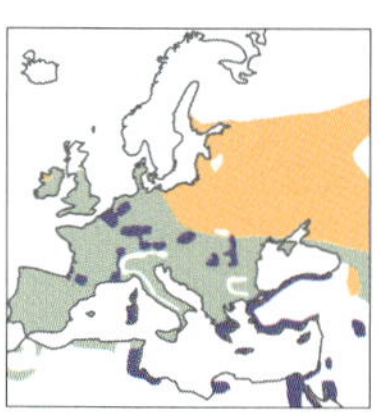

Knallrote Füßchen, eine rostorangefarbene Unterseite und eine in verschiedenen Blautönen leuchtende Oberseite zeichnen diesen wunderschönen kleinen Fischjäger aus, den viele als schönsten Vogel unseres Landes bezeichnen. Das brachte ihm die liebevolle Bezeichnung »fliegender Edelstein« ein.

Der Eisvogel ist bei uns mit einem geschätzten Bestand von 9000 bis 14.500 Brutpaaren ein regelmäßig vertretener Brutvogel und die einzige Art aus der Familie der Eisvögel, die in Europa vorkommt. Die Chancen, einen Eisvogel zu finden, sind besonders dort vielversprechend, wo es sauberes Wasser mit genügend Nahrung sowie geeignete Brutmöglichkeiten gibt. Man trifft ihn sowohl an fließenden wie auch stehenden Gewässern aller Art mit ausreichenden Ansitzmöglichkeiten für die Jagd an. Der Eisvogel ist streng territorial und verteidigt sein Revier energisch - oft in wilden Verfolgungsflügen gegen Artgenossen.

Der größte Feind des Eisvogels sind kalte Winter, denn wenn Gewässer über mehrere Wochen zufrieren, findet er nicht mehr genügend Nahrung, und es können bis zu 90 Prozent der Eisvogelbestände einer Region einbrechen. Um diesem Problem entgegenzuwirken, bekommen Eisvögel bis zu acht Nachkommen pro Brut, die zweimal und in seltenen Fällen sogar dreimal pro Jahr stattfindet und dazu beiträgt, Verluste durch harte Winter in nur wenigen Jahren auszugleichen.

→
Ein Eisvogel-Männchen. Die beiden Geschlechter des Eisvogels sehen sich sehr ähnlich und sind äußerlich kaum auseinanderzuhalten, gäbe es da nicht den einen kleinen Unterschied am Unterschnabel. Beim Männchen sind sowohl Ober- als auch Unterschnabel einheitlich schwarz.

↓
Ein Eisvogel-Weibchen. Die Farbe des Unterschnabels ist beim Weibchen rötlich. Das ist das sicherste Unterscheidungsmerkmal gegenüber einem männlichen Eisvogel. Ihre geschlüpften Nachkommen versorgen beide Elternteile gleichermaßen mit Nahrung, bis die Jungvögel nach 23 bis 27 Tagen selbstständig sind und schließlich das Nest verlassen.

←
Jungvögel erkennt man an ihren dunklen Füßchen sowie der matteren, mehr grünlich schimmernden Oberseite des Gefieders. Der Eisvogel baut seine Nisthöhle an Steilufern von Gewässern. Das Gelege besteht aus bis zu acht weiß glänzenden Eiern. Die Jungen schlüpfen nach 18 bis 21 Tagen Brutdauer.

Die persönliche

MATTHIAS FUTTERER

Geschichte

Ich erinnere mich noch an das Eisvogelfrühjahr vor ein paar Jahren, als es, ganz gleich, an welchen Gewässern ich zum Beobachten unterwegs war, nur so von Eisvögeln wimmelte.

Eine meiner Lieblingsstellen befand sich nur wenige Minuten von meinem Haus entfernt an dem kleinen Teich eines Anglervereins, an welchem ich mich nach Absprache mit dem Vorstand zum Beobachten und Fotografieren aufhalten durfte.

Der Teich bot dem Eisvogelpaar zwar ausreichend Kleinfische, doch mit dem Jagen taten sie sich schwer, denn das gesamte Teichufer war von überhängenden Ästen befreit worden. Da ich wusste, dass Eisvögel besonders gern von kleinen Ansitzen aus über dem Wasser jagen, machte ich mich kurzerhand daran, einen schönen Ast zu suchen und ihn an einer geeigneten Stelle am Teichufer zu platzieren.

Bereits nach wenigen Tagen hatten sich die beiden Eisvögel an den Ast gewöhnt und nutzten ihn regelmäßig, um von ihm aus auf die Jagd zu gehen. Ab diesem Zeitpunkt verbrachte ich, nach einer anstrengenden Arbeitswoche, nahezu jedes Wochenende mit meinem Tarnzelt bei dem Eisvogelpaar. Mit der Zeit wurden die beiden immer neugieriger und zutraulicher.

Schon bald landeten sie gelegentlich auf dem Dach meines Zeltes, und das Männchen übergab - ohne Scheu - auf dem Ast vor meinem Zelt dem Weibchen Fische als »Brautgeschenk«, um die Paarbindung zu stärken . Das führte danach oft zur Paarung, ohne dass sie sich von mir stören ließen. Ich denke immer wieder gern an diese faszinierende, intensive Zeit, die ich zusammen mit den Eisvögeln an dem kleinen Teich verbracht habe.

↑
Die Hauptnahrung des Eisvogels besteht aus kleinen Fischen, Amphibien, Wasserinsekten und Krebstieren.

↓ Der Eisvogel ist ein Stoßtaucher. Er erbeutet seine Nahrung in erster Linie von niedrigen Ansitzwarten aus.

→
Je nach Lichteinfall und Gefiedernässe leuchtet das Federkleid in den verschiedensten Blautönen.

PROJEKT

Eisvogelsteilwand

UNTERSTÜTZUNG FÜR DEN EISVOGEL

Der Eisvogel benötigt zum Brüten stabile, aber dennoch weiche, bewuchsfreie Erdsteilwände aus Lehm oder Sand über dem Wasser, denn in diese Wände gräbt er seine bis zu 80 Zentimeter lange, leicht ansteigende Brutröhre. Am Ende mündet sie in einen rundlichen Kessel, in dem gebrütet wird. Wo geeignete Wände durch pflanzlichen Zuwuchs vom Eisvogel nicht (mehr) genutzt werden können, kann man ihm mit der Schaffung einer unbewachsenen Steilwand sozusagen unter die Flügel greifen.

SO SCHAFFEN SIE EINE STEILWAND FÜR EISVÖGEL

Wenn Sie eine Stelle mit dichtem Uferbewuchs in Ihrer Umgebung entdeckt haben und dem Eisvogel gerne helfen möchten, ist der erste Schritt, sich mit dem Grundstücksbesitzer oder der zuständigen Wasser- oder Naturschutzbehörde in Verbindung zu setzen und eine Erlaubnis oder Genehmigung für das Vorhaben einzuholen. Wenn Sie diese erhalten haben, kann es losgehen! Was Sie für die Umsetzung des Projekts brauchen und wie Sie am besten vorgehen, erfahren Sie im Folgenden.
Das benötigen Sie:

- Heckenschere (zum Entfernen des Bewuchses)
- Handsäge (zum Entfernen von Ästen oder auch Wurzeln)
- Arbeitshandschuhe
- Gummistiefel
- Angelhose (um vom Wasser aus zu arbeiten)
- Spaten (zum Abstechen der Wand)
- Handerdbohrer mit sieben Zentimeter Durchmesser (um einen Röhrenansatz zu schaffen)

Schritt 1:
Wenn Sie das benötigte Material beisammenhaben, begeben Sie sich, ausgestattet mit Angelhose und Gummistiefel, ins Wasser. Beginnen Sie nun, mit der Heckenschere und der Handsäge die ausgewählte Erdwand zwischen einem und sechs Metern von pflanzlichem Bewuchs und störenden Ästen sowie Wurzeln zu befreien. Wenn Sie sich nicht sicher sind, wie tief das Wasser ist, testen Sie es unbedingt vorher mit einem langen Ast oder Ähnlichem aus, bevor Sie ins Wasser hineinsteigen!

Schritt 2:
Wenn Sie die Erdwand vom Bewuchs befreit haben, kommt der Spaten ins Spiel. Oft sind die Wände nicht steil genug, sodass Nesträuber die Brutröhre leicht erreichen könnten. Stechen Sie deshalb mit dem Spaten lieber ein bisschen Erde von der Wand ab, um diese zu einer »richtigen« Steilwand zu machen.

Schritt 3:
Jetzt ist die geschaffene Steilwand so weit fertig! Nun können Sie mit einem Handerdbohrer – je nach Breite der Steilwand – mehrere, etwa 30 Zentimeter tiefe Röhrenansätze in die Wand graben, die dem Eisvogel viel Bauzeit ersparen und die Stelle attraktiver für ihn machen.
Achten Sie unbedingt darauf, dass diese Röhrenansätze mindestens einen Meter über der Wasseroberfläche beginnen.

↑ An Stellen mit dichtem Uferbewuchs – wie hier – hat der Eisvogel keine Chance, eine Brutröhre anzulegen und zu brüten.

↑ Vorgefertigte Röhrenansätze ersparen dem Eisvogel viel Arbeit.

↑ Matthias zeigt, wie man die Wand richtig präpariert.

↓ Unser Einsatz hat sich gelohnt!

↑ Über diese Steilwand werden sich die Eisvögel freuen.

Wasseramsel

Cinclus cinclus

AUF EINEN BLICK

LEBENSERWARTUNG
bis zu 5 Jahre

GRÖSSE
18 bis 20 cm

MIGRATION
sowohl Stand- als auch Zugvogel

BRUTZEIT
März bis Juni

EIER
4 bis 6

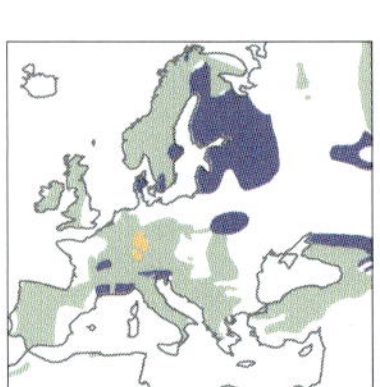

Dieser unscheinbare Vogel sieht gewöhnlich aus, hat aber ein einzigartiges Talent. Bei der Wasseramsel handelt es sich um den einzigen Singvogel, der schwimmen und tauchen kann. Selbst ihre Nahrung erjagt sie zum Großteil unter Wasser. Dabei werden hauptsächlich Insektenlarven aufgenommen, aber auch kleine Fische, Wasserasseln, Schnecken und Flohkrebse erbeutet.

Bei der Jagd nach Futtertieren wenden Wasseramseln verschiedene Methoden an. Zum einen werden Beutetiere vom Boden, von der Wasseroberfläche oder von Blättern aufgepickt, zum anderen steht der Vogel im Wasser oder schwimmt auf der Wasseroberfläche und taucht den Kopf unter Wasser, um Beute »abzugrasen«, die sich nahe der Oberfläche befindet. Die häufigste Methode, Nahrung zu erbeuten, ist jedoch das Tauchen. Wenn auch nur selten, jagt die Wasseramsel außerdem Insekten im Flug - vor allem dann, wenn es ein großes Angebot an Fluginsekten gibt.

Zu finden ist die Wasseramsel an klaren, sauerstoffreichen, schnell fließenden Bächen und Flüssen, die einen steinigen oder kiesigen Untergrund haben. Hier legt sie in Ufernähe ihr kugelförmiges Nest an. Gebaut wird es in Nischen und Halbhöhlen, zum Beispiel unter frei geschwemmten Wurzeln, ebenso wie unter Brücken oder in angebrachten Nistkästen. Fertige Nester werden meist über mehrere Jahre hinweg genutzt und immer wieder ausgebaut.

Das Weibchen legt vier bis sechs weiße Eier und bebrütet diese etwa 16 bis 17 Tage lang. Wenn die Küken geschlüpft sind, beginnt das Männchen, sie mit Nahrung zu versorgen, während das Weibchen sie die erste Zeit noch wärmt. In einem Alter von drei bis vier Wochen verlassen die nun vollständig befiederten Jungvögel das Nest und werden von den Altvögeln weiter mit Nahrung versorgt. Männchen und Weibchen unterscheiden sich übrigens äußerlich nicht voneinander.

Eine Wasseramsel übersieht man nicht selten. Beim regungslosen Dasitzen am Uferbereich kann man sie sogar leicht für einen Stein halten. Auch ihr durchaus abwechslungsreicher Gesang wird meist vom Rauschen des Wassers übertönt und ist für uns dann nicht mehr hörbar.

FUN FACT

Beim Tauchen stürzt sich die Wasseramsel meist von einem Stein kopfüber ins Wasser, oder sie taucht aus dem Flug hinein. Ein Tauchgang dauert in der Regel etwa fünf bis zehn, manchmal aber auch bis zu 30 Sekunden. Ihre Armschwingen benutzt sie unter Wasser als Ruder, und sie kann sich mithilfe ihrer Krallen auf glitschigem Untergrund festhalten.

Die persönliche Geschichte

MATTHIAS FUTTERER

Es war ein relativ kalter Februarmorgen. Hannes und ich hatten für diesen Tag eine kleine Wasseramseltour an einem breiten Fluss geplant. Obwohl es draußen noch stockdunkel war, machten wir uns auf den halbstündigen Weg zu dem schönen Plätzchen, das Hannes ein paar Tage zuvor ausgekundschaftet hatte.

Wir bauten unser Liegetarnzelt am Ufer – in direkter Nähe von vermoosten Steinen – auf, denn Hannes hatte beobachtet, dass die Wasseramseln dort ihr Nistmaterial sammelten.

Hoffentlich ließen die kleinen Vögel nicht allzu lange auf sich warten, denn nach zwei Stunden – je nach Ort und Wetterbedingungen – wird das regungslose Daliegen im Tarnzelt dann doch recht unangenehm. Doch wir hatten Glück.

Kaum wurde es langsam Tag, erschienen die fleißigen Nestbauer auch schon, zupften ein Moosstückchen nach dem anderen von den bewachsenen Steinen ab und flogen damit zu ihrem Nest, um es dort zu verbauen. Übrigens beteiligen sich beide Geschlechter am Nestbau.

Die Wasseramseln kamen so schnell wieder zur Sammelstelle zurück, dass wir kaum noch mit dem Fotografieren hinterherkamen. Es war erstaunlich, wie diese Vögelchen teilweise sogar aus dem Wasser heraus das Moos vom unteren Rand der Steine abzupften. Die starke Strömung schien ihnen dabei offensichtlich nichts anhaben zu können.

Als nach ein paar Stunden die Sonne stärker wurde, hatten die Wasseramseln für diesen Morgen wohl ihr Arbeitssoll erfüllt und machten eine Pause. Das Zeichen für uns, unser Tarnzelt langsam abzubauen und zufrieden den Heimweg mit einer vollen Speicherkarte anzutreten.

Rauch-schwalbe

Hirundo rustica

Charakteristisch für die schnittige Rauchschwalbe ist ihr gegabelter Schwanz mit den beiden langen Schwanzspießen. Beim Männchen sind diese länger als beim Weibchen.

Vielleicht kennen Sie das alte Sprichwort: »Wenn die Schwalben niedrig fliegen, werden wir bald Regen kriegen. Fliegen sie bis in die Höhn, bleibt das Wetter weiter schön.« Schwalben als »Wetterfrösche«? Stimmt das? Wer genau beobachtet, wird tatsächlich feststellen, dass die kleinen Luftakrobaten beispielsweise vor einem nahenden Regenschauer oft deutlich tiefer unterwegs sind als an einem klaren, sonnigen Tag. Das liegt allerdings nicht daran, dass sie das Wetter vorhersagen können, sondern es hat etwas mit ihrer Beute zu tun – den Insekten, denen sie im Flug hinterherjagen!

Um in größere Höhen zu gelangen, sind Fluginsekten auf eine gewisse Sonneneinstrahlung und die damit verbundene warme Luft angewiesen, denn das hat man früher in der Schule gelernt: »Warme Luft steigt nach oben.« Steht ein Gewitter kurz bevor und die Sonneneinstrahlung wird immer geringer, sind Insekten – und damit auch die Schwalben – gewissermaßen gezwungen, tiefer zu fliegen. Jedoch ist das von der Tageszeit abhängig und muss nicht immer zutreffen.

Wie viele Vögel, ist auch die Rauchschwalbe ein Zugvogel und kehrt frühestens gegen Ende März zu uns zurück. Ihren Namen verdankt sie ihrer Nähe zum Menschen und der Tatsache, dass sie an

AUF EINEN BLICK

LEBENSERWARTUNG
bis zu 5 Jahre

GRÖSSE
17 bis 22 cm

MIGRATION
Zugvogel

BRUTZEIT
April bis August

EIER
4 bis 5

ROTE LISTE DEUTSCHLAND
(6. Fassung 2020)
Kategorie V (Vorwarnliste)

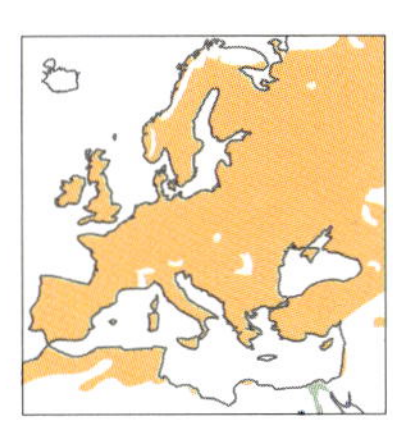

↑
Erwachsene Rauchschwalben haben ein braunrotes Gesicht, glänzendes blau-schwarzes Gefieder und eine weiße Unterseite.

oder sogar in Gebäuden brütet und insbesondere in früherer Zeit durch Giebelöffnungen ein und aus flog, die als Rauchabzug dienten.

Ihr rundliches Nest baut die Rauchschwalbe aus kleinen, feuchten Schlammklumpen, die beim Erhärten ein stabiles Gebilde darstellen. Die einmal gebauten Nester werden immer wieder genutzt, denn Rauchschwalben sind standorttreu. Sie kehren Jahr für Jahr aus ihrem Winterquartier zu ihren Brutstätten zurück.

Das Weibchen legt zwei- bis dreimal im Jahr vier bis fünf weiße, rotbraun gefleckte Eier. Nach 14 bis 17 Tagen Brutzeit schlüpfen die Schwalbenküken. Nach dem Schlüpfen werden die Jungen noch etwa drei Wochen von den Eltern mit Nahrung versorgt. Hervorzuheben ist, dass die Jungen der ersten Brut ihre Eltern gelegentlich unterstützen, die Küken der zweiten Brut zu füttern.

So helfen Sie den Rauchschwalben

Vor allem der starke Rückgang an Insekten und das Fehlen von offenen Ställen und anderen geeigneten Nistmöglichkeiten setzen den Rauchschwalben zu. In letzterem Fall können Sie Kunstnester an geeigneten halbdunklen, windgeschützten Stellen – wie zum Beispiel der Garage – ab einer Höhe von zwei Metern anbringen.

Oftmals stört es auch Hausbesitzer, wenn der Kot der Schwalben die Hauswand verschmutzt. In diesem Fall ist mit Holzbrettchen, die unter den Schwalbennestern angebracht werden, leicht Abhilfe zu schaffen.

Die persönliche Geschichte

HANNES BONZHEIM

Es war ein herrlicher Apriltag . Überall grünte und blühte es. Obwohl ich eine starke Pollenallergie habe und wusste, was mich am Abend erwarten würde, konnte mich das nicht davon abhalten , das schöne Wetter zu nutzen, um einen Spaziergang zu machen. Ich konnte ein paar Graugänse fotografieren, die auf einer Wiese nach Nahrung suchten. Auch Goldammern kreuzten immer wieder meinen Weg. Einige Zeit später fielen mir Rotmilane auf, die über einem Feld kreisten, auf dem gerade ein Bauer mit seinem Traktor den Boden bearbeitete.

Leider war das Licht alles andere als gut. Die Sonne knallte förmlich vom Himmel - zu grelles Licht zum Fotografieren. Also beobachtete ich das rege Geschehen. Der Bauer war allerdings bald fertig mit seiner Arbeit, und die Greifvögel segelten in verschiedene Richtungen davon. Ich beschloss, mich auf den Rückweg zu machen.

Ganz plötzlich sauste eine Rauchschwalbe an mir vorbei, die über einer kleinen Wiese einem Insekt hinterherjagte. Mit einem rasanten Richtungswechsel erwischte sie es und ließ sich auf dem nebenliegenden Acker nieder. Ich sah in den Himmel. Immer noch keine Chance, ein schönes Foto zu machen, doch langsam schob sich eine Wolke vor die Sonne. Die Frage war nur, ob die kleine Schwalbe so lange sitzen bleiben würde. Ich war in Position, die Schwalbe saß noch auf dem Acker, und endlich war die Wolke vor der Sonne! Ich konnte ein paar schöne Fotos schießen, bevor die Schwalbe ein weiteres Insekt entdeckte und sich sofort in die Luft erhob, um die Verfolgung aufzunehmen.

Fluss-uferläufer

Actitis hypoleucos

AUF EINEN BLICK

LEBENSERWARTUNG
bis zu 10 Jahre

GRÖSSE
18 bis 22 cm

MIGRATION
Zugvogel

BRUTZEIT
April bis Juni

EIER
3 bis 4

ROTE LISTE DEUTSCHLAND
(6. Fassung 2020):
Kategorie 2 (Stark gefährdet)

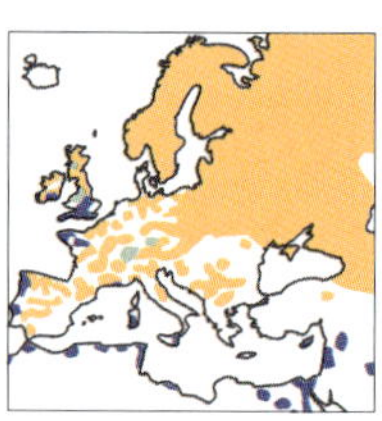

Während bei uns die kalten Wintermonate Einzug halten, befindet er sich an warmen Gewässerufern Afrikas und des Mittelmeerraumes. Es handelt sich um den kleinen Flussuferläufer, der wie so viele Vögel im Winter gen Süden zieht.

Während viele andere Vögel, besonders Watvögel, dabei den Schutz eines Schwarmes nutzen, ist der Flussuferläufer ein entschiedener Einzelgänger, den man höchstens in kleinen Trüppchen von vielleicht zehn Tieren antrifft. Dies kommt allerdings nicht besonders häufig vor, und wenn, dann halten diese Trupps auch nicht zusammen, sondern jedes Tier macht sein eigenes Ding. Lediglich während der Brutzeit wählt der Flussuferläufer einen Partner, in dessen Nähe er sich während der gesamten Brutzeit aufhält.

Auf einer schützenden Insel inmitten eines steinigen Flusses oder gut versteckt in der Ufervegetation, scharrt das Paar eine kleine Mulde in den Boden, die es mit verschiedenem Pflanzenmaterial auspolstert. Die Bebrütungsdauer der drei bis vier Eier dauert etwa 22 Tage, bevor die Jungen schlüpfen.

Nach drei Wochen sind die jungen Flussuferläufer in der Lage zu fliegen. Nach zwei Jahren werden sie selbst geschlechtsreif sein, sich jedes Jahr aufs Neue einen Partner für die Brut suchen und für eigenen Nachwuchs sorgen. In Deutschland ist der Flussuferläufer mit einem Bestand von 210 bis 290 Brutpaaren stark gefährdet.

Wie auch insbesondere bei vielen Stelzen zu beobachten, wippt auch der Flussuferläufer ständig mit seinem Hinterkörper in rhythmischen Bewegungen. Er erbeutet kleine Krebstiere und Mollusken aus dem Flachwasser und lässt sich auch ein schmackhaftes Insekt nicht entgehen.

Zu Verwechslungen kann es mit dem Waldwasserläufer sowie dem Bruchwasserläufer kommen. Diese beiden Arten sind in Größe, Erscheinung und Gefiederfärbung dem Flussuferläufer sehr ähnlich.

Wie viele Watvögel, badet auch der Flussuferläufer sehr gern und ausgiebig, um sein Gefieder zu säubern und zu pflegen. Selbst bei kalter Witterung sieht man ihn hier und da im Wasser planschen.

FUN FACT

Island ist eine Hochburg für Watvögel. Regenpfeifer, Schnepfen, Strandläufer und viele weitere finden dort einen optimalen Lebensraum vor. Jedes Jahr kommen sie hierher, um ihrem Brutgeschäft nachzugehen. Der Flussuferläufer hingegen spart sich die lange Flugroute und bleibt für seine Brut lieber in den restlichen Teilen Europas bis an die Nordspitze Skandinaviens.

Die persönliche Geschichte

HANNES BONZHEIM

Diesen Flussuferläufer hatte ich durch Zufall im Dezember 2019 an einem kleinen Uferstreifen am Rhein entdeckt. Er muss wohl noch auf dem Zug gewesen sein, denn normalerweise sind viele dieser Vögel zu dieser Zeit schon in ihren Winterquartieren. Ich hatte damals keinerlei Tarnung zur Hand und musste mich mit der Ufervegetation als Deckung zufriedengeben. Der Flussuferläufer war zwar nicht extrem scheu, doch auf wirklich vernünftige Aufnahmedistanz kam er nicht heran, sodass mir »nur« dieses einigermaßen brauchbare Beweisfoto gelang.

Was für eine Überraschung, als ich fast genau ein Jahr später wieder an der selben Stelle einen Flussuferläufer vorfand, und wieder hatte ich keine Tarnung dabei.

Am nächsten Morgen begab ich mich zusammen mit Matthias - unsere Tarnzelte im Gepäck - schon im Dunkeln an das nasskalte Ufer des Rheins, und wir hofften, dass der Flussuferläufer noch da sein würde. Kaum ging die Sonne auf, erschienen schon die ersten Möwen und Gänsesäger. Allerdings hatten wir nicht bedacht, dass ein Fluss ansteigen kann und ich, der dummerweise rechts von uns beiden positioniert war, nach einer Stunde schon fast komplett im Wasser lag. Gott sei Dank ist der Boden des Zeltes wasserabweisend, sodass ich im Inneren des Zeltes geschützt war, während außen das Wasser an die Zeltwand schwappte. Das Wasser ging zum Glück wieder zurück, bevor es mich buchstäblich davonschwemmen konnte.

Gegen neun Uhr tauchte dann tatsächlich der Flussuferläufer auf, und diesmal bemerkte er uns im Schutz des Tarnzeltes nicht. Er kam bis auf drei Meter heran, ohne Notiz von uns zu nehmen. Wie gut, dass es Tarnzelte gibt ...

Sanderling

Calidris alba

Der Sanderling ist in Deutschland kein Brutvogel, sondern nur Gast an unseren Küsten. Sein Brutgebiet liegt in der arktischen Tundra Grönlands, Sibiriens und der Insel Spitzbergen. Er ist mit einer Körpergröße von 18 bis 22 Zentimetern und einem Gewicht von 45 bis 65 Gramm ein kleines, unscheinbares Watvögelchen.

Während der kurzen Brutzeit wird der Nistplatz in Bodenmulden angelegt und mit wenigen Halmen und Flechten ausgepolstert. Das Gelege besteht in der Regel aus drei bis vier olivfarbenen, braun gesprenkelten Eiern, die sowohl vom Weibchen als auch vom Männchen ausgebrütet werden. Die Brutzeit beträgt 24 bis 27 Tage. Mit 17 Tagen sind die Jungvögel flügge und mit 23 bis 24 Tagen selbstständig. In seinem Brutgebiet besteht die Nahrung des Sanderlings hauptsächlich aus Insekten und Pflanzenteilen.

Im Winter sucht der Sanderling gemäßigtere Zonen auf. Man trifft ihn dann vorwiegend an der Küste auf Sandbänken und an Stränden an. Bei uns kann man ihn vor allem an der Nordsee und manchmal auch in kleinen Gruppen an der Ostsee beobachten.

Sanderlinge können auf ihrem Zug in die Brut- sowie Überwinterungsgebiete bis zu 5000 Kilometer zurücklegen – und das ohne Pause! Um diese schier unglaubliche Kraftleistung durchzuhalten, benötigen sie eine ausreichende Fettreserve, die mehr als die Hälfte des Körpergewichts ausmachen kann.

AUF EINEN BLICK

LEBENSERWARTUNG
bis zu 10 Jahre

GRÖSSE
18 bis 22 cm

MIGRATION
Zugvogel

BRUTZEIT
Mai bis Juli

EIER
3 bis 4

↑
Ein ausgewachsener Sanderling an der Nordsee. Er befindet sich in der Mauser vom Pracht- zum Schlichtkleid.

In den Niederlanden ist der Sanderling unter dem Namen »Dreizehenstrandläufer« bekannt, weil er keine Hinterzehe besitzt. Diese würde ihn bei seiner Lebensweise nur behindern und hat sich daher im Laufe der Zeit komplett zurückgebildet.

Am Strand läuft und rennt der Sanderling in kleinen Gruppen mit hektischen Schrittchen unermüdlich den abfließenden Wellen nach, um an auf- und angespülte Nahrung wie etwa kleine Würmer, Krebse und Muscheln zu kommen.

Für das genüssliche Verspeisen seiner Beute bleibt ihm so gut wie keine Zeit, denn kaum fließt eine Welle ab, rollt die nächste schon wieder heran. Um vom Wasser nicht weggespült zu werden, aber auch nicht immer kraftraubend aufliegen zu müssen, nutzt er die simple Methode des flinken Ausweichens, welche ihm im Plattdeutschen den Namen »Keen-Tied« gab, was so viel wie »Keine Zeit« bedeutet.

Strandspaziergängern schenkt er meistens kaum Beachtung, wenn sie sich ihm langsam mit Bedacht nähern. Allerdings sollte man die kleinen Vögel keinesfalls unnötig in Panik versetzen, denn sie müssen für ihre langen Zugstrecken ausreichend Kraft sammeln.

Ein Vögelchen, das zwei Leben hat

Das soll natürlich nicht heißen, dass der Sanderling nach seinem Tod ein zweites Leben hat, sondern bezieht sich auf sein Dasein in zwei verschiedenen Welten. Als Zugvogel verbringt er den Sommer in seinem arktischen Brutgebiet, während er im

Herbst gen Süden zieht, um den Winter - je nach Population - an den Sandstränden Europas, Südamerikas, Nordamerikas, Afrikas, Asiens und Australiens zu verbringen.

Um sich an die drastische Veränderung von einem Leben in der Tundra mit niedriger Vegetation auf ein Leben an den kahlen Stränden verschiedener Kontinente anzupassen, wechselt der Sanderling - je nach Jahreszeit - sein Gefieder. Im Sommer ist sein Federkleid kräftig rotbraun gemustert, während es im Winter zu einem schlichten Grau-Weiß verblasst. Der Wechsel der Gefiederfarben dient einzig und allein der Tarnung vor potenziellen Fressfeinden, von denen er auf so vielen verschiedenen Kontinenten einige zu erwarten hat.

Sein Doppelleben wirkt sich auch auf seine Ernährungs- und Lebensweise aus. In seinem kalten Brutgebiet, wo die Sonne nicht untergeht und er sich rund um die Uhr mit Futter versorgen kann, ernährt er sich überwiegend von Insekten, deren Larven und anderen Wirbellosen. In seinem warmen Winterquartier hingegen stehen nun kleine Würmer, Muscheln, Krebstierchen und auch mal kleine Fische auf seinem Speiseplan, die er jedoch nur tagsüber erbeuten kann. Diese Lebensweise zeigt, dass der Sanderling zu einem der leistungsfähigsten Vögel auf unserem Planeten gehört.

> Es ist eine Freude, den flinken Sanderlingen zuzusehen, wie sie am Strand den Wellen hinterherflitzen.
>
> HANNES BONZHEIM

→
Dieser Sanderling hat am Strand eine angespülte Muschel entdeckt und macht sich über ihren Inhalt her. Mit der Mauser ins Brutkleid wechselt der Sanderling sein helles Gefieder in eine bräunliche Oberseite mit rotbräunlicher Vorderbrust und bräunlichem Kopfgefieder. Lediglich die Unterseite bleibt weiß. Nun kann man ihn mit ungeübtem Auge aus der Ferne leicht mit dem Zwergstrandläufer oder dem Alpenstrandläufer verwechseln.

Die Mittelgroßen

Dieses Kapitel ist den Vogelarten mit einer Größe bis zu 42 Zentimetern gewidmet – vom Star mit seinem metallisch schillernden Prachtkleid bis zur Schleiereule mit ihrem herzförmigen Gesichtsschleier.

Star

Sturnus vulgaris

AUF EINEN BLICK

LEBENSERWARTUNG
5 bis 10 Jahre

GRÖSSE
19 bis 22 cm

MIGRATION
sowohl Stand- als auch Zugvogel

BRUTZEIT
April bis Juli

EIER
4 bis 8

ROTE LISTE DEUTSCHLAND
(6. Fassung 2020)
Kategorie 3 (Gefährdet)

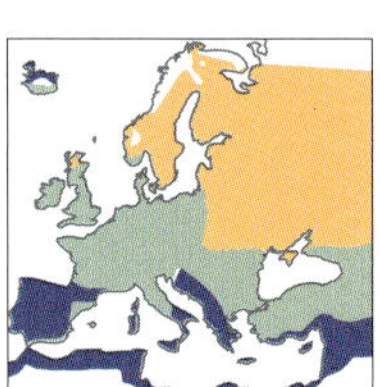

Dieser etwa amselgroße Vogel ist einer der häufigsten Vögel der Welt. Sein Name »Star« trifft es nicht nur wegen seines metallisch schillernden Prachtkleids, sondern auch hinsichtlich seiner erstaunlichen Imitationsfähigkeiten. Der Star ist ein Schwarmvogel und zieht das Leben in lockeren Trupps vor. Lediglich in unmittelbarer Nähe seines Brutplatzes verhält er sich territorial.

Besonders bekannt ist der Star durch das Bilden riesiger, lärmender Schwärme, die gegen September und Oktober ihr größtes Ausmaß erreichen und aus Hunderten, Tausenden oder sogar aus über einer Million Tieren bestehen können. Stare leben nach dem Motto: »Als Einzelner unterlegen, doch in der Gemeinschaft stark«, denn der Schwarm bietet dem einzelnen Vogel Schutz vor Fressfeinden.

Der Vogelschwarm agiert in der Luft dabei im Grunde genauso wie ein Fischschwarm unter Wasser. Jedes Tier orientiert sich an seinen Nachbarn, und zusammen treten sie wie ein einziges riesiges Lebewesen in fließenden Bewegungen auf. Das macht es Feinden nahezu unmöglich, sich auf ein einzelnes Individuum zu fokussieren. Eine wirksame und spektakuläre Abwehrstrategie!

In Bezug auf seine Ernährung ist der Star ein unkomplizierter Allesfresser, der im Frühjahr und Sommer jedoch zum Großteil Insekten und weitere Wirbellose zu sich nimmt und im Herbst auf Beeren und Früchte umschwenkt.

←
Ein Männchen im Prachtkleid. Wie auf dem Foto zu bestaunen, schimmert besonders im Frühjahr das Gefieder des Männchens in purpurnen, grünlichen und goldgelben Farben.

↓
Jungvögel haben ein mattes, einfarbig braungraues Gefieder. Ihnen fehlt anfangs noch das edel glänzende Federkleid der Altvögel. Bei dem jungen Star auf dem Foto sind bereits die ersten Federn des adulten Gefiederkleides zu sehen.

↑
Ein Weibchen im Prachtkleid. Im Gegensatz zum Männchen wirken seine Gefiederfarben blasser und der Glanz matter. Der Star war übrigens in Deutschland der Vogel des Jahres 2018. Stare sind auch häufige Gartenbesucher. Wer ihnen etwas Gutes tun möchte, kann im Garten Nistkästen für sie aufhängen. Starenkästen kann man mit etwas Geschick leicht selbst bauen oder fertig kaufen.

Besonders Äpfel, Kirschen und Trauben werden – zum Unmut vieler Gartenbesitzer, Obstgärtner und Winzer – gern gefressen. Im Winter findet sich der Star außerdem hin und wieder an unseren Futterstellen ein, wo man ihm vor allem durch ausgelegtes Obst eine Freude machen kann.

Die verkannte Schönheit

Der Star gehört für mich in die Kategorie der schönsten Vögel Deutschlands. Er mag aus der Ferne zwar nur gänzlich schwarz aussehen, doch sieht man ihn sich etwas näher und zur richtigen Jahreszeit an, wird man auf die beeindruckenden Farbdetails stoßen, die teilweise nur mit dem passenden Lichteinfall zum Vorschein kommen.

Vielleicht ist Ihnen schon mal aufgefallen, dass Stare ein dunkles Gefieder mit vielen weißen Punkten besitzen und diese im Lauf der Zeit immer weniger werden. Spätestens mit Beginn der Brutzeit sind sie nahezu gänzlich verschwunden. Die Erklärung ist einfach: Nach der anstrengenden Brutzeit und der Jungenaufzucht steht bei den Staren die Mauser an. Sie dient dazu, das alte Gefieder zu ersetzen und gegen ein neues einzutauschen. Es entsteht das charakteristische dunkle Gefieder mit den vielen weißen Flecken. Bis zur Brutzeit verlieren sich jedoch immer mehr Flecken durch Abnutzung, und es kommt das metallisch schillernde Federkleid ohne Flecken zum Vorschein.

Nachahmungskünstler

Hervorzuheben ist auch die erstaunliche Imitationskunst des Stars, die mich schon mehrfach hinters Licht führte. Ob Sie es glauben oder nicht: In meinem Dorf haben die Stare einen besonderen Tick für das Nachahmen von Bienenfresser- und Steinkauzrufen. Das hat mich schon so manches Mal verblüfft. Es kam zum Beispiel vor, dass ich im tiefsten Winter die Flugrufe des Bienenfressers vernahm, der aber zu dieser Zeit eigentlich in seinem afrikanischen Winterquarier hätte sein müssen, oder bei meinen abendlichen Spaziergängen hörte ich plötzlich einen vermeintlich neu zugewanderten Steinkauz rufen. Als ich die Bäume mit meinem Fernglas absuchte, entdeckte ich schließlich nur einen frechen Star, der seine Imitationskünste zum Besten gab. Auch Stare, die Klingeltöne, das Gegacker von Hühnern, das Martinshorn der Feuerwehr oder Hundegebell nachahmten, konnte ich schon beobachten. Und nicht zu vergessen die unzähligen Nachahmungen fremder Vogelgesänge, die so mancher Star beherrscht.

FUN FACT

Das kurioseste Erlebnis hatte ich vor wenigen Jahren, als ich an einem heißen Sommernachmittag das Geräusch eines prasselnden Lagerfeuers aus einem Obstbaum vernahm. Verdutzt schaute ich in den Baum hinauf, entdeckte aber nichts Beunruhigendes. Dann begriff ich: Im Baum brannte natürlich nichts, sondern ich war wieder einmal auf einen Star hereingefallen.

> Für mich gehört der Star zu den schönsten Vögeln Deutschlands.
>
> HANNES BONZHEIM

Mittelspecht

Leiopicus medius

AUF EINEN BLICK

LEBENSERWARTUNG
bis zu 10 Jahre

GRÖSSE
19 bis 22 cm

MIGRATION
Standvogel

BRUTZEIT
Mai bis Juni

EIER
4 bis 8

Durch seine Gefiederzeichnung wird der Mittelspecht sehr leicht mit dem Buntspecht verwechselt, der jedoch etwas größer ist und ausgewachsen keinen völlig roten Scheitel besitzt.

Wie alle Spechte, ist auch der Mittelspecht tagaktiv und verbringt die Nacht in einer selbst gezimmerten Schlafhöhle - seltener auch in Nistkästen. Während man bei den meisten Spechten das Geschlecht am Aussehen leicht identifizieren kann, ist dies beim Mittelspecht nur sehr schwer bis gar nicht möglich. Man sagt zwar, dass der rote Kopfscheitel bei Männchen intensiver gefärbt ist, doch mit Sicherheit sagen lässt sich das nicht immer. Zum Leben benötigt der Mittelspecht alte Wälder mit genügend Totholz, in die er seine Höhlen hämmern kann.

Seine Nahrung sucht der Mittelspecht in toten oder absterbenden Bäumen, wo er Insekten, Spinnen und andere Wirbellose findet. Auch Baumsäfte, Nüsse, Beeren und Früchte verspeist er. Wenn man Glück hat, kommt er sogar an die Futterstelle, um sich an bereitgestelltem Fettfutter oder Meisenknödeln zu stärken.

Auf der ganzen Welt, mit Ausnahme der Antarktis, gibt es Spechte. Auch während meines Costa-Rica-Aufenthalts erhielt ich einen kleinen Einblick in die dortige Spechtvielfalt. Während in Deutschland »nur« zehn Spechtarten leben, sind es in Costa Rica schon fast doppelt so viele, nämlich siebzehn.

→
Auf diesem Foto ist ein ausgewachsener Mittelspecht zu sehen. Genau wie unser heimischer Buntspecht, wendet er die Nussknacker-Methode mithilfe von »Spechtschmieden« an. Er bringt die Nüsse zu einer Baumspalte, spannt sie dort ein und hämmert so lange mit dem Schnabel darauf herum, bis er an den Inhalt kommt.

↓
Der Hoffmannspecht ernährt sich genau wie der Mittelspecht größtenteils von verschiedenen Insekten, verschmäht aber auch kein Obst und trinkt sogar Nektar. Er wurde nach dem deutschen Naturforscher Karl Hoffmann benannt.

←
Dieser fleißige Specht legt Vorratsdepots an, in die er Tausende von Eichelsamen einträgt. Von diesen hat er auch seinen Namen »Eichelspecht«. Anders als alle in Deutschland beheimateten Spechte, lebt der Eichelspecht oft in Gruppen von vier bis fünfzehn Tieren.

Steinkauz

Athene noctua

Er ist klein, robust und bleibt meist unseren Blicken verborgen. Bei dem kleinen Vogel mit den gelben Augen und dem koboldartigen Aussehen handelt es sich um die drittkleinste Eulenart Deutschlands – den Steinkauz. Die kleine Eule lebt bevorzugt in offenem Gelände mit genügend Brutmöglichkeiten und möglichst kurzer Vegetation, die für das Jagen besser geeignet ist. Wälder werden gemieden, da dort viele Feinde wie der Habicht oder der Waldkauz lauern. Steinkäuze können bis zu sechs Jungtiere bekommen, die Anfang Oktober aus dem Revier ihrer Eltern vertrieben werden und dann nach einem eigenen suchen müssen. Hat ein Steinkauz ein passendes Revier gefunden, lebt er in der Regel über mehrere Jahre oder sogar ein Leben lang dort.

Wie Steinkäuze den Tag verbringen, ist ziemlich unterschiedlich. Viele verweilen in sogenannten Tageseinständen in Form von Höhlen, andere dösen gut getarnt in Bäumen, und wieder andere beginnen während der Brutzeit schon am Tage mit der Jagd. Die meisten Paare jedoch, die uns bekannt sind, werden gegen Nachmittag langsam aktiv und verlassen ihre Verstecke. Sobald die Dämmerung hereinbricht, begeben sie sich auf die Jagd.

Auf den ersten Blick sehen alle Steinkäuze gleich aus, doch wenn man genauer hinsieht, kann man die einzelnen Individuen schnell auseinanderhalten. Wenn sich ein Paar gefunden hat, bleibt es sich meist ein Leben lang treu.

AUF EINEN BLICK

LEBENSERWARTUNG
bis zu 10 Jahre

GRÖSSE
21 bis 23 cm

MIGRATION
Standvogel

BRUTZEIT
März bis August

EIER
3 bis 6

ROTE LISTE DEUTSCHLAND
(6. Fassung 2020)
Kategorie V (Vorwarnliste)

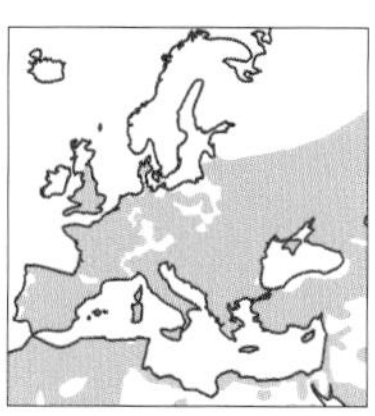

Sobald der Steinkauz seinen Tageseinstand verlassen hat, sind alle seine Sinne für die Jagd geschärft. Dann entgeht dem kleinen Jäger so gut wie keine Bewegung und auch kein Geräusch mehr.

→
Wo natürliche Höhlen zum Ruhen und Brüten fehlen, wird der Steinkauz vielerorts mit der Anbringung von Nisträhren unterstützt, die gern angenommen werden.

↑
Schnabel an Schnabel genießt dieses Pärchen seine vertraute Zweisamkeit. Steinkäuze verpaaren sich nicht jedes Jahr aufs Neue, sondern gehen enge Bindungen ein, die teilweise ein Leben lang halten. Das ganze Jahr über weichen die beiden Partner einander kaum von der Seite.

↓
Dieser Steinkauz hat einen Junikäfer auf einer Mohnblüte entdeckt und kurzerhand Käfer und Blüte geschnappt. Ein einzigartiger fotografischer Moment, der sich so vermutlich nie wieder ereignen wird.

Während der Brutzeit versorgt das Männchen sein Weibchen und später auch die Jungen mit Nahrung. Diese besteht überwiegend aus Insekten, kleinen Nagern, Würmern und auch aus unachtsamen Kleinvögeln oder Eidechsen. Am liebsten jagt der Steinkauz von erhöhten Ansitzwarten über dem Boden. Hat er ein Beutetier entdeckt, stürzt er sich blitzschnell mit kräftigen Flügelschlägen darauf. Selbst wenn er die Beute mit seinen scharfen Krallen verfehlt, ist er in der Lage, beispielsweise eine flüchtende Feldmaus am Boden wieder einzuholen. Langsam fliegende Insekten schnappt er sich auch mal mühelos aus der Luft.

Kleine Steinkäuze verlassen als sogenannte Ästlinge (→ Seite 216) meist im Alter von 22 bis 24 Tagen den Nistplatz. In diesem Stadium sind sie noch nicht flugfähig, aber begnadete Kletterer. Gut unterscheiden kann man sie von ihren Eltern an dem ungefleckten, einfarbigen Scheitel. Steinkäuze werden in der Regel bis zu zehn Jahre alt, doch viele sterben schon im ersten Lebensjahr. In Gefangenschaft werden sie wesentlich älter, nämlich bis zu 18 Jahre.

> Steinkäuze haben eine faszinierende Ausstrahlung, die mich sofort in ihren Bann zieht.
>
> HANNES BONZHEIM

Neben den zahlreichen Fressfeinden machen dem Steinkauz kalte, schneereiche Winter zu schaffen, denn wenn das Land über mehrere Wochen unter einer hohen Schneedecke verborgen ist, kann er nur noch wenig Beute machen. Viele Steinkäuze verhungern dann schlichtweg.

Wenn Baumhöhlen Mangelware sind, nutzen Steinkäuze auch Nistkästen, Felsnischen, alte Gemäuer, Kamine oder sogar Kirchen. Selbst in alten Hütten und Scheunen lassen sie sich nicht selten häuslich nieder.

HINTERLISTIGER RÄUBER

Einer von vielen Feinden des Steinkauzes ist der Baummarder! Diesen geschickten kleinen Kletterer kann nichts aufhalten, wenn er erst mal seine Chance auf eine aussichtsreiche Mahlzeit gewittert hat. So fallen ihm regelmäßig Steinkauz-Gelege oder sogar Alt- und Jungvögel zum Opfer. Hier hatte der Steinkauz noch mal Glück und konnte sich rechtzeitig in Sicherheit bringen.

Die persönliche Geschichte

HANNES BONZHEIM

Steinkäuze sind meine absoluten Lieblingsvögel. Sie haben eine tolle Ausstrahlung, die einen sofort in ihren Bann ziehen kann. Für mich gibt es nichts Schöneres, als am späten Nachmittag, gut versteckt im Tarnzelt, auf die Dämmerung zu warten und ungestört Steinkäuze beobachten zu können.

Besonders faszinierend ist, dass kein Pärchen gleich ist. Je öfter man sich mit einem Paar beschäftigt, desto mehr erfährt man aus dessen Leben. Man lernt Gewohnheiten und Tagesabläufe kennen, kann die Vögel ungestört beim Putzen, der Nahrungsübergabe, dem Schmusen und sogar bei der Paarung beobachten.

Das abgebildete Paar ist eines meiner Lieblinge. Meistens ist das Männchen (oben) bereits am Tag aktiv und sitzt entweder schon neben einer angebrachten Niströhre in einem Baum oder gut getarnt zwischen Weinreben. Immer in Sichtweite zu seinem Weibchen (unten), das den Tag lieber in der Röhre verbringt. Gegen Nachmittag kommt das Männchen, wenn es den Tag nicht in der Röhre verbracht hat, oft angeflogen und setzt sich auf einen Ast neben der Röhre. Scheinbar will es sich vergewissern, dass es seiner Partnerin gut geht, und es genießt die letzten Sonnenstrahlen. Sobald die Sonne untergegangen ist, erscheint das Weibchen im Röhreneingang. Die beiden beginnen zu schmusen oder sich zu putzen. Wenn es dann richtig dunkel ist, verlässt das Männchen als Erstes den Baum. Der erste Flug geht jedes Mal auf das Dach eines etwa zwanzig Meter entfernten Rebhauses. Wenig später folgt dann sein Weibchen, und sie brechen in verschiedene Richtungen zur Jagd auf. Für mich das Zeichen, mich leise, still und heimlich vom Acker zu machen.

→
Dieser Kauz hat gerade seinen Tageseinstand verlassen. Nun stehen erst einmal die Gefiederpflege und das Dehnen der steifen Glieder an.

←
Etwas verdutzt sitzt der Steinkauz auf einer alten Weinrebe. Statt eines saftigen Junikäfers hat er nur einen Grashalm erbeutet.

↓
Insbesondere nach einem langen Regenschauer begnügen sich viele Steinkäuze mit der Jagd auf Regenwürmer. Dass ihr Gefieder dabei nicht trocken bleibt, spielt keine Rolle.

TIEF VERWURZELT IN DER MYTHOLOGIE

Verehrt und gefürchtet! Früher wurden Eulen, zu denen auch der Steinkauz gehört, verehrt oder gefürchtet, bewundert oder verfolgt. Sie standen für Gut oder Böse. Um kaum eine Vogelfamilie ranken sich so viele Mythen wie um Eulen.

Besonders hart traf die Angst der Menschen die Eulen im Mittelalter. Da die meisten Eulen dämmerungs- und nachtaktiv sind, bekamen die Menschen im Mittelalter sie nur selten zu sehen, doch sie hörten ihre Rufe, die wie Schreie in der Nacht klangen. Hier tritt besonders der Waldkauz und unser Steinkauz in Erscheinung. Der »kuwitt«-Ruf des Steinkauzes hörte sich für die Menschen an wie ein »komm mit, komm mit« und brachte ihm den Ruf als Totenvogel ein, der kommt, um sich die Seelen der Menschen zu holen.

Die Menschen steigerten sich so in ihre Angst hinein, dass man Eulen als Teufelstiere mit Zauberkräften ansah und sie lebendig an Scheunentore nagelte, um Blitzschlag, Feuer und Hagel abzuwehren! Auch gekocht und gebraten dienten Eulen für diverse Zaubertränke und Heilmittel als wichtigste Zutat. Man schrieb ihnen zu, dafür zu sorgen, dass die Sehkraft sich verbessern würde und Linderung bei verschiedensten Beschwerden eintreten könnte. Euleneier sollten zum Beispiel auch bei der Heilung von Trunksucht helfen.

Nach all dieser Grausamkeit, die man Eulen im Mittelalter antat, gab es jedoch auch Kulturen, die zur selben Zeit genau das Gegenteil von Eulen hielten. Die alten Griechen! Bei ihnen war der Steinkauz Begleiter der Göttin Athene und Beschützer Athens, der Hauptstadt Griechenlands. Er wurde verehrt und behütet. Er begleitete Heere in den Krieg und sollte ihnen zum Sieg verhelfen.

Daneben symbolisierte der Steinkauz auch Wissenschaft und Besonnenheit. Daher fand man im alten Athen fast überall Eulenbilder und -statuen. Auf griechischen Münzen war Athene abgebildet und auf der Rückseite ein Steinkauz mit Ölzweig und Mond, und so wurden die Münzen auch Eulen genannt. Noch heute ziert der Steinkauz die griechische 1-Euro-Münze. Wegen seiner griechischen Vergangenheit erhielt der Steinkauz den passenden Namen *Athene noctua*.

Unsichere Zukunft

Die drittkleinste Eule Deutschlands ist in Gefahr! Durch massive Lebensraumzerstörung und den Verlust an geeigneten Brutmöglichkeiten ist der Steinkauz in seinem Fortbestand gefährdet. Ohne die Hilfe des Menschen durch den Schutz und Erhalt seines Lebensraums und indem man Brutröhren anlegt, könnte er vielerorts nicht mehr überleben. Glücklicherweise zeigen sich Erfolge!

Wurde die kleine Eule in der 4. Fassung der Roten Liste deutscher Brutvögel aus dem Jahr 2007 noch in der bedrohlichen Kategorie 2 (Stark gefährdet) geführt, ist sie in der 5. Fassung aus dem Jahr 2015 in die Kategorie 3 (Gefährdet) zurückgestuft worden. Und nun – 13 Jahre später – ist der Steinkauz in der neuesten Fassung der Roten Liste aus dem Jahr 2020 sogar »nur noch« in der Kategorie V (Vorwarnliste) zu finden.

Steinwälzer

Arenaria interpres

AUF EINEN BLICK

LEBENSERWARTUNG
bis zu 10 Jahre

GRÖSSE
22 bis 24 cm

MIGRATION
Zugvogel

BRUTZEIT
Mai bis Juli

EIER
3 bis 4

ROTE LISTE DEUTSCHLAND
(6. Fassung 2020)
Kategorie 0 (Ausgestorben)

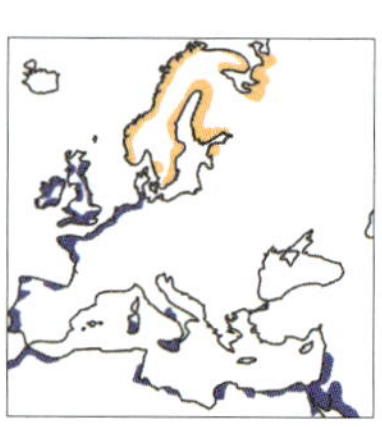

Der kräftige Steinwälzer ist ein Watvogel und gehört zur Familie der Schnepfenvögel. Er hat einen kurzen Schnabel und orangefarbene Beine, sein Bauch ist weiß. Im Schlichtkleid ist das Gefieder auf der Oberseite und am Kopf dunkelbraun und hat einen rostfarbenen Schimmer. Auch der dunkle Brustlatz und die helle Kehle sind charakteristisch. Im Prachtkleid ist sein Gefieder orangebraun mit schwarzen Streifen. Der Kopf ist schwarz-weiß gezeichnet.

Auf dem Weg zu ihren Brutgebieten, zum Beispiel in Skandinavien, überwintern die Steinwälzer bei uns an den Küsten. Nicht brütende Jungvögel sind aber durchaus auch im Sommer bei uns zu beobachten. Steinwälzer werden frühestens in ihrem zweiten Lebensjahr geschlechtsreif. Sie brüten aber erst ab einem Alter von drei bis sechs Jahren. Bei den jungen Steinwälzern, die bei uns den Sommer verbringen, handelt es sich also um noch nicht geschlechtsreife Vögel.

Um die Fortpflanzung zu sichern, finden sich Steinwälzerpaare für eine Brutperiode zusammen. Während dieser Zeit kümmern sich beide Elternteile um Brut und Aufzucht des Nachwuchses. Das Nest wird in Pflanzenbüscheln, in Felsspalten oder zwischen größeren Steinen angelegt.

Steinwälzer ernähren sich überwiegend von Insekten, Muscheln, kleinen Krebstieren und Schnecken, die sie oft gemeinsam – in kleinen Trupps – an der Küste suchen.

Bei Flut findet man Steinwälzer oft, gesellig zusammen mit Artgenossen ruhend, in der Nähe des Meeres. Wenn es um Nahrung geht, kann der Steinwälzer allerdings auch recht streitlustig sein.

Den Namen »Steinwälzer« verdankt er seiner Angewohnheit, Steine, Muschelstücke, Seetang oder sonstiges Treibgut mit dem Schnabel umzudrehen, um Beute aufzuspüren, die sich darunter versteckt hat. Das ist zum Teil eine ziemlich große Kraftanstrengung!

Als Brutvogel gilt der Steinwälzer in Deutschland in den letzten Jahren leider als ausgestorben! Noch ein Tipp: Zum Glück sind Steinwälzer gar nicht so schreckhaft, wenn man sie entdeckt hat und sich ihnen ruhig und ohne hektische Bewegungen nähert. Genießen Sie Ihren »Vogelfund«.

FUN FACT

Es ist lustig zu beobachten, wie der Steinwälzer seine Nahrung ergattert. Dabei läuft er auf der Suche nach kleinen Krebsen, Schnecken oder Insekten mit den Wellen vor und zurück oder pickt im Spülsaum nach Beutetieren. Allerdings ernährt sich der Steinwälzer nicht nur von tierischer Kost, sondern frisst auch Samen und Beeren – eine gesunde Mischung also.

Die persönliche Geschichte

HANNES BONZHEIM

Einmal einen Steinwälzer zu sehen, stand schon lange auf meiner Wunschliste. Doch in den letzten zwei Urlauben, die ich 2019 und 2020 an der Nordsee verbracht hatte, suchte ich vergeblich nach diesem spannenden Vogel. 2021 hatte ich mich schon damit abgefunden, dass es mit einem Steinwälzer wieder nichts werden würde, und suchte erst gar nicht nach ihm.

An einem leicht bewölkten Freitagmittag machte ich einen Ausflug an den Strand. Weit draußen auf dem Meer entdeckte ich durchs Fernglas eine Eiderentenmutter mit 14 Jungtieren und war total fasziniert. Ich beobachtete sie eine Weile, bis mein Blick an einem kleinen Vogel hängen blieb. Da spazierte doch tatsächlich ein Steinwälzer über den Strand auf mich zu!

»Wenn man nicht sucht, kommen die Highlights halt zu dir«, dachte ich schmunzelnd und begann mich langsam an ihn heranzurobben. Eine Taktik, die ich so gut wie immer anwende, da ich zum einen so zu einer schöneren Bildperspektive komme, und zum anderen, weil ich für den Vogel kleiner und somit ungefährlicher erscheine. Da ich mich dabei nur langsam fortbewegen kann, vermeide ich auf diese Weise auch hektische Bewegungen, die den Vogel möglicherweise verschrecken könnten. Es funktionierte! Der Steinwälzer lief schnurstracks auf mich zu, ohne mich zu beachten. Näher und näher kam er heran, bis er direkt vor mir stand. Tja, blöd nur, dass ich damit nicht gerechnet hatte und die Naheinstellgrenze meines Objektivs unterschritten war, sodass ich den Vogel für das Foto jetzt nicht mehr fokussieren, also scharf stellen konnte. So verlief meine erste Begegnung mit einem Steinwälzer …

Raubwürger

Lanius excubitor

Der Raubwürger ist die größte Würgerart Europas. Wie sein unschöner Name schon verrät, ist er ein gefürchteter Jäger und erbeutet nahezu ausnahmslos Tiere. Als Jäger, der von Ansitzwarten aus jagt, ist er aufgrund seiner Größe und des kontrastreichen Federkleids schon von Weitem auf Pfählen, Strauch- oder Baumspitzen auszumachen. Von kleinen Insekten, Würmern und Reptilien über Nagetiere und Vögel bis zur Größe einer Drossel sollten sich lieber alle schleunigst aus dem Staub machen. Am häufigsten fallen dem Raubwürger Mäuse und Kleinvögel zum Opfer.

Der schwarz-weiß-graue Vogel ist in Deutschland infolge von Lebensraumverlust und geringerem Nahrungsangebot ein vom Aussterben bedrohter Brutvogel. Er ist streng territorial und besetzt zur Brutzeit gemeinsam mit seinem Partner ein Revier, das häufig in der offenen Kulturlandschaft, in Streuobstwiesen und Moor- oder Heidelandschaften liegt. Wichtig sind Hecken und Sträucher, von deren Spitzen aus er sein Revier überblicken und Beute erspähen kann.

Sein Nest baut das Raubwürgerpärchen gemeinsam aus Zweigen und Gräsern in Büschen oder Bäumen. Nach etwas mehr als zwei Wochen schlüpfen fünf bis sieben Küken, die nach etwa 19 bis 20 Tagen das Nest verlassen. Ist die Brutsaison vorüber, trennt sich das Brutpaar, und jeder der beiden besetzt sein eigenes Winterrevier, das häufig Jahr für Jahr dasselbe ist.

AUF EINEN BLICK

LEBENSERWARTUNG
bis zu 5 Jahre

GRÖSSE
22 bis 26 cm

MIGRATION
sowohl Stand- als auch Zugvogel

BRUTZEIT
Mai bis Juli

EIER
5 bis 7

ROTE LISTE DEUTSCHLAND
(6. Fassung 2020)
Kategorie 1 (Vom Aussterben bedroht)

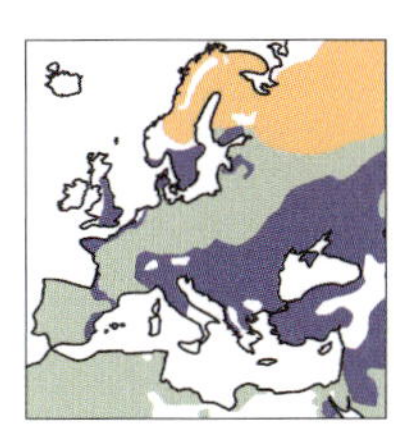

←
Den Raubwürger erkennt man schon von Weitem an seinem kontrastreichen Federkleid.

↑
Überschüssige Beutetiere klemmt der Raubwürger zwischen Astgabeln oder spießt sie auf spitze Äste oder Dornen.

↓ Seine langen, schwarzen Schwanzfedern helfen dem Raubwürger, auf dünnen Zweigen oder Buschspitzen die Balance zu halten.

Buntspecht

Dendrocopos major

AUF EINEN BLICK

LEBENSERWARTUNG
bis zu 10 Jahre

GRÖSSE
23 bis 25 cm

MIGRATION
Standvogel

BRUTZEIT
April bis Juni

EIER
4 bis 6

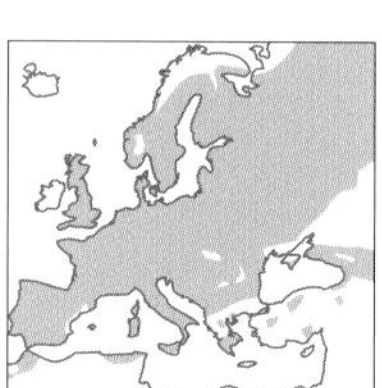

Der Buntspecht ist der häufigste Specht Deutschlands. Er kommt sowohl in Laub- wie Nadelwäldern vor und besiedelt auch Parks, Gärten, Alleen oder Friedhöfe, sofern diese genügend Nahrung und Brutmöglichkeiten, das heißt alte oder morsche Bäume zum Bau seiner Höhlen, bieten.

Sein kräftiger Schnabel und seine lange Zunge helfen ihm, sich Nahrung zu erarbeiten. Dabei dringt er mit kräftigen Schnabelhieben unter die Baumrinde und holt überwiegend Insekten und andere Wirbellose mit seiner Zunge hervor. Beeren, Nüsse und Sämereien verschmäht er ebenfalls nicht. Auch an winterlichen oder ganzjährigen Futterstellen kann er ein regelmäßiger Gast sein, der sich gern über angebotenes Fettfutter hermacht.

Wenn es darum geht, an Nahrung in Form von Nüssen zu kommen, die er erst knacken muss, zeigt er eine interessante Verhaltensweise. Raben zum Beispiel werfen harte Nüsse auf viel befahrene Straßen oder Schienen und warten darauf, dass sie von Autos oder Zügen zermalmt werden. Nicht selten kommen sie jedoch beim späteren Aufsammeln des Futters selbst unter die Räder. Der Buntspecht hingegen wählt die risikofreie Variante. Er bringt die Nüsse zu vorgehämmerten Baumspalten, in die er die Nüsse einspannt und aufhackt. Diese Baumspalten werden »Spechtschmieden« genannt und sind gut an den vielen zerbrochenen Nussschalen im Umkreis zu erkennen.

→ Buntspechtmännchen sind einwandfrei an ihrem roten Hinterkopf zu erkennen.

↓ Beim Buntspechtweibchen ist der Ober- sowie Hinterkopf gänzlich schwarz.

Amsel

Turdus merula

AUF EINEN BLICK

LEBENSERWARTUNG
bis zu 5 Jahre (in Gefangenschaft bis zu 20 Jahre)

GRÖSSE
24 bis 26 cm

MIGRATION
sowohl Stand- als auch Zugvogel

BRUTZEIT
März bis August

EIER
4 bis 5

Die Amsel zählt zu den häufigsten Vögeln Deutschlands und wird gelegentlich auch »Schwarzdrossel« genannt. Mittlerweile ist sie so gut wie weltweit verbreitet und selbst in den entlegensten Orten der Welt wie Australien und Neuseeland heimisch. Wie so oft, wenn sich eine gebietsfremde Tierart in einem Land ausbreitet, richtet sie in Australien Schäden in Weinbergen, Obstbaugebieten und Gärten an.

Bevor viele Amseln in unmittelbare Nähe zu uns Menschen zogen, waren sie heimliche Waldvögel, die sich im Frühjahr nur durch ihren wunderschönen Gesang verrieten. Mit einer Körpergröße von 24 bis 26 Zentimetern zählt die Amsel zu den größeren Vertretern unserer heimischen Singvögel. Man sieht sie oft auf dem Boden nach Nahrung suchen, die aus Würmern, Schnecken, Käfern und vielen weiteren Wirbellosen besteht. Beeren und Früchte frisst sie besonders im Winter gern, und auch an Futterstellen nimmt sie kleine Mengen Sämereien und Körner auf. In seltenen Fällen werden Amseln zu Nest-plünderern, die die Nester kleinerer Singvögel überfallen.

Die schwarz gefiederten Männchen kann man häufig auf »Sing-warten« sitzend beobachten, von denen aus sie schon frühmorgens ihr Lied trällern. Das Männchen wählt diese hohen Singwarten allerdings nicht ausschließlich zum Singen, sondern hält von dort aus auch ständig Ausschau nach Gefahren. Das kann ein Greifvogel in der Luft oder eine Hauskatze am Boden sein. Sobald sich einer dieser Feinde

nähert, wird lautstark Alarm gegeben. Damit ist die Amsel das ideale Frühwarnsystem für kleine Singvögel und andere Kleintiere.

Ein Amselpaar brütet zwischen zwei- und viermal pro Jahr. Das Nest wird vom Weibchen im dichten Gebüsch oder Baum recht nah am Boden gebaut und besteht aus Zweigen, Gräsern, Halmen, Tierhaaren und sonstigen Materialien. Das Männchen beteiligt sich nicht am Brutgeschäft und versorgt sein Weibchen während dieser Zeit nur selten mit Futter. Das Weibchen muss selbst immer wieder das Nest verlassen und seinen Hunger und Durst stillen. Stirbt es etwa durch einen Unfall, übernimmt das Männchen die Brut. Die Küken schlüpfen versetzt nach 10 bis 20 Tagen. Sie verlassen das Nest nach etwa zwei Wochen.

FUN FACT

Ist die Amsel ein Zug- oder ein Standvogel? Bei diesem hervorragenden Sänger ist die Frage nicht eindeutig zu beantworten. Spanier würden die Amsel als Standvogel bezeichnen, Russen hingegen als Zugvogel. Und in Deutschland leben sowohl Amseln, die als Zugvögel im Winter gen Süden ziehen, als auch Amseln, die den Winter als Standvögel bei uns verbringen.

←
Amselweibchen haben ein braunes Gefieder, wobei die Kehle oft etwas heller und braun gestrichelt ist. Das Männchen hat ein schwarzes Federkleid.

↓
Am Max-Planck-Institut für Verhaltensbiologie wird derzeit mithilfe des ICARUS Projektes (→Seite 162) das Zugverhalten von Amseln erforscht.

Die persönliche

HANNES BONZHEIM

Geschichte

Direkt vor meiner Haustür steht ein großer Feuerdornbusch. Seine reifen Beeren sind zwar für Vögel bekömmlich, aber nicht besonders beliebt. Mitte Januar setzten jedoch extreme Schneefälle ein, die unsere Gegend für ein paar Tage in ein Winter-Wunderland verwandelten.

Mit diesen unerwarteten Schneemassen und der damit verbundenen Nahrungsknappheit begannen sich plötzlich extrem viele Vögel, vor allem aber Amseln, für die Beeren zu interessieren. Innerhalb eines Tages war schon mindestens ein Viertel der Beeren am Busch verspeist. Am nächsten Tag schnappte ich mir meine Kamera und brachte mich vor dem Feuerdorn in Stellung. Zeitweise waren es um die zehn Amseln, die sich rund um den Busch aufhielten.

Nun stand der Feuerdorn aber bereits im Revier eines Amselpärchens, das ganz und gar nicht begeistert war, so viele Mitesser zu bekommen. Dass ihnen »Fremde« ihre Beeren stibitzten, konnten sie nicht dulden. Sobald ein fremdes Tier versuchte, den Busch anzufliegen, wurde es lautstark attackiert und vertrieben. Vor allem das Weibchen des Reviers ging resolut auf jeden Eindringling los, der sich an »ihren« Beeren vergreifen wollte. Dann erschien ein fremdes Weibchen, das eine geniale Idee hatte. Es kam ganz nah an mich heran und begann sich ungeniert an den Beeren zu bedienen. Das Weibchen des Reviers hingegen traute sich nicht so nah an mich heran. Es beäugte das Geschehen also verärgert vom hinteren Teil des Busches aus. Ein faszinierendes Erlebnis, das mir wieder einmal zeigte, wie intelligent diese Vögel sind und wie sie durchaus Probleme lösen können.

Wissenschaftler von Morgen

Das Max-Planck-Institut für Verhaltensbiologie

In dem kleinen Ort Möggingen am Bodensee ist der Sitz des Max-Planck-Instituts für Verhaltensbiologie. Unter Leitung von Martin Wikelski, Iain Couzin und Margaret Crofoot werden mithilfe modernster Technik das Kollektivverhalten, die Ökologie und die Wanderungen von verschiedensten Tiergruppen wie Insekten, Fischen, Säugetieren und Vögeln erforscht. Die Vision des Instituts ist, ein vorhersagendes Verständnis der Entscheidungsfindung und Bewegung von Tieren in freier Wildbahn zu entwickeln. Schon immer habe ich mich für die Natur, insbesondere für die Vogelwelt, interessiert. Im November 2018 stand an meiner Schule ein einwöchiges Praktikum an, und ich beschloss, mich um einen Praktikumsplatz beim Max-Planck-Institut für Verhaltensbiologie zu bewerben. Und siehe da, mit großer Freude erhielt ich ein paar Tage später – über MaxCine – die Zusage.

Die Max-Planck-Gesellschaft

Die Max-Planck-Gesellschaft zur Förderung der Wissenschaften e.V., die 1948 gegründet wurde, ist mit 86 Max-Planck-Instituten die erfolgreichste Forschungsorganisation Deutschlands und betreibt hervorragende Grundlagenforschung in den Bio-, Natur-, Geistes- und Sozialwissenschaften.

Young Scientist und ICARUS-Botschafter (MaxCine)

An vielen Instituten werden Erwachsene als Inspirationsquelle für offene oder neue Fragen zu Rate gezogen. Am Max-Planck-Institut für Verhaltensbiologie bekommt man schon als Kind oder Jugendlicher (Motto: Der Wissenschaftler von Morgen) in Form von MaxCine diese einzigartige Möglichkeit! MaxCine ist das Zentrum für Kommunikation und Austausch am Institut. Als Young Scientist und ICARUS-Botschafter kann man dort mitten im Alltag der Wissenschaftler dabei sein, bei Forschungsprojekten aktiv mithelfen und sich kreativ mit Gleichgesinnten vor Ort oder bei Exkursionen austauschen und zusammen die Rätsel und Wunder der Natur entdecken.

Das Abenteuer beginnt

Am 5. November 2018 begann dann mein kleines Abenteuer am Institut. In nur fünf Tagen Praktikum lernte ich die verschiedensten Forschungsprojekte kennen und wurde geradezu bombardiert mit neuem Wissen und vielen neuen Erfahrungen.

- Spitzmäuse, die – anders als ihr Name vermuten lässt – nicht mit Mäusen, sondern mit Maulwürfen verwandt sind, schrumpfen im Winter ihr Gehirn und können es im Sommer wieder wachsen lassen (das sogenannte Dehnel-Phänomen).
- Schneckenbuntbarsch-Männchen tragen, wenn sie sich fortpflanzen möchten, einfach die kleineren Weibchen, die sich in leeren Schneckenhäuschen verstecken, davon.
- Fischschwärme folgen einem roten Laserpunkt, wenn man diesen auf die Wasseroberfläche projiziert. So versucht man mehr über das Schwarmverhalten zu erfahren.

- Amseln werden in verschiedenen Ländern Europas gefangen und mit kleinen Minisendern ausgestattet, um herauszufinden, warum manche im Winter ziehen und manche nicht und was sie dazu veranlasst. Amseln ziehen nur im Schutz der Dunkelheit und können bis zu 60 Kilometer pro Stunde schnell werden.
- Wie finden Zebrafinken »Freunde«, und nach welchen Kriterien wählen Weibchen einen Partner zum Brüten?
- Kohlmeisen, deren Geschlechter man vor allem an der Ausprägung ihrer schwarzen Bauchstreifen erkennen kann, können gelerntes Wissen speichern und das sich daraus ergebene Verhalten an fremde Artgenossen weitergeben, die dieses Verhalten spiegeln.

Außerdem lernte ich die Movebank kennen, die eine internationale Datenbank für Tierbewegungen darstellt und auch »Das Internet der Tiere« genannt wird. Zu den Informationen der Movebank haben jedoch nur Wissenschaftler Zugriff. Für Laien gibt es den Animal Tracker, den man sich als App herunterladen kann. Dort kann man das Bewegungsmuster und Zugverhalten einer kleinen Auswahl von verschiedenen Tierarten, wie zum Beispiel Amseln, Weißstörchen, Stockenten und einigen weiteren, live mitverfolgen.

Ich durfte beim Kontrollieren von Fledermaus- und Vogelkästen dabei sein und Vögel aus kleinen Netzen befreien, um sie zu beringen, sowie mit Handantenne die Sender von verstorbenen Amseln bergen und das Versteck eines besenderten Igels suchen, um herauszufinden, wie das Gewicht dieser Tiere während des Winterschlafes variiert.

Es war eine intensive und auch anstrengende Woche, die mir aber so großen Spaß gemacht hatte, dass ich Young Scientist/ICARUS-Botschafter wurde, und in mir der Wunsch aufflammte, selbst Biologe zu werden.

> Beobachte das Schwimmen der Fische im Wasser und Du wirst den Flug der Vögel in der Luft begreifen.
>
> LEONARDO DA VINCI (1452 - 1519)

Das ICARUS-Projekt

Tiere sind ständig und überall in Bewegung, wandern, fliegen oder schwimmen. Doch über ihre Reisen ist kaum oder nur sehr wenig bekannt. International Cooperation for Animal Reserce Using Space, kurz ICARUS, wurde vom Leiter des Instituts, Martin Wikelski, ins Leben gerufen. Er hatte schon als kleiner Junge den Traum, wie Nils Holgerson mit den Vögeln zu fliegen und die Tiere auf ihrem Zug zu begleiten. Durch das ICARUS-Projekt wird das nun möglich!

Das Projekt ist eine internationale Kooperation zur Beobachtung von Tieren aus dem Weltraum, bei der Wissenschaftler mit dem Ziel zusammenarbeiten, ein satellitengestütztes System zur Beobachtung von Tieren zu entwickeln. Die Forscher rüsten unterschiedliche Tierarten mit Minisendern, den sogenannten ICARUS-Sendern, aus, die ihre gesammelten Daten an eine Empfangsstation im All schicken. Die notwendige Antenne brachten zwei Astronauten im August 2018 an der Außenhaut der Raumstation ISS an. Die Daten und die daraus resultierenden neuen Erkenntnisse dienen der Verhaltensforschung, dem Artenschutz, bis hin zur Vorhersage von ökologischen Veränderungen und Naturkatastrophen.

Wacholder-drossel

Turdus pilaris

AUF EINEN BLICK

LEBENSERWARTUNG
5 bis 10 Jahre

GRÖSSE
23 bis 27 cm

MIGRATION
Standvogel

BRUTZEIT
April bis Juni

EIER
5 bis 6

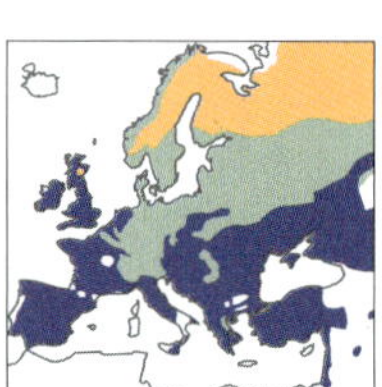

Die Wacholderdrossel ist etwa gleich groß wie die Amsel und im Vergleich zu anderen deutschen Drosselarten recht vielfältig gefärbt. Männchen und Weibchen lassen sich äußerlich nicht voneinander unterscheiden. Deutsche Wacholderdrosseln sind hauptsächlich Standvögel und daher ganzjährig zu finden. Im Winter bekommen sie Gesellschaft von ziehenden Artgenossen aus Nordeuropa, die nach Süd- und Mitteleuropa ziehen, um dort zu überwintern. Wacholderdrosseln ernähren sich von allerhand Insekten und Regenwürmern. Im Herbst und Winter stellen sie jedoch ihre Nahrung überwiegend auf Obst und Beeren um. Besonders gern mögen sie die Beeren des Roten Holunders und des Wacholders. Letzterem hat die Wacholderdrossel ihren Namen zu verdanken. Früher nannte man diese Drossel auch Krammetsvogel, was von der alten Bezeichnung »Krammet« für den Wacholder abgeleitet ist.

In harten, schneereichen Wintermonaten kann man Wacholderdrosseln häufig in großen Trupps von bis zu 100 Tieren an Beerensträuchern beobachten. Oft gesellen sich weitere Vertreter ihrer Familie, wie beispielsweise die Amsel, Misteldrossel oder Rotdrossel, dazu. Um den Winter gut zu überstehen, können Sie den Vögeln mit ausgelegtem Obst im Garten, wie zum Beispiel Äpfeln, helfen. Der Gesang der Wacholderdrossel ist wenig melodisch, sondern klingt eher schrill und krächzend. Er wird überwiegend während des Flugs

vorgetragen. Wacholderdrosseln sind sehr soziale Tiere und brüten häufig in kleinen Kolonien zusammen. Während der Brutzeit sind sie sehr aggressiv gegenüber fremden Arten und verteidigen energisch ihr Territorium.

Gemeinschaftlich setzen sie beispielsweise sogenannte »Kotbomben« gegen Nestfeinde ein. Der Feind wird dabei mit Kot bombardiert, was zum Ziel hat, ihn in die Flucht zu schlagen. Fliegende Beutegreifer können sogar Gefahr laufen, flugunfähig zu werden, was in der Regel aber so gut wie nie passiert. Selbst Menschen, die sich in der Nähe des Nests befinden und als Störenfriede gelten, können Opfer dieser Attacken werden.

Das napfförmige Nest wird aus Zweigen und Gräsern gefertigt und in hohen Büschen und Bäumen versteckt angelegt. Bis zu sechs junge Wacholderdrosseln zieht ein Paar pro Brut auf, die zweimal im Jahr zwischen April und Juni stattfinden kann. Die Brutzeit beträgt zwischen 10 und 13 Tage. Bebrütet wird das Gelege ausschließlich vom Weibchen. Auch nach dem Schlüpfen der Jungen versorgt allein das Weibchen den Nachwuchs in der ersten Woche mit Nahrung. Später beteiligt sich auch das Männchen an der Futterbeschaffung. Die Jungvögel sind in der Regel mit etwa 30 Tagen selbstständig.

Beute des Menschen

Wacholderdrosseln wurden früher in Deutschland massenhaft zur Bereicherung des Speiseplans gefangen. Dazu setzte man Schlingen aus Pferdehaar ein, die in die Beerensträucher gehängt wurden. Drosseln, die sich darin verfingen, starben oft qualvoll durch Ersticken. Im Jahr 1908 wurde das Fangen mit Schlingen von Wacholderdrosseln und anderen Drosselarten in Deutschland verboten. Aber auch heute noch sind die Vögel - vor allem in Südeuropa - ein beliebtes Ziel der Jäger und landen häufig auf dem Teller.

←
Drosseln hat so gut wie jeder vor seiner Haustür - sei es im eigenen Garten oder in einem Park. Auch auf Friedhöfen halten sich die Vögel oft auf. Ich kann nur jedem, der gern fotografiert, empfehlen, sich nicht von ungemütlichem Regenwetter abschrecken zu lassen. Gerade dann bekommt man häufig wunderbare Motive vor die Kamera.

SPECIAL

Im Regen fotografieren

AUF DER SUCHE NACH WACHOLDERDROSSELN

Es war ein regnerischer Samstagnachmittag, und ich hatte Besuch von Joshi Nichell, einem befreundeten Fotografen aus Landau. Wir wollten nicht den ganzen Tag zu Hause rumsitzen und überlegten, was wir bei diesem tristen Wetter tun könnten.
Ich erinnerte mich zurück an das Jahr 2018, als ich in einem Kurpark in der Nähe zutrauliche Wacholderdrosseln angetroffen hatte. Es ist zwar schon lange her, aber warum sollten sich nicht auch heute dort Wacholderdrosseln aufhalten?
Da Drosseln bei Regen auf den Wiesen unterwegs sind und nach Regenwürmern suchen, stand unser spontaner Entschluss fest. Wir wollen eine Wacholderdrossel mit Regenwurm im Schnabel fotografieren! Gesagt, getan. Bei diesem regnerischen Wetter bleiben die meisten Menschen zu Hause im Trockenen, doch wir schnappten unsere Siebensachen und machten uns auf den Weg.

Glück gehabt!

Nach einer halben Stunde hatten wir den Kurpark im strömenden Regen erreicht. Zwar waren wir schon nach fünf Minuten klatschnass, aber das machte uns nichts aus, denn wir waren begeistert von der Ruhe und den menschenleeren Wegen. Dutzende von Rauchschwalben, die tief über einem kleinen See jagten, lenkten hervorragend von dem nasskalten Wetter ab, und als auch noch ein Baumfalke auftauchte, waren wir höchst zufrieden. Allerdings hatten wir zwei Stunden später noch keine einzige Wacholderdrossel gesehen. Schade, aber nicht zu ändern! Wir machten uns auf den Heimweg. Und dann geschah das Unvorhersehbare: Kurz vor dem Ausgang des Parks entdeckten wir in allerletzter Minute tatsächlich zwei Wacholderdrosseln und vier Amseln!

Was für ein Glück, dass unsere Mühe zu guter Letzt belohnt wurde. Einmal noch ins nasse, schlammige Gras gelegt, und es war vollbracht – wir hatten die Fotos im Kasten.
Ich kann Ihnen nur wärmstens empfehlen, bleiben Sie auch bei nasskaltem Regenwetter nicht zu Hause, sondern nutzen Sie solche großartigen Gelegenheiten zum Fotografieren.

EIN PAAR NÜTZLICHE TIPPS

- Gute Regenkleidung ist das A und O. Ich empfehle Ihnen eine Regenjacke und eine Regenhose sowie eventuell einen Regenponcho und Gummistiefel.
- Viele Kameras und Objektive sind zwar spritzwassergeschützt, doch mit einem gekauften Regenschutz oder einfach einer Plastiktüte, in die Sie ein Loch schneiden, durch welches dann das Objektiv geschoben werden kann, gehen Sie auf Nummer sicher. So geschützt, übersteht Ihre Ausrüstung auch den heftigsten Regentag. Fixieren Sie die Plastiktüte am besten mit einem Gummi über dem Objektiv und der Kamera, damit die Tüte nicht verrutscht.
- Mein Geheimtipp: An kalten Regentagen kann eine Wärmflasche unter der Jacke sehr angenehm sein und das Durchhalten beim Warten auf ein schönes Motiv erleichtern.

Das war's auch schon. Jetzt ab nach draußen und viel Spaß beim Fotografieren im Regen …

Zwergtaucher

Tachybaptus ruficollis

AUF EINEN BLICK

LEBENSERWARTUNG
bis zu 15 Jahre

GRÖSSE
23 bis 30 cm

MIGRATION
sowohl Stand- als auch Zugvogel

BRUTZEIT
April bis Juli

EIER
4 bis 6

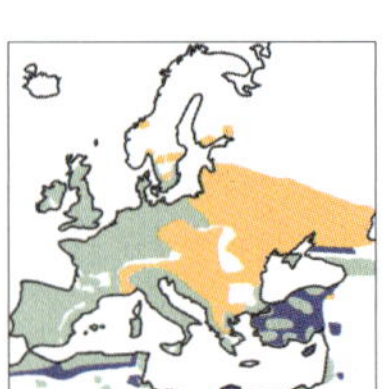

Der Zwergtaucher ist, wie im Namen schon angedeutet, ein nur etwa 23 bis 30 Zentimeter großer Vogel aus der Familie der Lappentaucher und damit der kleinste Vertreter in Europa.

Wegen seines hektisch flatternden Fluges wirkt der Zwergtaucher in der Luft eher unbeholfen, und zum Starten von der Wasseroberfläche braucht er einen langen Anlauf.

Zwergtaucher kommen so gut wie nie an Land, und wenn, dann verstecken sie sich gern in der dichten Ufervegetation. Der kleine Lappentaucher verbringt sein Leben aber hauptsächlich auf dem Wasser. Er ist ein hervorragender Schwimmer und Taucher, der seine Nahrung unter Wasser erbeutet. Er ernährt sich hauptsächlich von Wasserinsekten, kleinen Fischen sowie Weich- und Krebstieren.

Während der Brutzeit ist der Zwergtaucher sehr aggressiv. Er verteidigt sein Territorium unter lautem Trillern, Drohungen und teilweise Verfolgungsjagden gegen Rivalen. Wenn die Jungenaufzucht vorüber ist, beruhigen sich die erhitzten Gemüter wieder, und die Zwergtaucher bilden oft lockere Trupps. Sein Nest baut der Lappentaucher aus abgestorbenen Wasserpflanzen, die in Flachwasserbereichen wie ein Floß aufgeschichtet oder in tieferem Wasser gegebenenfalls an einem Stock oder einem Pflanzenstiel befestigt werden. Verlässt der brütende Altvogel das Nest, deckt er das Gelege mit Pflanzenteilen zum Schutz vor Feinden ab.

←
Ein Zwergtaucher im Prachtkleid. Bereits erwachsene Zwergtaucher sind so klein, dass man sie aus der Ferne ohne Weiteres für Entenküken halten könnte.

↓
Gerade mal so groß wie eine Gänsefeder sind die jungen Zwergtaucher. Hier war mir zuerst die weiße Feder, dann erst das Küken aufgefallen.

↑
Dieser Zwergtaucher kümmert sich schon am frühen Morgen liebevoll um seinen Nachwuchs. Besonders während der Brutzeit sollte man darauf achten, dass man dem Nest des Zwergtauchers in der pflanzenreichen Ufervegetation nicht zu nahe kommt, um die Vögel nicht bei der Brut zu stören. Das gilt vor allem auch für Angler oder Kanufahrer.

Die persönliche Geschichte

HANNES BONZHEIM

Im nahen Stadtpark steuerte ich an einem schönen Sommertag den kleinen Teich an, an dem ich schon viele Vögel beobachet hatte. Ich war gespannt, was ich heute entdecken würde. Als ich ankam und den Teich genauer betrachtete, stellte ich fest, dass vier winzige Federknäuel wie kleine Korken auf dem Wasser schwammen. Es waren tatsächlich Zwergtaucher!

Begeistert packte ich meine Kamera aus und beobachtete das Treiben der flinken Gesellen eine Weile von einer nahe gelegenen Parkbank aus. Schnell stellte ich fest, dass sie in regelmäßigen Abständen, immer an denselben Stellen, nah am Ufer auftauchten. Genau dort wollte ich mich platzieren. Und schon war es wieder so weit. Ein Zwergtaucher setzte zum Tauchgang an, und kaum war er unter Wasser, eilte ich von meiner Bank ans Ufer und schmiss mich förmlich auf den Kiesweg, der daneben verläuft. Keine Sekunde zu früh, denn just im selben Moment tauchte der kleine Vogel auch schon wieder auf, und zwar unmittelbar vor mir. Ich war wie gebannt und wagte kaum zu atmen. Ganz vorsichtig machte ich die ersten Aufnahmen.

Der Zwergtaucher wurde neugierig und schien sich zu fragen, was denn da für ein seltsam klickendes Tier am Ufer lag. Er kam noch näher heran. Als er genug gesehen hatte, tauchte der kleine Vogel wieder ab und ließ einen staunenden Fotografen zurück. Wahrscheinlich war dieser Zwergtaucher nur deshalb so zutraulich, weil er tagtäglich mit Dutzenden Spaziergängern konfrontiert wird und sich bereits an Menschen gewöhnt hat. Auf dem unteren Foto ist der kleinste Lappentaucher der Welt zu sehen, ein Schwarzkopftaucher aus Costa Rica.

Zwergmöwe

Hydrocoloeus minutus

Dieser zierliche Vogel ist der Zwerg unter unseren heimischen Möwen. Ausgewachsen zeichnet sich die Zwergmöwe im Brutkleid durch ihr charakteristisches schwarzes Kopfgefieder mit schmalem dunklem Schnabel und dunklen Augen in Verbindung mit den roten Beinen aus. Der Rücken ist gräulich und die Unterseite reinweiß. Im Schlichtkleid bleibt der kleinen Möwe von ihrem schwarzen Kopfgefieder lediglich eine dunkle Kappe und ein schwarzer »Ohrfleck« übrig.

Da es hierzulande nur äußerst wenige Brutpaare gibt, werden die meisten Menschen sie noch nie gesehen oder schlichtweg übersehen haben. In schnellem, elegantem Flug jagt die Zwergmöve überwiegend Fluginsekten über dem Wasser. Mal steigt sie auf, um Insekten zu fangen, und mal lässt sie sich in einem blitzschnellen Flugmanöver in die Tiefe fallen, um dicht über der Wasseroberfläche entlangzuflitzen und auf dem Wasser treibende Mückenlarven, Wasserwanzen oder sonstige Insekten aufzupicken. Nach einer kurzen Attacke gleitet sie wieder ruckartig in die Höhe und setzt zum nächsten Anflug an. Besonders wenn Insekten knapp werden, stellt die Zwergmöwe ihre Ernährung auf kleine Fische um, die sie ebenfalls dicht unter der Wasseroberfläche packt und aus dem Wasser zieht.

Als Zugvogel kann man die Zwergmöwe besonders zwischen August und September mit Glück und einem scharfen Auge an der Küste oder auch im Binnenland an größeren Seen beobachten.

AUF EINEN BLICK

LEBENSERWARTUNG
bis zu 10 Jahre

GRÖSSE
25 bis 28 cm

MIGRATION
Zugvogel

BRUTZEIT
Mai bis Juni

EIER
2 bis 3

ROTE LISTE DEUTSCHLAND
(6. Fassung 2020)
Kategorie R (Extrem selten)

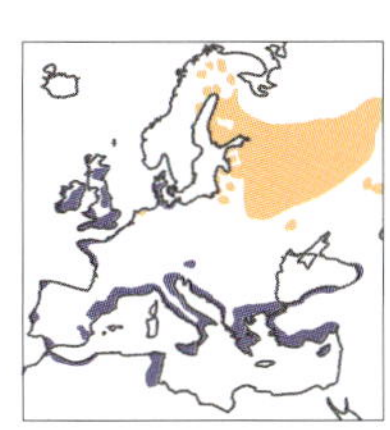

Zwergmöwen sind bereits am Flugbild zu erkennen. Ihr Flug ist anmutig und elegant. Auf der Jagd nach Insekten knapp über oder auf der Wasseroberfläche vollführen sie gewandte Flugmanöver.

Die persönliche Geschichte

HANNES BONZHEIM

Ende August 2021. Meine Familie und ich machten eine Woche Urlaub in Bayern an einem großen Stausee. Als wir in dem schönen kleinen Feriendorf ankamen, war der Himmel pechschwarz, denn ein großes Gewitter kündigte sich an und entlud sich am nächsten Morgen. Erst gegen Abend klarte es auf, und ich machte eine erste Entdeckungsrunde. Schnell fielen mir zwei Greifvögel auf, die über den See flogen. Meine ersten Wespenbussarde!

Ich kam an einem Bootsverleih vorbei, hinter dem der Weg eine Biegung auf eine kleine Halbinsel zu machte, die in den See hineinragte. An der Spitze angekommen, befand ich mich plötzlich inmitten von Dutzenden Mehl- und Rauchschwalben, die den Insekten dicht über der Wasseroberfläche hinterherjagten. Ich scheiterte an der schieren Masse von Vögeln und den schlechten Lichtverhältnissen, um vernünftige Fotos zu machen. Doch am nächsten Tag wollte ich es unbedingt noch mal versuchen.

Am Nachmittag machte ich mich also wieder zur Halbinsel auf. Die Schwalben waren verschwunden, aber da flogen zwei andere Vögel - zweifellos Möwen, aber viel kleiner als Lachmöwen. Ich hatte die seltenen Zwergmöwen entdeckt! Leider hielten sich die kleinen Möwen nahezu immer in der Mitte des Sees auf - zu weit weg, um gute Fotos zu schießen. Da kam mir der Bootsverleih in den Sinn. Meine Familie und ich wollten sowieso eine Runde Tretboot fahren, und nach zehnminütiger Fahrt entdeckte ich die beiden jungen Tiere. Sie waren inzwischen auf dem Wasser gelandet und schienen keine Angst vor uns zu haben, als wir uns ihnen leise bis auf etwa zehn Meter näherten. Und so kam ich zu tollen Fotos dieser seltenen Möwenart.

Bienenfresser

Merops apiaster

AUF EINEN BLICK

LEBENSERWARTUNG
bis zu 10 Jahre

GRÖSSE
25 bis 29 cm

MIGRATION
Zugvogel

BRUTZEIT
Mail bis Juli

EIER
5 bis 7

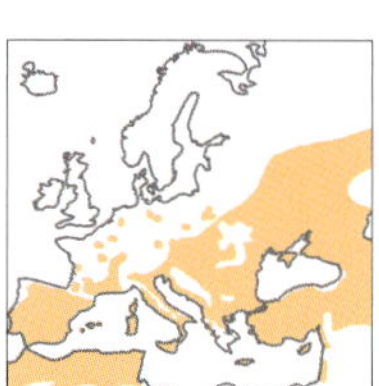

Diesem kunterbunten Vogel kann in Deutschland farblich kaum eine Art das Wasser reichen, und mittlerweile ist er, neben dem Wiedehopf, Steinkauz und der Turteltaube, einer der »besonderen« Schätze Süddeutschlands - der Heimat von Matthias und mir.

Der Bienenfresser, der zur Familie der Spinte gehört, ist hier seit 1990 zur Begeisterung vieler Naturfreunde wieder heimisch, und da es in Deutschland kontinuierlich wärmer wird, fühlt er sich immer wohler bei uns und breitet sich weiter aus. Er überwintert in Afrika und kehrt Anfang Mai wieder zu seinen Brutgebieten zurück.

Als Schwarmvogel brütet er in kleinen bis mittelgroßen Kolonien, wo er paarweise eine bis zu zwei Meter lange Röhre, deren Ende eine Nestkammer bildet, in trockene Steilwände gräbt. Die Röhren werden meist dicht beieinander angelegt. Am Bau, der bis zu drei Wochen in Anspruch nehmen kann, beteiligt sich sowohl das Männchen wie auch das Weibchen, die optisch kaum auseinanderzuhalten sind.

Vor flugunfähigen Fressfeinden, wie zum Beispiel dem Marder, sind die brütenden Altvögel und später auch die Jungen an beziehungsweise in den steilen Wänden gut geschützt. Doch Matthias konnte schon beobachten, wie ein Mäusebussard einen zu neugierigen Jungvogel aus dem Höhleneingang einer Röhre erbeutete. Auch andere Greifvögel, wie beispielsweise Sperber oder Falken, wären dazu durchaus in der Lage.

Die Nahrung des Bienenfressers besteht ausnahmslos aus Insekten wie Hummeln, Bienen, Wespen Hornissen und anderen Wirbellosen wie etwa Zikaden, Libellen und Schmetterlingen. Er erbeutet diese regelmäßig von einem hohen Ansitzast aus, von dem er mit einem blitzschnellen Start die Verfolgung im Flug aufnimmt.

Ist die Jagd erfolgreich, kehrt der Bienenfresser mit der Beute zu seinem Ansitz zurück, wo er sie mehrmals gegen das Holz schlägt. Dadurch wird das Insekt sofort getötet und die mögliche Giftdrüse von stacheltragenden Insekten entleert. Auf diese Weise kann der Jäger seine Beute gefahrlos verspeisen oder an seinen Partner und die Jungvögel verfüttern. Bei Schmetterlingen werden oft die Flügel vor dem Fressen abgetrennt.

FUN FACT

Die Brutzeit dauert zwischen 20 und 22 Tage. Nach dem Schlüpfen werden die Nestlinge von beiden Eltern betreut. Im Alter von etwa einem Monat verlassen die ersten Jungvögel die Brutröhre. Im Herbst ziehen sie zum ersten Mal in ihr afrikanisches Winterquartier. Jungvögel sind durch ihr blasseres Jugendkleid leicht von den Altvögeln zu unterscheiden.

→
Auf diesem Foto ist die Futterübergabe eines Insekts vom Männchen an das Weibchen zu sehen, die Matthias aus dem Tarnzelt aufnehmen konnte.

↓
Bienenfresser sind im Vergleich zu anderen Vogelarten nicht besonders scheu und lassen sich mit der nötigen Ruhe und guter Tarnung problemlos fotografieren.

←
Der Bienenfresser ernährt sich in erster Linie von Insekten wie Bienen, Hummeln, Wespen und Schmetterlingen. Aber auch Libellen und fliegende Käfer stehen auf seinem Speiseplan.

↓
Bienenfresser sind sehr ruffreudig. Ihre lauten »prüt prüt«-Rufe, die die Vögel im Flug von sich geben, sind schon von Weitem zu hören.

↑
Die Übergabe von Futtertieren an das Weibchen, wie auf dem Foto Seite 177 zu sehen, wird auch als »Brautgeschenk« bezeichnet. Hinterher kommt es oft in unmittelbarer Nähe zur Paarung. Das Gelege besteht aus fünf bis sieben kugelförmigen, glänzenden, weißen Eiern, die direkt auf dem Boden der Nestkammer liegen.

WAS MAN UNTER GEWÖLLE VERSTEHT – Wenn Unverdauliches ausgespuckt wird

Vielleicht kennt es der ein oder andere Katzenbesitzer unter Ihnen. Das Kätzchen sitzt irgendwo im Haus oder Garten und beginnt plötzlich einen kleinen, runden Haarballen auszuwürgen. Dabei handelt es sich um einen natürlichen Vorgang, bei dem es der Katze darum geht, eigene verschluckte Haare oder das Fell und die Knochen von einer erbeuteten und gefressenen Maus loszuwerden.

Genau wie Katzen, gibt es auch viele Vogelarten, die unverdauliche Nahrungsreste eines Beutetieres – das sogenannte Gewölle – wieder ausspeien. Dabei handelt es sich ausschließlich um Arten mit tierischem Speiseplan.

Gewölle gibt es in den verschiedensten Größen und Färbungen, von kleinen, weißen Gewöllen des Eisvogels bis hin zu großen, dunklen Gewöllen eines Uhus. Für Wissenschaftler sind diese Hinterlassenschaften von besonderer Bedeutung, denn anhand von gefundenen Gewöllen lassen sich wichtige Rückschlüsse über die Nahrung einer Vogelart ziehen. Die bekanntesten Gewöllproduzenten sind sicherlich Eulen und Greifvögel. Da ihre Nahrung größtenteils aus Säugetieren und anderen Vögeln

verschiedenster Größe besteht, finden sich in ihren Gewöllen vor allem Fell- und Knochenreste sowie Federn des jeweiligen Beutetieres. Auf dem Foto links sehen Sie zum Beispiel das Gewölle einer Waldohreule, das zumeist aus Fell und Knochen kleiner Nagetiere besteht.

Viele von Ihnen werden vielleicht verblüfft sein, aber auch der kleine Eisvogel würgt regelmäßig kleine Gewölle hervor, die hauptsächlich aus Fischgräten und Schuppen bestehen. Auf dem Foto rechts sehen Sie einen Eisvogel, der gerade dabei ist, die unverdaulichen Nahrungsreste herauszuwürgen. Und auch der Bienenfresser würgt regelmäßig Speiballen aus. In seinem Fall bestehen diese aber nicht aus Fell-, Gräten- oder Knochenresten, sondern aus den Resten verspeister Insekten.

Weil der Bienenfresser diese Speiballen vor allem in der Nestkammer hervorwürgt, entsteht während der Brutzeit am Boden häufig eine zentimeterhohe Schicht aus unverdaulichen Insektenresten, Kot und sonstigen Abfällen.

Durch ihr Gewölle verraten vor allem Eulen sehr schnell ihre Anwesenheit. Sucht man in passenden Habitaten aufmerksam den Boden unter Bäumen oder anderweitigen Sitzgelegenheiten ab, sind gefundene Gewölle – insbesondere außerhalb der Balz, wo viele Eulen keinen Ton mehr von sich geben – der sicherste Beweis für ihr Dasein. Es ist ein bisschen wie eine Schnitzeljagd, die vom ersten gefundenen Gewölle bis zur Eule führt. So vergleichsweise »einfach« ist es bei anderen Gewöllproduzenten nicht. Eisvogelgewölle beispielsweise sind so winzig und unscheinbar, dass es nahezu unmöglich ist, durch sie auf einen Eisvogel zu stoßen. Noch dazu sind sie so leicht, dass sie schnell vom Wind davongeweht werden oder im Wasser landen und weggespült werden.

Wiedehopf

Upupa epops

AUF EINEN BLICK

LEBENSERWARTUNG
bis zu 10 Jahre

GRÖSSE
26 bis 28 cm

MIGRATION
Zugvogel

BRUTZEIT
April bis Juli

EIER
5 bis 8

ROTE LISTE DEUTSCHLAND
(6. Fassung 2020)
Kategorie 3 (Gefährdet)

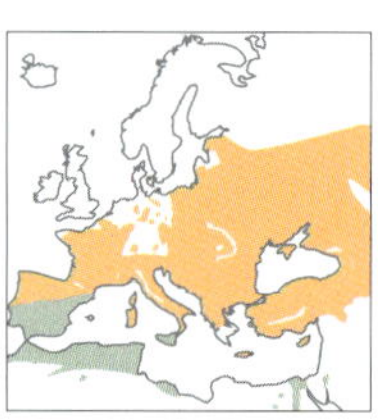

Der Wiedehopf, der Wiedehopf, der bringt der Braut 'nen Blumentopf, fiderallala, fiderallala, fiderallalalala ... Durch diese Strophe aus dem Volkslied »Die Vogelhochzeit« ist der Wiedehopf in Deutschland ebenso bekannt wie die Amsel. Zu sehen bekommt man den unverwechselbaren Wiedehopf jedoch selten, aber sein unverkennbarer Ruf »Upupup upupup«, den er während der Balzzeit von April bis in den Mai hinein hören lässt, verrät seine Anwesenheit.

Der Wiedehopf ist eine wärmeliebende Vogelart, die warme und trockene, nicht zu dicht bewaldete Gebiete mit kurzer, spärlicher Vegetation bevorzugt. Besonders häufig findet man den hübschen Vogel in Deutschlands Wein- und Streuobstgebieten. Auch in lichten Wäldern, insbesondere Kiefernwäldern, und in der Nähe von Wiesen und Weiden lässt er sich gelegentlich nieder. Ende Oktober, wenn es langsam kälter wird, verlassen auch die letzten Wiedehopfe ihre Brutgebiete und machen sich auf den langen Flug nach Afrika in ihre Winterquartiere. Dabei überqueren sie die Alpen in Höhen von bis zu 4000 Metern und kurz danach das Mittelmeer. Ein unglaublicher Kraftakt für einen so kleinen Vogel.

Die Hauptnahrung des Wiedehopfs besteht aus Insekten wie Grillen, Engerlingen, Käfern oder auch Schmetterlingsraupen und anderen Wirbellosen. Spinnen, kleine Eidechsen und selten sogar Eier und Jungtiere artfremder Gelege werden ebenfalls nicht verschmäht,

wenn sich eine günstige Gelegenheit bietet. Der Wiedehopf brütet in einer passenden Baumhöhle, einem Nistkasten oder sonstigen Höhlungen.

Während der Balz versucht das Männchen durch laute Rufe, die teilweise mit aufgestellter Federhaube von Singwarten vorgetragen werden, auf sich aufmerksam zu machen. Reagiert ein Weibchen auf seine Balzrufe, versucht das Männchen es mit Futtergeschenken zu beeindrucken. Nimmt es seine Geschenke an, bietet das Männchen ihm geeignete Bruthöhlen oder Nistkästen in seinem Revier an. Schlüpft es hinein, haben sich seine Bemühungen gelohnt, und die Paarbindung ist abgeschlossen.

Das Weibchen legt fünf bis acht Eier und beginnt oft schon nach der Ablage des ersten Eies mit der Brut. Das führt dazu, dass nach etwas mehr als zwei Wochen das erste Küken schlüpft und seine Geschwister im Abstand weniger Tage folgen. Während der Brutzeit füttert das Männchen seine Partnerin und später auch die Jungvögel. Übrigens verfügen Wiedehopfweibchen und auch ihr Nachwuchs über ein übel riechendes Bürzeldrüsensekret, das sie bei drohender Gefahr dem Feind entgegenspritzen. Wenn die Jungen groß genug sind und vom Weibchen nicht mehr gehudert werden müssen, beteiligt es sich mit an der Futtersuche. 20 bis 28 Tage nach dem Schlüpfen sind die Jungen selbstständig und verlassen das Nest.

> Seine Federhaube, der lange Schnabel und sein Ruf machen den Vogel des Jahres 2022 unverwechselbar.
>
> HANNES BONZHEIM

←
Nach seinem unverwechselbaren Ruf und seinem langen, dünnen Schnabel ist die Federhaube das charakteristischste Merkmal des Wiedehopfs. Sie wird bei der Landung, bei Erregung und darüber hinaus auch bei der Balz aufgestellt. Jedes Individuum hat seine eigene einzigartige Federhaube, die mal größer und mal kleiner ausfällt. Bei Kämpfen um Brutplätze müssen oft Federn der Haube daran glauben. Ausgerissene Federn wachsen allerdings nach einiger Zeit wieder nach.

WUNDERWERK SCHNABEL – Wozu dient er dem Wiedehopf?

Wiedehopf

Eisvogel

Mäusebussard

Grünfink

Der Schnabel gehört zu jedem Vogel. Es gibt Schnäbel in den unterschiedlichsten Formen und Farben. Sie können klein oder groß sein, dick oder dünn, lang oder kurz. Jeder Schnabel hat seinen Sinn und seine bestimmte Aufgabe. Die meisten Schnäbel sind speziell an die Nahrungsanforderungen der jeweiligen Vogelart angepasst und dienen kaum noch zu etwas anderem. Und doch gibt es sie – die Ausnahmen, die die Regel bestätigen.

Zum Beispiel Tukane, wie hier der Laucharassari aus Costa Rica. Sie besitzen Blutgefäße im Schnabel, die es den Tieren ermöglichen, die überschüssige Wärme über den Schnabel zu regulieren und abzugeben. Bei Tukanen dient der Schnabel

also nicht nur der Nahrungsaufnahme, sondern sozusagen auch als eingebaute Klimaanlage, die sie vor Überhitzung schützt. Der Schnabel des Wiedehopfs ist lang und dünn, der des Eisvogels robust und spitz. Der Mäusebussard wiederum verfügt über einen messerscharfen, nach unten gebogenen Schnabel, und dem Grünfink genügt ein kurzer, kräftiger Schnabel.

Wiedehopfe ernähren sich bevorzugt von Großinsekten wie Feld- oder Maulwurfsgrillen, die lange Tunnelsysteme im Erdreich bewohnen. Mit dem kurzen, kräftigen Schnabel des Grünfinks käme der Wiedehopf nicht weit, denn dieser dient dem Grünfink zum Aufpicken von harten Sämereien. Auch der messerscharfe und nach unten gebogene Schnabel des Mäusebussards wäre für den Wiedehopf nutzlos, denn solch eine Schnabelform ist zwar zum Zer- oder Aufreißen von Beute gut geeignet, nicht aber zur Jagd von Feld- oder Maulwurfsgrillen. Am ehesten würde der robuste, spitze Schnabel des Eisvogels infrage kommen, doch auch dieser ist besser für das gezielte Packen und Verschlingen von kleinen Fischen geeignet.

Deshalb ist für den Wiedehopf sein langer, dünner Schnabel optimal, denn mit ihm kann er am besten in die Gangsysteme der Maulwurfsgrillen vordringen und sie durch gezieltes Stochern im Boden aus dem Erdreich herausziehen.

↑
Das Männchen versorgt sein Weibchen während der Brutzeit mit Futter, später versorgt es dann auch die Jungvögel.

↓ Mit Balzrufen und Futtergeschenken versucht das Männchen das Weibchen zu beeindrucken.

→
Die Paarung findet nur in einem kurzen Zeitraum statt und kann bis zu dreimal am Tag erfolgen.

PROJEKT

Wiedehopf-Nistkasten

HILFE FÜR DEN WIEDEHOPF

Der Wiedehopf ist ein Höhlenbrüter, doch leider findet er vielerorts kaum noch Lebensräume mit genügend Brutmöglichkeiten vor. Durch das Anbringen von Nistkästen kann man diesem Problem entgegenwirken. In meiner Heimat habe ich schon viele Nisthilfen für den Wiedehopf gebaut und angebracht. Der Großteil davon wurde prima angenommen, und viele kleine Wiedehopfe durften hier schon das Licht der Welt erblicken. Möchten Sie ebenfalls dem Wiedehopf ein wenig »unter die Flügel greifen«? Dann sind Sie hier richtig!

DAS BRAUCHEN SIE

Zum Bau des Kastens benötigen Sie Folgendes:

- 8 mm dickes Holz (keine bestimmte Holzart und Lackierung notwendig)
- Bleistift und Lineal (zum Einzeichnen der Teile)
- Stichsäge oder Kreissäge (zum Aussägen)
- Schmirgelpapier oder Holzfeile (um Kanten abzurunden und Splitter zu entfernen)
- Bohrmaschine (zum Vorbohren)
- Akkuschrauber und Torx-Schrauben (zum späteren Verbinden der Bauteile)
- Lochbohrer mit 60 mm Durchmesser (um ein sauberes Loch zu erzielen)

Soll der Kasten im Freien stehen, brauchen Sie zusätzlich:

- Borstenpinsel (zum wetterfesten Streichen des Kastens)
- wasserabweisende Holzlasur (um den Kasten gegen Witterung zu schützen)
- Dachpappe (als Schutz für die Kastenoberseite)
- Handtacker (um die Dachpappe zu befestigen)

Maße der Bauteile:

- 4 x 300 x 500 mm (Frontseite, Rückseite, Boden und Deckel)
- 2 x 300 x 290 mm (Seitenteil rechts und links)

UND LOS GEHT'S

Schritt 1: Das Zeichnen

Wenn Sie nun alle benötigten Werkzeuge und Materialien beisammenhaben, kann es losgehen. Beginnen Sie sorgfältig mit Lineal und Bleistift die benötigten Bauteile auf dem Holz einzuzeichnen. Wenn der Nistkasten im Freien angebracht werden soll, machen Sie den Deckel lieber etwas größer (310 x 560 mm). Achten Sie auf Genauigkeit, damit beim Zusammenbau alles passt. In vielen Baumärkten gibt es auch die Möglichkeit, sich die Teile direkt passend zuschneiden zu lassen.

Schritt 2: Das Aussägen

Wenn Sie die Bauteile nicht im Baumarkt zuschneiden lassen und selbst alle Bauteile aufgezeichnet haben, geht es an den nächsten Schritt. Jetzt werden die Bauteile mithilfe einer Stichsäge oder Kreissäge ausgesägt. Bitte achten Sie, wie schon beim Einzeichnen, auf Genauigkeit, damit beim Verschrauben keine Spalten oder Ritze entstehen. Auch die eigene Sicherheit sollte gewährleistet sein. Gegebenenfalls ist eine helfende Hand sinnvoll.

Schritt 3: Das Schmirgeln und Abrunden

Durch das Sägen entstehen oft Splitter und harte Kanten. Diese kann man mit Schmirgelpapier oder einer Holzfeile abrunden.

↑ Nachdem ich die Bauteile des Nistkastens sorgfältig auf dem Holz eingezeichnet habe, werden sie mithilfe einer Kreis- oder Stichsäge ausgesägt.

↑ Verschraubt werden die Bauteile mit sogenannten Torx-Schrauben.

↑ Zunächst die Frontseite mit dem Boden verschrauben.

↓ Nun die Seitenteile anbringen.

↑ Kastenansicht von der Seite. Die Seitenteile wurden mit dem Boden und der Rückwand verbunden.

Schritt 4: Der Zusammenbau

Die fertig ausgesägten und abgerundeten Teile liegen nun vor Ihnen und können jetzt mithilfe eines Akkuschraubers verschraubt werden. Empfehlenswert ist es, Torx-Schrauben zu verwenden, da diese verschleißresistenter sind als andere. Auch mit einem dünnen Bohrer vorzubohren, kann ich Ihnen wärmstens empfehlen, weil sonst die Gefahr besteht, dass das Holz reißt.

- Beginnen Sie damit, die Frontseite mit drei Schrauben mit dem Boden zu verschrauben.
- Fixieren Sie nun die beiden Seitenteile mit jeweils zwei Schrauben am Boden und der Frontseite.
- Jetzt drehen Sie den Kasten und schieben den Deckel zwischen den beiden Seitenteilen an die Frontseite. Achten Sie dabei darauf, dass er auf gleicher Höhe wie die Seitenteile und die Frontseite liegt. Befestigen Sie nun den Deckel mit jeweils zwei Schrauben an beiden Seitenteilen und zwei Schrauben an der Frontseite.
- Nun legen Sie die Rückwand zwischen den beiden Seitenteilen, dem Deckel und dem Boden an und verschrauben sie mit jeweils zwei Schrauben an beiden Seitenteilen, dem Boden und dem Deckel.
- Mit dem Lochbohrer bohren Sie in einem Abstand von 100 mm vom Dach und 100 mm von der linken oder rechten Seite ein 60 mm großes Loch. Fertig ist der Nistkasten!

Hinweis: Das Einflugloch sollte keinesfalls einen größeren Durchmesser als 70 mm haben, sonst sinken die Chancen auf den Einzug der Vögel deutlich.

- Möchten Sie den Nistkasten draußen anbringen, sollten Sie ihn außen noch mit einer wasserabweisenden Holzlasur einstreichen und Dachpappe auf dem Deckel mithilfe eines Handtackers befestigen.

Schritt 5: Standort und Pflege

In welchen Habitaten sich der Wiedehopf wohlfühlt und genügend Nahrung findet und damit das Angebot eines Nistkastens Sinn macht, finden Sie bei der Beschreibung der Art auf Seite 180. Einstreu ist nicht zwingend notwendig, kann aber in Form von trockenem Rindenmulch angeboten werden. In den Wintermonaten zwischen November und Januar sollte der Kasten einmal von grobem Dreck befreit werden.

Schritt 6: Das Anbringen

Es gibt zwei Möglichkeiten, den Nistkasten anzubringen. Die erste Methode bietet sich insbesondere in Weinbaugebieten an, wo es noch Rebhütten aus Holz gibt.

Methode 1: Der Kasten wird im Inneren der Hütte mit Schrauben zwischen Kastenfrontseite und Hüttenwand in einer Höhe von mindestens 50 cm oder maximal 130 cm über dem Boden angebracht. Das ist sehr wichtig, denn sonst kann es passieren, dass andere Arten wie etwa der Star in den Kasten einziehen. Mit dem Lochbohrer muss zum Abschluss noch ein passendes Loch in die Hüttenwand gebohrt werden, damit der Wiedehopf in den Kasten gelangen kann.

Methode 2: Der Kasten wird an einem Baumstamm, frei stehend oder an der Außenseite einer Häuser- bzw. Hüttenwand angebracht. Im Grunde geht man genauso vor, wie bei Methode 1 beschrieben. Achten Sie hier jedoch darauf, dass der Kasten witterungsgeschützt angebracht wird.

Hinweis: Wird der Kasten draußen angebracht, berücksichtigen Sie bitte, dass das Einflugloch nicht auf der Wetterseite liegt.

Sollte das entsprechende Grundstück, auf welchem Sie den Kasten anbringen möchten, nicht Ihnen gehören, müssen Sie zunächst die Erlaubnis des Eigentümers einholen. Kennen Sie diesen nicht persönlich, bietet es sich an, auf einem Zettel den Namen, das Anliegen und die Telefonnummer oder E-Mail-Adresse zu schreiben und in einer Klarsichtfolie an einer geeigneten Stelle auf dem Grundstück aufzuhängen. Die meisten Menschen freuen sich darüber, sich am Naturschutz beteiligen zu können.

↑ Der Kasten wird umgedreht und der Deckel zwischen den beiden Seitenteilen an die Frontseite geschoben.

↑ Mit dem Lochbohrer wird das Einflugloch in den Nistkasten gefräst.

↑ Das Einflugloch in der Hüttenwand

↓ Rindenmulch als Einstreu

↑ Der fertige Wiedehopf-Nistkasten (rechts)
Wie man einen Nistkasten für Turmfalken (links) baut, können Sie auf Seite 222 lesen.

Rotschenkel

Tringa totanus

AUF EINEN BLICK

LEBENSERWARTUNG
bis zu 10 Jahre

GRÖSSE
25 bis 30 cm

MIGRATION
sowohl Stand- als auch Zugvogel

BRUTZEIT
April bis Juli

EIER
3 bis 5

ROTE LISTE DEUTSCHLAND
(6. Fassung 2020)
Kategorie 2 (Stark gefährdet)

Die Vogelwelt ist erstaunlich. Es gibt Tausende von Arten in den unterschiedlichsten Größen, Farben und Formen. Doch wie manche Vögel zu ihrem Namen kamen, gibt nicht selten Anlass zum Schmunzeln. So gibt es zum Beispiel in der Familie der Schnepfenvögel drei Arten, die wegen ihrer auffällig langen Beine das Wort »Schenkel« in ihrem Namen tragen. Nun handelt es sich aber um drei verschiedene Schnepfenarten. Glücklicherweise sind die Beine der drei unterschiedlich gefärbt, und so wurde die Farbe kurzerhand vor die Bezeichnung »Schenkel« gesetzt. Das »Ampeltrio« war perfek: Es gibt den Grünschenkel, den Kleinen Gelbschenkel und den Rotschenkel.

Der Kleine Gelbschenkel ist in Sumpf- und Moorgebieten Nordamerikas zu Hause und bei uns nicht zu sehen. Doch Rotschenkel und Grünschenkel sind bei uns in Deutschland ansässig, und um Ersteren geht es in dieser Artenbeschreibung.

Durch seine langen, rotorangefarbenen Beine und den langen Schnabel wirkt der Rotschenkel sehr elegant, ist allerdings kleiner als der Grünschenkel. Anders als der Grünschenkel ist der Rotschenkel in Deutschland ein Brutvogel, während sein »großer Bruder« lediglich als Durchzügler bewundert werden kann, der jedes Jahr die lange Reise ins Mittelmeergebiet und bis nach Afrika antritt, wo er den Winter verbringt. Der schlanke Rotschenkel ist als regelmäßiger Brutvogel sowohl an unserer Nordsee- als auch an der Ostseeküste anzutreffen.

Er besiedelt allerdings auch stehende Gewässer wie Seen, Weiher oder Moore und ist ein Charaktervogel der Feuchtwiesen. Die Brutzeit zwischen April und Juli verbringt der Rotschenkel mit einem Partner jährlich am selben Ort. In das Nest, das gut versteckt am Boden angelegt wird, werden vom Weibchen drei bis fünf Eier gelegt, die es dann vier Wochen lang bebrütet.

Außerhalb der Brutzeit ist der Rotschenkel sehr gesellig und bildet oft größere Schwärme, die vor allem im Wattenmeer beobachtet werden können. Dort sucht er gemeinsam mit Artgenossen im Schlick und seichten Wasser nach Insekten, Krebstieren, Mollusken wie Schnecken und Muscheln und Würmern, die er mithilfe seines langen rötlichen Schnabels erbeutet.

FUN FACT

Seine roten Schenkel sind sozusagen das Markenzeichen des Rotschenkels, die vor allem wärend der Brutzeit, von April bis Juli, leuchtend rot gefärbt sind. Und so kam der Rotschenkel zu seinem Namen. Äußerlich lassen sich beide Geschlechter dieser Schnepfenart nicht voneinander unterscheiden. Bei Jungvögeln sind die Beine zumeist mehr orangefarben als rot.

Die persönliche Geschichte

HANNES BONZHEIM

Es waren Ferien, die ich mit meiner Familie mal wieder an der schönen Nordsee verbrachte. Von einem befreundeten Fotografen, mit dem ich ein paar Tage zuvor einen Löffler fotografieren konnte, erfuhr ich von einem Seehund, der bei Ebbe immer auf einer kleinen freigelegten Sandbank liegen sollte. Von einem kleinen Steg aus wäre es sehr leicht, ihn zu beobachten und zu fotografieren. Natürlich war ich sogleich Feuer und Flamme.

Schon am nächsten Tag planten wir, einen Ausflug dorthin zu machen. Als wir ankamen, mussten wir jedoch leider feststellen, dass die Flut schon eingesetzt hatte und der Steg bereits überspült war. Das hielt mich aber trotzdem nicht davon ab nachzusehen, ob der Seehund eventuell doch noch in der Nähe war. Also Schuhe und Socken aus, die Hose hochgekrempelt und ab auf den Steg.

Leider waren meine Bemühungen nicht von Erfolg gekrönt. Dafür entdeckte ich eine Rohrweihe, viele Wiesenpieper, eine Ringelgans und Dutzende Rotschenkel, die überall auf den Zaunpfählen zwischen den Feuchtwiesen saßen. Auch ein Paar des Rotschenkels schien gerade Mittagspause zu machen und an Menschen gewöhnt zu sein, sodass ich mich leise und vorsichtig an einen von ihnen heranpirschen und ihn in aller Ruhe fotografieren konnte. Der Rotschenkel bemerkte mich gar nicht und machte in einer Entfernung von etwa sieben Metern vor mir ein Nickerchen. Nach ein paar Minuten wurde er langsam wach und schien etwas überrascht von meiner Anwesenheit zu sein. Nachdem er mich kurz beäugt hattte, begann er sich ausgiebig zu strecken und flog dann seinem Partner hinterher, der in einiger Entfernung auf ihn zu warten schien.

Turteltaube

Streptopelia turtur

Die Turteltaube gehört mit ihrer rosafarbenen Brust, der weißgräulichen Unterseite, der rostbraun-schwarz gefleckten Oberseite, den schwarz-weißen Halsflecken sowie ihren orangefarbenen Augen zu den schönsten Vögeln, die unser Land zu bieten hat. Die Geschlechter unterscheiden sich äußerlich kaum, wobei Weibchen häufig etwas schlichter gefärbt sind als die Männchen und ein wenig kleiner wirken. Den Namenszusatz »Turtel« erhielt die Taube wegen ihres tief gurrenden »turrrr turrrr turrrr«-Gesangs, den sie oft von hohen Ansitzwarten wie Baum- oder Buschspitzen erklingen lässt.

Turteltauben sind sehr gesellige Vögel, die außerhalb der Brutzeit harmonisch in kleinen Gruppen zusammenleben. Sie bevorzugen das warme, trockene Tiefland als Lebensraum, wo sie lichte Wälder aller Art, Weinbaugebiete, Streuobstwiesen, Viehweiden und die halboffene Kulturlandschaft mit Hecken und Sträuchern besiedeln. Da diese Taube gern badet, findet man sie auch regelmäßig in Gewässernähe.

Als einziger Langstreckenzieher unter unseren heimischen Taubenarten erreicht die Turteltaube, die den kalten Winter in den warmen Savannen Afrikas verbringt, erst gegen Ende April und Mitte Mai ihr Brutgebiet und beginnt mit der Balz. Ihr Nest errichtet sie aus verschiedenen Zweigen, gut versteckt in Hecken und Bäumen. Das Gelege wird etwa zwei Wochen bebrütet, und nach weiteren zwei Wochen verlassen die jungen Turteltauben das Nest.

AUF EINEN BLICK

LEBENSERWARTUNG
bis zu 10 Jahre

GRÖSSE
26 bis 30 cm

MIGRATION
Zugvogel

BRUTZEIT
Mai bis August

EIER
1 bis 2

ROTE LISTE DEUTSCHLAND
(6. Fassung 2020)
Kategorie 2 (Stark gefährdet)

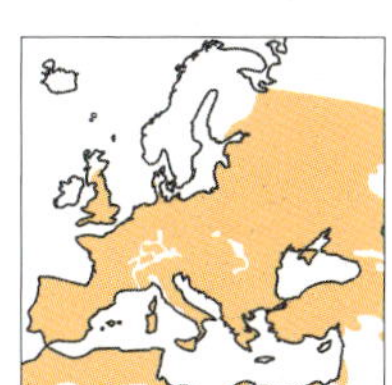

←
Die Intensivierung der Landwirtschaft und der damit verbundene Verlust an geeigneten Lebensräumen machen der schönen Turteltaube zu schaffen. Dazu kommt die gnadenlose Jagd im Mittelmeerraum während ihres Zuges, die jährlich schätzungsweise zwei bis drei Millionen Vögeln das Leben kostet.

↓
Die Turteltaube ernährt sich hauptsächlich vegetarisch von verschiedenen Sämereien, Wildgräsern, frischen Trieben, Knospen und Beeren. Im Spätsommer trifft man sie gelegentlich auch auf Feldern an.

Teichralle

Gallinula chloropus

Neben dem weit verbreiteten Blässhuhn gibt es noch eine zweite Rallenart, die sich verhältnismäßig häufig in menschlicher Nähe an Parkseen, Tümpeln, Bächen und Flüssen aufhält, doch wegen ihrer zurückhaltenden Art schnell übersehen wird - die Teichralle, die häufig auch Teichhuhn genannt wird.

Die Teichralle ist etwas kleiner und schlanker als das Blässhuhn und wagt sich, anders als das Blässhuhn, selten weit aufs offene Wasser hinaus. Sie bleibt lieber in der Nähe des schützenden Uferbewuchses. An Land hingegen traut sie sich auf der Suche nach Sämereien, Gräsern oder auch mal Schnecken, Würmern, Käfern und anderen Wirbellosen auf Wiesen in Ufernähe und sucht bei Gefahr blitzschnell die nächstbeste Deckung. Mithilfe ihrer langen Zehen kann sie gut klettern und sogar Büsche und Bäume erklimmen. Während der Brutzeit wird die Teichralle ebenso wie das Blässhuhn gegenüber Eindringlingen äußerst aggressiv und geht mit ihren langen, gelbgrünen Füßen schnell zum Angriff über. Viele Teichrallenpaare legen zwei Nester gut versteckt in der Ufervegetation an und entscheiden sich kurz vor dem Legebeginn für eines davon. Am Bau beteiligen sich beide Geschlechter. Die Brutzeit dauert etwa 22 Tage, ehe die Küken schlüpfen und als Nestflüchter das Nest sofort verlassen. Sie werden danach noch mehrere Wochen von den Altvögeln geführt. Nach etwa fünf Wochen können die jungen Teichrallen fliegen.

AUF EINEN BLICK

LEBENSERWARTUNG
bis zu 15 Jahre

GRÖSSE
27 bis 33 cm

MIGRATION
Standvogel

BRUTZEIT
April bis August

EIER
5 bis 11

ROTE LISTE DEUTSCHLAND
(6. Fassung 2020)
Kategorie V (Vorwarnliste)

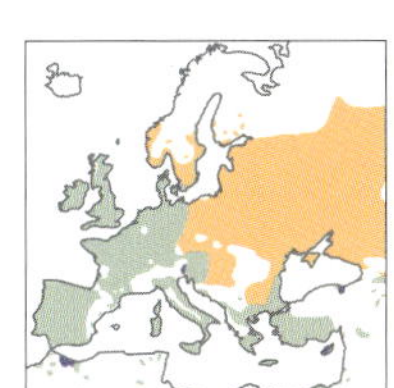

←
Durch ihren roten Schnabel mit gelber Schnabelspitze und der ebenfalls roten Stirnplatte ist die Teichralle nicht nur schön anzusehen, sondern auch nicht mit dem Blässhuhn zu verwechseln.

↑
Im Wasser nimmt die Teichralle Wasserpflanzen auf, und sogar kleine Fische und Vogeleier werden in seltenen Fällen gefressen. Schwimmende Teichhühner sind ein besonderes Erlebnis. Sie zucken fortwährend mit dem Kopf und dem Schwanz, wenn sie ihre Bahnen im Wasser ziehen.

Türkentaube

Streptopelia decaocto

Bis zu Beginn des 20. Jahrhunderts war diese helle Taubenart mit schwarzem Nackenring und roten Augen – die Türkentaube – bei uns in Deutschland noch gänzlich unbekannt. Heute ist die Türkentaube mit einem geschätzten Bestand von 110.000 bis 205.000 Brutpaaren eine der häufigsten unserer fünf Taubenarten und nicht mehr wegzudenken. Und nicht nur in Deutschland hat sie Fuß gefasst. Binnen kürzester Zeit hat die Türkentaube, ab etwa 1930 von der Türkei kommend, nahezu den gesamten europäischen Kontinent erobert.

Die Türkentaube ist ein Standvogel und verweilt das ganze Jahr bei uns. Zu Beginn der Brutzeit baut ein Türkentaubenpaar sein Nest aus Zweigen, verschiedenen Gräsern und Halmen gern hoch in Nadelbäumen, aber auch unmittelbar an oder in Gebäuden. Am Ausbrüten der Eier beteiligen sich beide Partner. Nach zwei Wochen sind die Küken geschlüpft und werden die ersten Tage mit Kropfmilch gefüttert. Nach gut drei Wochen fliegen die jungen Tauben aus. Man erkennt sie an dem fehlenden Nackenring, der erst später zum Vorschein kommt.

Neben Sämereien und Getreide ernährt sich die Türkentaube auch gern von Beeren, Früchten, Insekten, Knospen und Nüssen. Sie ist ein ruhiger und vorsichtiger Geselle, der ohne aggressives Verhalten mit Artgenossen und auch anderen Vogelarten klarkommt. Türkentauben haben viele Fressfeinde wie etwa den Sperber, den Habicht, den Uhu, den Marder, die Hauskatze und noch einige mehr.

AUF EINEN BLICK

LEBENSERWARTUNG
bis zu 10 Jahre

GRÖSSE
30 bis 33 cm

MIGRATION
Standvogel

BRUTZEIT
März bis November

EIER
1 bis 2

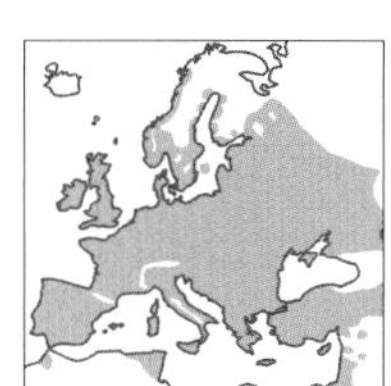

←
Die Türkentaube ist ein Kulturfolger, der sich zumeist in der Nähe von uns Menschen niederlässt und auch in Städten, Dörfern, Parks und Gärten brütet, wo sie kaum Konkurrenz zu fürchten hat.

↓
Da Sämereien und Getreide zu ihrer Hauptnahrung zählen und jene durch die wachsende Landwirtschaft stark gefördert wurden, fand die Türkentaube – je weiter sie nach Europa vordrang – immer günstigere Nahrungs- und Lebensbedingungen vor.

↑
Ein Altvogel (links) mit seinem Nachwuchs (rechts). Dem Jungvogel fehlt noch der charakteristische schwarze Nackenring. Ein Grund für die schnelle Ausbreitung der Türkentaube ist sicher auch ihre lange Brutsaison von März bis November. Bis zu viermal pro Jahr schreitet ein Türkentaubenpaar zur Brut mit jeweils ein bis zwei Jungtieren. Die jungen Tauben werden bereits in ihrem vierten Lebensmonat geschlechtsreif und beginnen mit ihrer ersten eigenen Brut.

Grünspecht

Picus viridis

Dieser grasgrüne Specht mit der roten Kappe und der schwarzen Gesichtsmaske ist unser heimischer Grünspecht. In Deutschland ist er mit einer Körpergröße von bis zu 33 Zentimetern die zweitgrößte Spechtart nach dem Schwarzspecht.

Die Geschlechter lassen sich am besten am Bartstreifen erkennen, der bei Männchen im Zentrum rot gefärbt ist und bei Weibchen gänzlich schwarz bleibt. Die Zunge des Grünspechts schnellt bis zu zehn Zentimeter lang aus seinem Schnabel, wenn er auf Ameisenjagd geht. Damit hat er die längste Zunge unserer heimischen Spechte.

Die Hauptnahrung des Grünspechts sind Ameisen, deren Larven und Puppen, die er vom Boden aufliest oder in deren Nester und Gänge im Erdreich er vordringt. Er verschmäht aber auch keine anderen Insekten, Beeren oder Regenwürmer. Da er sich viel am Boden aufhält, wird er gelegentlich auch »Erdspecht« oder »Grasspecht« genannt.

Wenn man den Grünspecht nicht zu Gesicht bekommt, verrät ihn im Frühjahr sein markanter Reviergesang, der wie ein lautes Lachen klingt. Übrigens tragen beide Geschlechter den Gesang vor, auch wenn das Männchen intensiver ruft.

Wenn es darum geht, in welche Bäume der Grünspecht seine Höhlen zimmert, ist er nicht besonders wählerisch und hat keine speziellen Vorlieben. Bevor er allerdings beginnt, selbst eine Höhle zu bauen, sucht er oft erst nach verlassenen Höhlen anderer Spechtarten.

AUF EINEN BLICK

LEBENSERWARTUNG
bis zu 10 Jahre

GRÖSSE
31 bis 33 cm

MIGRATION
Standvogel

BRUTZEIT
Mai bis Juli

EIER
3 bis 4

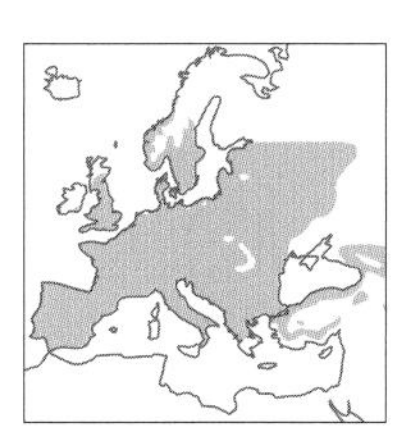

Ein Grünspechtweibchen. Es hat im Gegensatz zum Männchen einen völlig schwarzen Bartstreifen, während der des Männchens im Zentrum rot gefärbt ist.

Die persönliche
MATTHIAS FUTTERER
Geschichte

Obwohl der Grünspecht sehr standorttreu ist und sein Revier auch in kalten, schneereichen Wintern nicht verlässt, ist es in der Regel kaum planbar, ihn schön vor die Linse zu bekommen. Wenn man Glück hat, fliegt er einem zufällig über den Weg oder besucht aus Neugier die Futterstelle. Er erscheint dann, wenn man es am wenigsten erwartet. Wie 2020, als Hannes und ich schon seit Stunden in unserer Ansitzhütte saßen, um ein bisschen die Vögel zu beobachten.

Es war Sommer und extrem heiß, als wie aus dem Nichts heraus plötzlich ein Grünspecht vor uns auf der Wiese saß und nach Ameisen suchte. Trotz seiner Größe hatten wir ihn nicht kommen sehen und waren dementsprechend überrascht. Er ließ sich Zeit, und als er satt war, kam er sogar noch näher heran, um ein paar unserer aufgestellten Äste zu begutachten. Wir konnten einige Fotos machen und diesen besonderen Moment genießen, bevor er wieder in den schützenden Wald verschwand.

Das obere Foto zeigt einen jungen Grünspecht. Wenn man als Neuling in der Vogelbeobachtung solch einen Jungvogel sieht, fällt es oft schwer, ihn als Grünspecht zu identifizieren, denn wegen seiner schwarz-weiß gefleckten Unterseite, die sich bis ins Gesicht und den Rücken hinzieht, ähnelt er nicht gerade den ausgewachsenen Grünspechten. Lediglich die leicht erkennbare rote Kappe und der angedeutete Bartstreifen enttarnen den Jungvogel. Wie seine Eltern, versucht auch er bereits selbstständig Nahrung am Boden zu suchen.

Dohle

Corvus monedula

AUF EINEN BLICK

LEBENSERWARTUNG
bis zu 10 Jahre

GRÖSSE
30 bis 34 cm

MIGRATION
Standvogel

BRUTZEIT
April bis Juli

EIER
4 bis 6

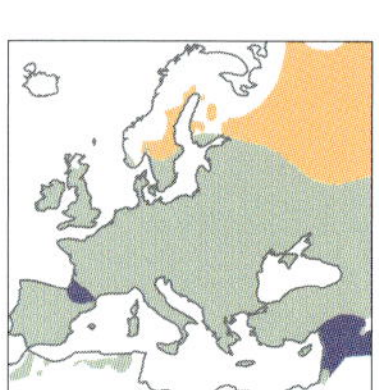

Die Dohle ist mit einer Körpergröße von 30 bis 34 Zentimetern ungefähr so groß wie ein Eichelhäher. Sie sticht durch ihre hellblauen bis weißlichen Augen und dem hellgrauen Nacken neben anderen Rabenvögeln hervor. Sofern zum Brüten genügend alte Bäume mit Natur- oder Schwarzspechthöhlen vorhanden sind, findet man sie in Laub- und Mischwäldern sowie großen Parks und Friedhöfen. Auch in Nischen oder Höhlungen von Steinbrüchen und Felswänden quartiert sie sich ein, und selbst Kirchtürme, Ruinen, Burgen und Schornsteine von Wohnhäusern mitten in Dörfern und Städten hat sie für sich entdeckt. Angebrachte Nistkästen an hohen Gebäuden werden ebenfalls gern bezogen.

Die hochintelligente Dohle ist ein sehr geselliger und sozialer Vogel. Es ist bekannt, dass sie sich um kranke Artgenossen kümmert und auch bei der Versorgung anderer Jungtiere hilft. Sie brütet bei ausreichendem Nistangebot für gewöhnlich in kleinen Kolonien. Ihrem einmal gewählten Partner bleibt sie ein Leben lang treu und verbringt den Großteil der Zeit mit ihm. Das Nest aus Zweigen legt das Paar gemeinsam an. Doch allein das Weibchen bebrütet die Eier, während das Männchen es mit Futter versorgt. Sind die Jungen nach zwei bis drei Wochen geschlüpft und schon etwas größer, beginnen beide Elternteile sie mit Nahrung, die überwiegend aus Insekten besteht, zu versorgen. Nach etwas mehr als einem Monat verlassen die jungen Dohlen das

Nest und erkunden unter wachsamen Blicken der Eltern ihre neue Umgebung. Regelmäßig fallen Jungtiere dem Habicht, dem Waldkauz oder dem Wanderfalken zum Opfer, und auch der Steinmarder kann ihnen gefährlich werden, wenn er an sie herankommt. Die Nahrungssuche spielt sich bei der Dohle zum Großteil am Boden ab. Dort sucht sie in Schwärmen oder Trupps, oft vergesellschaftet mit den größeren Saatkrähen, nach verschiedenen Sämereien, Schnecken oder Würmern und dreht Blätter, Stöcke und Steine um, um an darunter verborgene Insekten oder Spinnen zu gelangen. Als Allesfresser frisst die Dohle aber auch gelegentlich Vogeleier und Küken sowie kleine Wirbeltiere, Abfall oder Aas. Im Gegensatz zu vielen anderen Rabenvögeln legt sie seltener Nahrungsdepots an.

FUN FACT

Die Dohle wurde 2012 zum »Vogel des Jahres« gewählt. Das sollte auf den Erhalt und die Schaffung von Brutmöglichkeiten in Form von Nistkästen an Kirchen und Türmen aufmerksam machen. Dieses Vorhaben wurde bis jetzt sehr gut umgesetzt. Und so zogen viele Dohlen wieder in die Nachbarschaft des Menschen. »Die Mönchlein sind wieder im Kirchturm«, so sagt man.

Tannenhäher

Nucifraga caryocatactes

AUF EINEN BLICK

LEBENSERWARTUNG
bis zu 5 Jahre

GRÖSSE
32 bis 35 cm

MIGRATION
Standvogel

BRUTZEIT
Mai bis Juli

EIER
3 bis 4

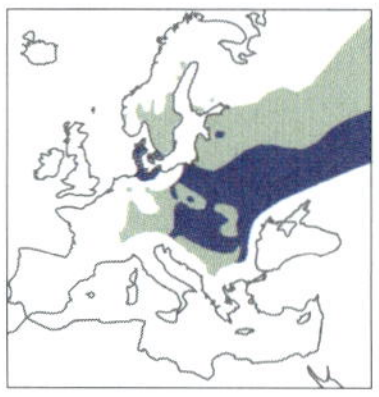

Der Tannenhäher, dieser schmucke Rabenvogel, ist etwas kleiner als der Eichelhäher, aber bei Weitem nicht so häufig anzutreffen. Durch seine Größe, die schwarzen Flügel, die braune Kappe und den charakteristischen weißen Tupfen auf dem Gefieder ist er mit kaum einer anderen Art zu verwechseln. Er ist entweder paaarweise oder in kleinen Trupps unterwegs. Diese sehr spezialisierte Vogelart führt ein verstecktes Leben in unseren Mittelgebirgen und den Alpen. Dort bewohnt der Tannenhäher als treuer Standvogel überwiegend Nadelwälder oder auch Mischwälder, wenn dort genügend Zirbelkiefern, Fichten oder Haselnussbäume wachsen, die für ihn lebensnotwendig sind. Nur in sehr strengen Wintern, wenn er kaum noch Nahrung findet und ihm keine andere Wahl bleibt, kann es vorkommen, dass er sein Revier kurzzeitig verlässt und in wärmere Gebiete zieht.

Im Sommer ernährt sich der Tannenhäher vor allem von Insekten und plündert - wie die Elster - auch durchaus mal die Nester anderer Kleinvögel und vertilgt Eier und Küken. Doch den größten Teil seiner Nahrung machen Früchte und Samen von Nadelbäumen aus. Der Tannenhäher legt für die harte, schneereiche Jahreszeit Tausende von Nahrungsdepots an, indem er mit seinem kräftigen Schnabel Löcher ins Erdreich hackt und dort die Samen und Nüsse platziert. Bis zu 80 Prozent seiner Samenverstecke findet er zielsicher wieder, selbst wenn diese unter einer hohen Schneedecke liegen!

←
Männchen und Weibchen können äußerlich nicht voneinander unterschieden werden.

↓
Wenn man Glück hat, sieht man den Tannenhäher ab und zu auf der Spitze eines Nadelbaumes sitzen, in dem Fall einer Zirbelkiefer, von wo aus er im Frühjahr gelegentlich seinen lang gezogenen Ruf erklingen lässt.

Die persönliche Geschichte

MATTHIAS FUTTERER

Einmal im Jahr, wenn der Herbst Einzug hält und den Wald in die buntesten Farben hüllt, zieht es Hannes und mich zu einer ganz besonderen Stelle im Schwarzwald. Dort leben viele Tannenhäher, die sich im Laufe der Jahre an Menschen gewöhnt und gelernt haben, von deren Anwesenheit zu profitieren.
Zum einen werden sie im Herbst ab und an mit Haselnüssen und anderen Nüssen gefüttert, die sie als Vorrat für den kalten Winter aufsammeln und verstecken. Zum anderen brauchen sie in menschlicher Gegenwart keine Angst vor Fressfeinden zu haben, denn diese halten respektvollen Abstand und meiden Menschen.

Während der Brutzeit oder in Gegenden, wo sie so gut wie keine Menschen kennen, können Tannenhäher sehr scheu sein, und wenn man sie bemerkt, sieht man höchstens noch eine weiße Schwanzspitze hoch in den Bäumen verschwinden. Es gibt allerdings auch das krasse Gegenteil. In Gebieten, in denen die Tannenhäher gelernt haben, Profit aus der Anwesenheit des Menschen zu schlagen, und wissen, dass von ihnen keine Gefahr ausgeht, werden die Tiere mit der Zeit zunehmend zutraulicher und neugieriger. Besonders im Herbst und Winter kommen sie dann auch mal bis auf wenige Meter heran, und man kann sie wunderbar beobachten und fotografieren. Es gibt sogar Vögel, die für Futter auf die Hand kommen und die spät im Jahr in die Täler fliegen, um in Dorfnähe oder auch in Dörfern direkt nach Nahrung zu suchen.

Immer treffen wir die Tannenhäher im Schwarzwald leider nicht an, doch gerade im Herbst haben wir des Öfteren mal Glück, und die schlauen Rabenvögel bieten uns wundervolle Motive in traumhafter Umgebung.

Eichelhäher

Garrulus glandarius

AUF EINEN BLICK

LEBENSERWARTUNG
5 bis 10 Jahre

GRÖSSE
32 bis 35 cm

MIGRATION
Standvogel

BRUTZEIT
April bis Juni

EIER
4 bis 7

Diesen Rabenvogel erkennt man an seinen leuchtend blau-schwarz gebänderten Flügelfedern. Der Eichelhäher ist die gute Seele des Waldes und verbringt als Standvogel in Deutschland zumeist das ganze Jahr über in und um sein Revier. Dieses kann in den verschiedensten Waldtypen liegen, egal ob Laubwald, Mischwald oder reiner Nadelwald. Auch auf Friedhöfen, in Gärten oder Parks mit ausreichend Baumbestand lässt er sich häuslich nieder, sofern genügend Nahrung vorhanden ist. Je nach Jahreszeit ernährt sich der Eichelhäher von Insekten, Spinnen, Würmern, Schnecken, Sämereien sowie kleinen Säugetieren und Reptilien. Seltener als andere Arten seiner Familie plündert auch er gelegentlich Nester kleinerer Singvögel.

Überschüssige Nahrung sammelt und versteckt der Eichelhäher das ganze Jahr über an unterschiedlichen Stellen in seinem Revier als Vorrat für den Winter. Wenn im Herbst seine namensgebenden Lieblingsnüsse, nämlich die Eicheln, reif werden, trägt er die Ernte ein. Sein großer Kehlsack hilft ihm dabei, bis zu zehn Eicheln plus eine zusätzliche im Schnabel zu transportieren. Auf diese Weise kann er in wenigen Wochen Tausende von Eicheln und anderen Nüssen zusammentragen und ist bestens für den Winter gewappnet. Obwohl der Eichelhäher sehr intelligent ist, findet er bei Weitem nicht alle seine Nahrungsverstecke wieder und trägt so als »Gärtner des Waldes« zur Verbreitung verschiedener Bäume und Pflanzen bei.

←
Jedes Jahr schreitet der Eichelhäher mit seiner Partnerin zur Brut. Ihr Nest bauen sie zusammen aus verschiedenen Zweigen, oft gut versteckt im unteren Bereich eines Baumes. Gute zwei bis drei Wochen werden die Eier ausgebrütet, bevor die Küken schlüpfen. Nach 20 bis 22 Tagen sind die Jungvögel in der Lage, das Nest zu verlassen.

↓
Auch an der Futterstelle im Garten ist der Eichelhäher anzutreffen, sofern die Umgebung waldreich ist. Hier können Sie beobachten, wie er sich den Kropf mit Nüssen füllt, um sich dann später einen Wintervorrat anzulegen.

↑
Der Eichelhäher ist nicht nur der »Gärtner des Waldes«, sondern übernimmt häufig auch den Part der »Waldpolizei« und warnt Artgenossen sowie andere Vögel mit lauten Rufen vor potenziellen Fressfeinden – wie dem Habicht, dem Waldkauz, dem Sperber, dem Fuchs oder dem Marder – und sonstigen Gefahren.

DER EULEN-GUIDE

Eulen üben auf viele Menschen eine besondere Faszination aus. Zum einen leben die meisten Eulen sehr versteckt und werden erst mit der Dämmerung und der Nacht aktiv. Zum anderen wirken sie durch ihre großen, runden Augen, die sich wie bei uns Menschen parallel zueinander auf der gleichen Achse befinden, in einer gewissen Weise menschlich, intelligent und sympathisch.

Sind Eulen bei Tag zu finden?

Wie schon angesprochen, sind die meisten unserer heimischen Eulen am Tag nicht aktiv und halten sich in ihren sogenannten Tageseinständen auf, wie zum Beispiel auf dichten Bäumen, in Höhlen oder in sonstigen Verstecken. Doch es gibt auch ein paar Ausnahmen. Die Sumpfohreule beispielsweise kann man auch tagsüber bei der Jagd beobachten. Mit viel Glück sind während der Brutzeit sogar der sehr seltene Habichtskauz, der scheue Steinkauz oder der winzige Sperlingskauz anzutreffen. Doch meist sind sie genau wie die restlichen unserer zehn heimischen Eulenarten, sprich Zwergohreule, Raufußkauz, Waldohreule, Schleiereule, Waldkauz und Uhu, ebenfalls strikt dämmerungs- und nachtaktiv und wirklich nur in Ausnahmefällen am Tag unterwegs.

Waldkauz und Waldohreule entdecken

Die meisten Menschen haben noch nie eine Eule in ihrem natürlichen Lebensraum gesehen. Wenn man sich jedoch als »Anfänger«, ohne jegliche Vorkenntnisse und Erfahrung, auf die Suche nach diesen Tieren macht, wird man sehr wahrscheinlich enttäuscht werden. Selbst wenn man sich schon über mehrere Jahre mit diesen Geschöpfen der Nacht beschäftigt, hat man nie eine Garantie dafür, eine bestimmte Eulenart zu finden.

Meist braucht man mehrere Anläufe, viel Geduld und viele Stunden, die man durch die Natur streift, bis man wirklich eine Eule entdeckt - oder eben auch nicht. Besonders geeignet für Anfänger im Aufspüren einer Eule sind durch ihr häufiges Vorkommen und ihre geringe Störungsempfindlichkeit in Menschennähe der Waldkauz und die Waldohreule.

←
Die Waldohreule döst mit halb geschlossenen Augen und leicht gesenkten Federohren in ihrem Versteck.

↑
Der Waldkauz verbringt den Tag meist in schützender Deckung, hier in einer Baumhöhle.

EULEN ENTDECKEN SCHRITT FÜR SCHRITT

Wie man den Waldkauz und die Waldohreule am Tag mit etwas Glück finden kann, zeigt der folgende Schritt-für-Schritt-Guide.

1. VORÜBERLEGUNG

Bevor Sie beginnen, diesen Guide zu lesen, und sich auf die Suche nach Eulen machen, möchten wir Ihnen noch einen Rat mit auf den Weg geben: An erster Stelle steht nicht die gesuchte Eule, sondern der Respekt und die Verantwortung gegenüber der Natur und ihren Lebewesen.

2. ALLGEMEINWISSEN ERLANGEN

Informieren Sie sich bitte im Voraus über die Lebensweise der beiden Eulenarten (→ Porträt Waldohreule, Seite 214, und Porträt Waldkauz, Seite 244). In welchen Habitaten kommen sie vor? Wie leben sie? Wann gehen sie auf die Jagd? Auch weiterführende Literatur, das Internet oder Dokumentationen können dabei unterstützen.

3. WO SICH DIE ART AM TAG AUFHÄLT

Da sowohl Waldkauz wie auch Waldohreule während der Dämmerung und der Nacht aktiv sind und wir Menschen bekanntlich bei Dunkelheit nicht besonders gut sehen, ist es wichtig zu wissen, wo sich die beiden Arten tagsüber aufhalten.

Der **Waldkauz** ist, wie sein Name es schon vermuten lässt, im Wald zu finden. Nur im Wald? Nein, viele haben sich mittlerweile auch in der Nähe von uns Menschen in Stadtparks, Friedhöfen oder Gärten quasi direkt vor unserer Haustür niedergelassen. Sie verbringen dort den Tag in geeigneten Baumhöhlen, in einem Baum sitzend, in Nischen von Gebäuden oder in sonstigen Verstecken. Diese Waldkäuze sind, anders als ihre Artgenossen, die den Wald bevorzugen, mehr an Menschen gewöhnt und lassen sich im Normalfall von ihnen nicht aus der Ruhe bringen.

Da die **Waldohreule** zum Jagen große Freiflächen benötigt, trifft man sie häufig in offener Kulturlandschaft an. Den Tag verbringt sie nicht in Höhlen, sondern meist frei sitzend, aber gut versteckt in Bäumen an Waldrändern, in Parks, auf Friedhöfen oder in Gärten. Sie bevorzugt Nadelbäume, da diese am meisten Deckung bieten. Waldohreulen, die sich in Menschennähe aufhalten, sind – wie Waldkäuze – in der Regel nicht sehr scheu.

4. DIE RICHTIGE JAHRESZEIT KENNEN

Jetzt haben Sie erfahren, wie die beiden Eulenarten leben und wo man sie am Tag finden kann. Nun ist es wichtig, die erfolgversprechendste Jahreszeit zu kennen. Hierbei sind die **Wintermonate** am besten geeignet, da beim Waldkauz zu dieser Zeit die Balz beginnt und die Waldohreule sich meist in großen, sogenannten Schlafgemeinschaften mit bis zu 50 Tieren in Stadt- oder Dorfnähe aufhält. Des Weiteren haben die Bäume – mal abgesehen von Nadelbäumen – im Winter keine Blätter, und mögliche Waldkauzhöhlen sind leichter auszumachen.

5. GIBT ES IN MEINER NÄHE ÜBERHAUPT EULEN?

Dies ist die wichtigste Frage, die entscheidend für einen möglichen Erfolg oder sicheren Misserfolg ist. Sind passende Habitate in Ihrer Nähe vorhanden, ist es auch sehr wahrscheinlich, dass sich dort die gesuchte Eule aufhält.

Wenn Sie sich fragen, ob sich ein **Waldkauz** in Ihrer Nähe niedergelassen hat, können Sie dies problemlos herausfinden. Begeben Sie sich in einer klaren, windstillen Nacht – etwa zwei Stunden nach Sonnenuntergang – in die Nähe des vermuteten Habitats und spitzen Sie die Ohren: In den Wintermonaten lassen vor allem Waldkauzmännchen ihren schaurigen Balzruf »Huu-hu-huhuhuhuu« hören, der meist über mehrere Kilometer hörbar ist und Ihnen signalisiert, dass hier Waldkäuze leben. Fast das ganze Jahr über kann man außerdem ihren Kontaktruf »ku-witt« vernehmen. Selbst wenn Sie nachts auch nach zwei Stunden immer noch keinen Balzruf gehört haben, geben Sie bitte nicht generell auf. Versuchen Sie es in einer anderen Nacht nochmals. Sollten Sie dann jedoch wieder keine Rufe vernehmen, gibt es möglicherweise keine Waldkäuze in Ihrer Umgebung.

Ob es **Waldohreulen** in Ihrer Nähe gibt, ist schon etwas schwieriger herauszufinden, da sie nicht so ruffreudig sind wie die Waldkäuze. Eine Gebietseingrenzung ist in diesem Fall die beste Möglichkeit, um sich Aufklärung zu verschaffen.

6. DIE RICHTIGE AUSRÜSTUNG

Sie haben einen Waldkauz oder eine Waldohreule ausgemacht. Herzlichen Glückwunsch! Doch bevor es nun losgehen kann, müssen Sie bedenken, dass die Eulen durch exzellente **Tarnung** perfekt an ihren Lebensraum angepasst und oft mit bloßem Auge nicht zu entdecken sind. Es empfiehlt sich daher, ein Fernglas, ein Spektiv oder eine Kamera mit mindestens 400 mm Brennweite parat zu haben.

7. DAS GEBIET EINGRENZEN

Markieren Sie auf einer Karte die Punkte, an denen Sie den Waldkauz gehört haben, und begeben Sie sich an einem schönen Tag dorthin und halten Sie Ausschau nach großen oder alten Bäumen mit möglichen Baumhöhlen.

Es kommt auch oft vor, dass **Waldkäuze** Nischen oder sogar Schornsteine an alten Gebäuden bewohnen. Behalten Sie also solche Möglichkeiten im Blick und markieren Sie diese Orte ebenfalls auf der Karte. Selbst andere Vögel können Sie durch ihre Warnrufe auf einen möglichen Kauz aufmerk-

←←
Große Platanen sind bekannt dafür, große, gut sichtbare Höhlen auszubilden, die Waldkäuzen besonders zusagen.

←
Dieser Waldkauz hat sich auf dem Kamin eines alten Hauses am Waldrand niedergelassen und lässt sich von neugierigen Spaziergängern ohne Weiteres beobachten.

sam machen. Vor allem bei Singvögeln löst eine Eule bei Tag reges Gezeter aus.

Wenn Sie Glück hatten, konnten Sie nun schon einen Waldkauz in seinem Tageseinstand, also seinem Schlafplatz, sitzend vorfinden, und Ihr Ziel ist erreicht. Wenn nicht, sehen Sie sich, wenn möglich, unter dem vermuteten Einstand um. Finden Sie Kotspuren oder Gewölle, dann haben Sie es ebenfalls geschafft, den Schlafplatz des Kauzes zu entdecken. Er sitzt vielleicht einfach zu weit im Baum oder in seiner Höhle, oder er hält sich an diesem Tag in einem anderen Einstand auf.

Wenn Sie eine **Waldohreule** suchen, gehen Sie im Prinzip genauso vor wie beim Waldkauz. Ihr Fokus sollte nun auf so ziemlich allen Bäumen, vor allem Nadelbäumen, liegen. Da Waldohreulen im Winter Schlafgemeinschaften bilden, verraten sie sich sehr schnell durch auffällige Gewölle- und Kotberge unter dem Schlafbaum. Wenn Sie diese entdecken, dann haben Sie auch die Tiere gefunden, die sich meist in mittlerer Höhe des Baumes aufhalten. Den Jackpot haben Sie gezogen, wenn Sie die Eule in einem kahlen Laubbaum entdecken. Ist kein Gewölle oder Kot zu finden, dann gibt es an diesem Platz leider keine Waldohreulen.

8. GEFUNDEN!

Super, Sie haben einen Waldkauz oder eine Waldohreule entdeckt! Nun können Sie die Eule ganz in Ruhe beobachten und fotografieren. Je nach Standort werden die meisten schon Menschen kennen und sich nicht von ihnen stören lassen. Unsere Tipps: Behalten Sie immer das Verhalten und die Körpersprache des Tieres im Blick und halten Sie Abstand. Auch das Wohl Ihrer Mitmenschen sollten Sie respektieren. Nicht auf Privatgrundstücke einzudringen oder Müll zu hinterlassen, versteht sich von selbst. In Naturschutzgebieten halten Sie sich bitte an die dort bestehenden Regelschilder. Behalten Sie den Standort der Eule am besten für sich, oder teilen Sie ihn nur mit wenigen Personen, denen Sie vertrauen.

Waldohreule

Asio otus

AUF EINEN BLICK

LEBENSERWARTUNG
10 bis 15 Jahre

GRÖSSE
31 bis 37 cm

MIGRATION
Standvogel

BRUTZEIT
März bis Juni

EIER
4 bis 6

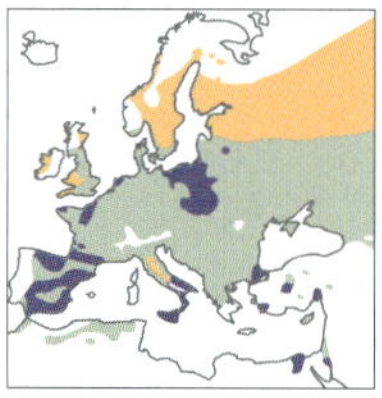

Die Waldohreule ist dämmerungs- und nachtaktiv, und es scheint schwierig, sie bei Tag zu Gesicht zu bekommen. Doch diese in Deutschland sehr häufige Eule hält sich oft in unmittelbarer Nähe zu uns Menschen auf. Im Winter bildet sie beispielsweise oft große Schlafgemeinschaften von bis zu 50 Tieren an Siedlungsrändern oder sogar mitten in Dörfern und Städten.

Bemerkbar machen sich diese Gesellschaften nach ein paar Wochen durch ihre Hinterlassenschaften in Form von Kot und Gewöllanhäufungen unter den sogenannten Schlafbäumen. Für Naturliebhaber ist das eine großartige Gelegenheit, in einen vorsichtigen Kontakt mit diesen Lebewesen zu kommen, denn die Eulen sind die ständige Anwesenheit von Menschen in Dörfern oder Städten gewohnt und lassen sich mit Abstand, Ruhe und Respekt ausgiebig beobachten und fotografieren (→ Eulen entdecken, Seite 211).

Die Waldohreule brütet nicht in Baumhöhlen oder sonstigen Höhlungen, sondern bevorzugt verlassene Greifvogelhorste oder Krähen- und Elsternnester in Bäumen und Hecken. In dieser Zeit ist sie sehr anfällig gegenüber Fressfeinden, wie etwa dem Uhu oder Habicht. Wenn jedoch alles gut geht, erblicken nach 27 bis 28 Tagen die winzigen Waldohreulenküken das Licht der Welt. Im Alter von etwa drei bis vier Wochen verlassen diese dann als sogenannte Ästlinge (→ Seite 216) den schützenden Brutplatz und klettern im Geäst umher.

WAS IST EIN ÄSTLING?
Wenn Vögel noch nicht fliegen können

Ästling Waldkauz

Ästling Waldohreule

Ästling Steinkauz

Unter einem Ästling versteht man einen noch nicht flugfähigen Jungvogel, der das Nest beziehungsweise den Brutplatz verlassen hat und bis zu seiner Flugfähigkeit von den Altvögeln weiterversorgt wird. Der Begriff »Ästling« ist gerade bei Eulen sehr zutreffend, denn die Kleinen verweilen die ersten Wochen nach dem Ausfliegen oft gut versteckt im Geäst von Bäumen oder Sträuchern. Ihre scharfen Krallen, die spitzen Schnäbel und ihre Flügel machen sie zu exzellenten Kletterern.

Auf dem Foto oben links sehen Sie einen **Waldkauz-Ästling** aus dem Jahr 2019. Im Erscheinungsbild ähnelt er schon sehr einer kleinen Waldohreule, doch seine Iris ist im Gegensatz zu dieser komplett schwarz. Dieses Bild ist das erste, das ich in meinem Leben von einer Eule machen konnte, und ich erinnere mich immer wieder gern an den Moment zurück. Doch die ganze Geschichte können Sie auf Seite 246 lesen.

Auf dem Foto oben in der Mitte ist ein **Waldohreulen-Ästling** aus dem Frühjahr 2021 zu sehen. Wir waren an diesem Morgen gerade auf dem Rückweg von einer »Wiedehopf-Fotosession«, als Matthias ein leises Rufen vernahm und neben einer großen Kiefer am Straßenrand anhielt. Jetzt hörte ich es auch. Aus dem Baum riefen kleine Waldohreulen. Als wir ausstiegen, entdeckten wir die drei kleinen, flauschigen Federbällchen, die es sich im mittleren Bereich der Kiefer bequem gemacht hatten, und auch ein Altvogel saß in unmittelbarer Nähe zu ihnen und schlief. Hier kam der nützliche Aspekt von lautlosen Kameras zur Geltung, denn da das nervige und teilweise laute Klacken bei diesen Kameras wegfällt, beachteten uns die Eulen kaum und schenkten uns nur ein paar neugierige Blicke, bevor sie wieder einschliefen.

Diesen **Steinkauz-Ästling** auf dem Foto oben rechts fanden Matthias und ich durch Zufall 2020 in einem alten Nussbaum neben einem Wanderweg. Wir waren eigentlich auf dem Weg, um Neuntöter zu beobachten, doch dieser kleine, süße Kauz war unser erster Ästling dieser Art. Auf dem Foto links sehen Sie einen bereits flugfähigen Jungvogel, der auf einem Holzpfahl von seinem Vater (quer am Pfahl) mit Nahrung versorgt wird.

Turmfalke

Falco tinnunculus

Den Turmfalken kennt man in Deutschland ebenso gut wie den Mäusebussard. Das ist auch kein Wunder, denn als anpassungsfähiger Jäger und häufigste Falkenart Deutschlands trifft man ihn in nahezu allen Lebensräumen an. Lediglich großflächige Waldgebiete meidet er. Männchen sind in der Regel etwas kleiner als die Weibchen, und man kann die Männchen am besten an ihrem grauen Kopfgefieder und den grauen Schwanzfedern mit schwarzer Endbinde von den Weibchen unterscheiden.

Zur Hauptnahrung des Tumfalken gehören Mäuse. Aber auch Kleinvögel, Eidechsen, Würmer oder Insekten rücken besonders dann in den Jagdfokus, wenn es wenig Mäuse gibt. Pro Tag kann ein Falke vier bis acht Mäuse verspeisen, und hat er noch hungrige Schnäbel des Nachwuchses zu stopfen, muss er entsprechend mehr Nahrung heranschaffen. Im April beginnen die meisten Paare mit der Brut, bei der das Weibchen die Eier bebrütet, während das Männchen es mit Nahrung versorgt und Eindringlinge auf Abstand hält. Es kommt allerdings auch vor, dass sich das Paar beim Brüten abwechselt. Bei der Wahl des Brutplatzes ist der Turmfalke nicht besonders wählerisch. Er baut, wie alle Falken, kein eigenes Nest und brütet daher je nach Verfügbarkeit in verlassenen Nestern von Raben- oder Greifvögeln, in Baumhöhlen, auf Felsen oder in Felshöhlungen, in Nistkästen oder in passenden Gebäudenischen.

AUF EINEN BLICK

LEBENSERWARTUNG
10 bis 15 Jahre

GRÖSSE
31 bis 38 cm

MIGRATION
Standvogel

BRUTZEIT
April bis Juli

EIER
3 bis 7

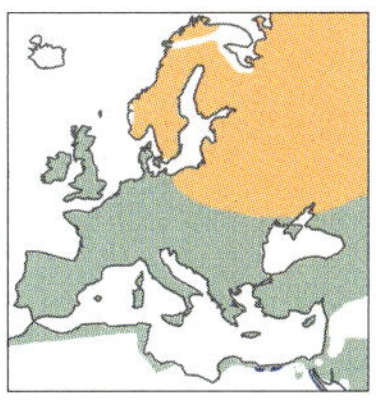

←
Die Nahrung des Turmfalken besteht das ganze Jahr über hauptsächlich aus kleinen Säugetieren, wie zum Beispiel Wühl- oder Feldmäusen.

→
Wenn der Turmfalke nicht genügend Mäuse erbeuten kann, kommt auch ein Maikäfer gerade recht, um seinen Hunger zu stillen.

↑
Ein charakteristisches Verhalten des Turmfalken ist der Rüttelflug. Der Vogel steht dabei, mit den Flügeln schlagend, quasi in der Luft und sucht den Boden von Wiesen und Feldern nach Beute ab. Seine Schwanzfedern spreizt er dabei zur Stabilisierung auf. Bei der Jagd nach Mäusen hilft ihm eine faszinierende Fähigkeit: die Wahrnehmung von ultraviolettem Licht, das für das menschliche Auge nicht sichtbar ist. Der Urin von Mäusen reflektiert UV-Strahlen, und so kann der Turmfalke leicht herausfinden, wo sich die Gänge seiner Beute befinden und ob sich viele Tiere in der Nähe aufhalten.

↓
Den scharfen Augen des Turmfalken entgeht selten etwas! Schade um dieses schöne Zauneidechsenmännchen, doch der Falke hat nun mal hungrige Junge zu versorgen und muss versuchen, ihr Überleben zu sichern.

↑
Alle jungen Turmfalken sehen in ihrem Jugendkleid zunächst einmal aus wie weibliche Tiere.

→
Die Paarung des Turmfalkens zu fotografieren, gelingt nur mit der richtigen Ausrüstung und Glück.

PROJEKT

Turmfalken-Nistkasten

HILFE FÜR DEN TURMFALKEN

Der Turmfalke ist vielerorts ein Felsbrüter und baut kein eigenes Nest. Somit ist er vor allem in offenen Regionen, wo ihm keine Felshöhlen oder Spalten zur Verfügung stehen, auf alte Nester von Rabenvögeln oder Greifvögeln angewiesen. Oft findet er allerdings keine geeigneten verlassenen Nester und ist auch selten in der Lage, Rabenvögel, geschweige denn Greifvögel von ihren neu gebauten Nestern zu vertreiben. Das Anbringen von Nistkästen kann diesem Problem Abhilfe schaffen und den Tieren neue Nistmöglichkeiten bieten. In unserer Region haben wir bereits drei Nisthilfen für den Turmfalken gebaut und angebracht und ihn mit Erfolg angesiedelt. Viele kleine Turmfalken durften hier schon das Licht der Welt erblicken.

DAS BRAUCHEN SIE

Zum Bau des Kastens benötigen Sie Folgendes:

- 18 mm dickes Holz (keine bestimmte Holzart und Lackierung notwendig)
- Bleistift und Lineal (zum Einzeichnen)
- Stichsäge oder Kreissäge, bei Bedarf auch Tischsäge (zum sauberen Aussägen der Teile)
- Schmirgelpapier oder Holzfeile (um Kanten abzurunden und Splitter zu entfernen)
- Bohrmaschine (Vorbohren ist sinnvoll, um zu vermeiden, dass das Holz ausreißt)
- Akkuschrauber und Torx-Schrauben (zum späteren Verbinden der Bauteile)
- wasserabweisende Holzlasur (um den Kasten gegen Witterung zu schützen)
- Borstenpinsel (zum Streichen des Kastens)
- Dachpappe (als Schutz für die Kastenoberseite)
- Handtacker (um die Dachpappe zu befestigen)

Zum Anbringen des Kastens brauchen Sie:

- 1¼-Zoll-Metallstange verzinkt, 6 m (nur für einen frei stehenden Kasten notwendig)
- Metallwinkel oder Lochband (je nach Art der Anbringung des Kastens)

Maße der Bauteile:

- 1 x 500 x 320 mm (Boden)
- 2 x 500 x 400 mm (Seitenteil rechts und links)
- 1 x 360 x 400 mm (Rückwand)
- 1 x 360 x 170 mm (Frontseite)
- 1 x 720 x 460 mm (Dach)

Schritt 1: Das Zeichnen

Wenn Sie nun alle benötigten Werkzeuge und Materialien vor sich liegen haben, beginnen Sie mit Lineal und Bleistift die benötigten Bauteile auf dem Holz einzuzeichnen. Achten Sie bitte auf Sorgfältigkeit, damit beim Zusammenbau alles passt. In vielen Baumärkten gibt es auch die Möglichkeit, sich die Teile direkt passend zuschneiden zu lassen.

Schritt 2: Das Aussägen

Wenn Sie die Bauteile nicht im Baumarkt zuschneiden lassen und Sie selbst alle Bauteile aufgezeichnet haben, geht es an den nächsten Schritt. Jetzt werden die Bauteile mithilfe einer Stich-, Kreis- oder Tischsäge ausgesägt. Bitte achten Sie wie auch schon beim Einzeichnen der Bauteile auf Sorgfältigkeit, damit im Nachhinein beim Verschrauben der einzelnen Teile keine Spalten oder Risse entstehen.

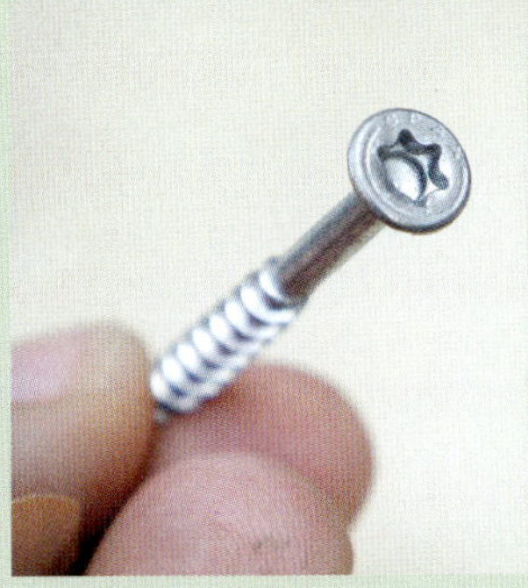

↑ Nachdem Sie sich alle Teile des Nistkastens aufgezeichnet haben, werden sie sorgfältig ausgeschnitten. Zum Verschrauben eignen sich Torx-Schrauben am besten.

↑ Die beiden Seitenteile mit dem Boden verschrauben.

↓ Front an Seitenteilen und Boden anschrauben.

↑ Löcher vorbohren, damit das Holz beim Verschrauben nicht reißt.

↑ Dachpappe auf dem Deckel befestigen und den Kasten mit wetterfester Holzlasur anstreichen. Fertig!

Schritt 3: Das Schmirgeln und Abrunden
Durch das Sägen entstehen oft Splitter und harte Kanten. Diese kann man mit Schmirgelpapier oder einer Holzfeile entfernen und abrunden.

Schritt 4: Der Zusammenbau
Die fertig ausgesägten und abgerundeten Teile können nun mithilfe eines Akkuschraubers verschraubt werden. Empfehlenswert ist es, Torx-Schrauben zu verwenden. Auch mit einem dünnen Bohrer vorzubohren, können wir Ihnen sehr empfehlen.

- Zunächst die beiden Seitenwände mit jeweils drei Schrauben am Boden befestigen.
- Fixieren Sie die Frontseite mit zwei Schrauben rechts und links an den beiden Seitenwänden und mit einer Schraube am Boden.
- Legen Sie die Rückwand auf der anderen Seite an und verschrauben Sie sie mit je drei Schrauben an der linken und der rechten Seitenwand sowie wieder einer Schraube am Boden.
- Legen Sie jetzt das Dach auf den Kasten und lassen Sie es in einem Abstand von 50 mm zu den Seitenwänden und der Rückwand überstehen. Vorne entsteht ein Vorsprung von 150 mm, der das Kasteninnere vor Nässe schützt. Mit vier Schrauben montieren Sie das Dach nun auf den Kasten.
- Streichen Sie ihn nun außen mit einer wasserabweisenden Holzlasur und befestigen Sie die Dachpappe auf dem Deckel mithilfe eines Handtackers. Fertig ist der Nistkasten!

Schritt 5: Standort und Pflege
In welchen Habitaten der Turmfalke vorkommt, können Sie in der Beschreibung der Art auf Seite 217 nachlesen. Die besten Standorte bieten hohe Gebäude wie beispielsweise Kirchtürme, Lagerhallen, Wohnhäuser oder große Bäume. Auch auf einer frei stehenden Metallstange, 5 bis 10 Meter oder je nach Möglichkeit höher, kann der Kasten befestigt werden. Als Faustregel gilt: Den Nistkasten nicht unter 3 Metern anbringen, da sonst die Chance auf einen erfolgreichen Bezug unwahrscheinlich, aber auch nicht ausgeschlossen ist. Turmfalken gewöhnen sich in der Regel schnell an die Anwesenheit des Menschen, wenn der Nistkasten hoch genug angebracht wird. Er sollte aber, wenn möglich, an einem ruhigen Ort aufgestellt werden. Als Einstreu für den Kasten empfehlen wir schweren Rindenmulch. In den Wintermonaten zwischen November und Januar kann der Kasten einmal von grobem Schmutz befreit und die Einstreu erneuert werden. Wird der Kasten frei stehend auf einer hohen Metallstange oder schlecht erreichbar angebracht, ist das Wechseln der Einstreu nur noch bedingt möglich und auch nicht unbedingt notwendig.

Schritt 6: Das Anbringen des Nistkastens
Es gibt zwei Möglichkeiten:
Methode 1: Wenn Sie den Kasten an einem Gebäude oder einem Baum anbringen möchten, sind Winkel oder Lochband die beste Wahl, um ihn sicher zu montieren. Da der Kasten an der Front zu einem Teil offen ist, sollte die Kastenöffnung nicht zur Wetterseite zeigen. Hängen Sie den Kasten nicht über dem Balkon oder der Terrasse auf, denn rund um den Kasten entsteht Schmutz.
Methode 2: Wenn keine geeigneten Gebäude oder Bäume zur Verfügung stehen, kann man den Kasten auch auf eine hohe Metallstange setzen. Wir haben dazu eine 6 Meter hohe, verzinkte 1¼-Zoll-Metallstange verwendet und den Kasten oben mit zwei Winkeln an der Stange befestigt. Um den garantierten Halt der Stange mit Kasten zu garantieren, mussten wir ein schmales, bis zu 2 Meter tiefes Loch in den Boden graben, in das die Stange gesteckt wurde. Wird der Nistkasten auf diese Weise angebracht, sollte die Öffnung des Kastens ebenfalls keinesfalls der Wetterseite ausgesetzt sein!
Hinweis: Holen Sie die Erlaubnis des Eigentümers ein, falls Ihnen das Gebäude oder Grundstück nicht gehört (→ Schritt 6, Seite 188).

↑ Der fertige Nistkasten. Eine wunderbare Kinderstube für die drei kleinen Turmfalken und ihre Eltern.

↑ Rückwand mit Seiten und Boden verschrauben.

↑ Der Nistkasten steht auf einer sechs Meter hohen Stange, damit die Falken ihn gut anfliegen können.

Sperber

Accipiter nisus

AUF EINEN BLICK

LEBENSERWARTUNG
bis zu 10 Jahre

GRÖSSE
28 bis 42 cm

MIGRATION
Standvogel

BRUTZEIT
April bis Juni

EIER
2 bis 4

Ein schneller, raffinierter, todbringender »Torpedo«. So könnte man den Sperber beschreiben, der sich gern an Rändern oder Lichtungen von Nadel- und Mischwäldern aufhält und gelegentlich auch in reinen Laubwäldern angetroffen werden kann. Neben dem Mäusebussard ist der Sperber der häufigste Greifvogel Europas.

Das Weibchen ist deutlich größer als das Männchen und wiegt fast doppelt so viel. Auch in der Gefiederfärbung unterscheiden sie sich. Die Unterseite beider Geschlechter ist quer gebändert, beim Männchen orangefarben, je nach Individuum mal mehr und mal weniger, während sie beim Weibchen eine braungräuliche Färbung ohne orangefarbenen Anteil aufweist. Die Oberseite des Weibchens ist graubräunlich, während die des Männchens, je nach Lichtsituation, deutlich dunkler ist und einen graubläulichen bis schwarzbläulichen Look annimmt. Bei ausgewachsenen Weibchen sind die Augen intensiv gelb und bei Männchen meistens orange.

Das Nest des Sperbers besteht überwiegend aus dünnen Zweigen und wird Anfang April bevorzugt in Nadelbäumen angelegt. Das Männchen versorgt während der Brutperiode das Weibchen und später die Jungen mit Nahrung. Sperberpaare haben ein eigenes Revier, in denen sie meist jedes Jahr ein neues Nest anlegen. Stadtparks, Friedhöfe und Gärten zählen mittlerweile ebenfalls zu beliebten Aufenthaltsorten. Im Winter macht der Sperber gern Beute am Futterhaus.

Die persönliche Geschichte

MATTHIAS FUTTERER

Seit vielen Jahren füttert meine Mutter Vögel in ihrem kleinen Garten vor dem Haus. Es sind nicht besonders viele Arten, höchstens ein paar Kohlmeisen, Blaumeisen, Türkentauben und Scharen von Haussperlingen, die am Haus unter den Ziegeln brüten und das Futterhäuschen innerhalb weniger Tage leeren.

Eines Mittags stand ich zusammen mit meinem Vater im Garten und nahm im Augenwinkel wahr, dass Dutzende von Sperlingen wie von der Tarantel gestochen aus dem Futterhaus in einen nahe gelegenen Busch stiebten und etwas Großes ihnen blitzschnell folgte. Das sonst so muntere Zwitschern der Sperlinge war verstummt, und mein Vater und ich standen ratlos in der Totenstille. Das konnte nur ein Sperber gewesen sein, der Jagd auf die Kleinvögel an unserem Futterhaus machte, dachte ich.

Um mich zu vergewissern, trat ich vorsichtig an den Busch heran und sah hinein. Da saß es! Ein großes Sperberweibchen und in seinen Fängen ein Haussperling. Er hatte es nicht mehr geschafft zu entkommen. Nach einem kurzen Blickkontakt verschwand die Sperberdame mit reicher Beute in Richtung Wald.

Der Sperber ist ein hoch spezialisierter Vogeljäger. Oft erjagt er seine Beute aus dem Hinterhalt, indem er gut versteckt auf einem Ansitz ausharrt, bis er mit seinen scharfen Augen potenzielle Beute erspäht. Scheint diese einen Jagdversuch wert zu sein, schießt er ihr in einem blitzschnellen Überraschungsangriff hinterher. Auffallend sind die langen, dünnen Beine des Sperbers sowie seine Zehen, die mit scharfen Krallen versehen sind. Die Krallen sind der Schlüssel zum erfolgreichen Schlagen der Beute. Sie ermöglichen das sichere Packen des Beutetiers, das durch das Hineinschlagen der Krallen getötet wird.

Während das Beutespektrum beim Sperbermännchen ab der Größe einer Drossel endet, kann das Weibchen Vögel bis Taubengröße schlagen und es sogar mit einem wehrhaften Eichelhäher aufnehmen.

DIE NICKHAUT – das dritte Augenlid der Vögel

Nickhaut des Sperbers

Nickhaut des Basstölpels

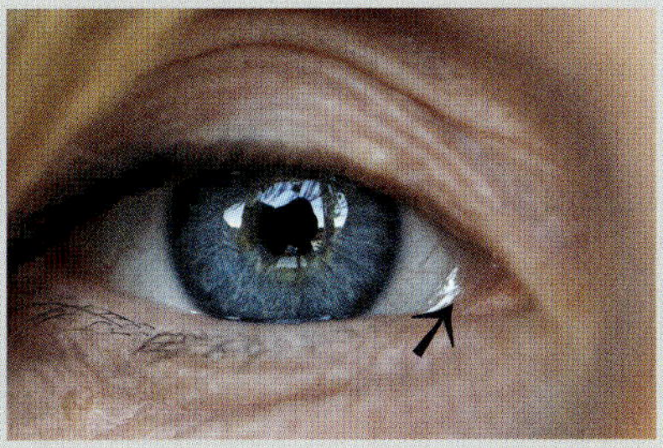
Nickhaut des Menschen

Neben dem Ober- und Unterlid besitzen Vögel noch ein drittes Augenlid – die Nickhaut, die auch Regenbogenhaut genannt wird.

Die Nickhaut spielt uns Naturfotografen oft einen kleinen Streich. Vogelaugen sollen auf Fotos schön klar und glänzend aussehen, denn sie lassen das Motiv lebendig wirken. Manchmal allerdings fällt uns beim späteren Sichten der Fotos am Computer auf, dass sich bei vielen eine Art milchiger Film vor das Auge geschoben hat und dem Foto so die Wirkung nimmt. Diese Bilder sind für viele Fotografen »im Eimer« und werden gelöscht oder gar nicht erst bearbeitet.

Dabei hat die Nickhaut für viele Vogelarten eine nützliche Funktion und ist eine wichtige Anpassung an ihre Lebensweise. Denn sie dient dazu, das Vogelauge vor Fremdkörpern wie Schmutz, Pollen oder Staubpartikel zu schützen, und sorgt des Weiteren dafür, dass die Augenoberfläche mit genügend Tränenflüssigkeit benetzt ist, um sie vor dem Austrocknen, insbesondere während des Fluges, zu bewahren. Deshalb blinzeln Vögel in regelmäßigen Abständen mit ihrer Nickhaut. Das geschieht so schnell, dass es für uns Menschen mit bloßem Auge kaum sichtbar ist und erst bei der Betrachtung der Fotos auffällt.

Die Nickhaut ist eine dünne Bindehautfalte, in die zwei Muskeln eingelagert sind. Auf dem Foto oben Mitte ermöglicht dieser Umstand dem Basstölpel auf der Hochseeinsel Helgoland, seine durchsichtige Nickhaut zu bewegen.
Die Färbung der Nickhaut ist bei vielen Vogelarten unterschiedlich und reicht von durchsichtig über schwarz bis weiß. Auf dem Foto oben links sehen Sie die Nickhaut des Sperbers.

Eisvögel sind territoriale Einzelgänger. Begegnen sich zwei Artgenossen, drohen sie sich zunächst gegenseitig. Manchmal jedoch kommt es auch zum Kampf, wobei ein Vogel versucht, den anderen vom Sitzast zu stoßen, wie im Foto unten zu sehen. Die weiße Nickhaut schiebt sich dabei automatisch vor das Auge, um zu verhindern, dass aufgewirbelter Schmutz ins Auge gelangt. Sogar wir Menschen besitzen eine Nickhaut! Sie sitzt im nasenseitigen Augenwinkel, ist allerdings stark zurückgebildet und hat für uns keine Funktion mehr.

Schleiereule

Tyto alba

AUF EINEN BLICK

LEBENSERWARTUNG
bis zu 10 Jahre

GRÖSSE
33 bis 38 cm

MIGRATION
Standvogel

BRUTZEIT
Mai bis Juli

EIER
4 bis 7

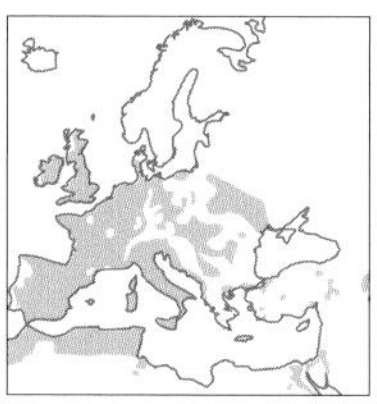

Diese helle Eulenart ist auf allen Kontinenten der Erde zu Hause, mit Ausnahme der Antarktis. Sie lebt häufig in unmittelbarer Nachbarschaft zu uns, oft vielleicht sogar unter unserem Dach, und doch haben die meisten Menschen sie noch nie zu Gesicht bekommen, denn sie wagt sich erst dann aus ihrem Versteck, wenn es für uns Zeit ist, ins Bett zu gehen. Die Schleiereule wirkt mit ihrem herzförmigen Gesichtsschleier, der orangefarbenen beziehungsweise goldbräunlichen Oberseite mit feinen, grauen Flecken und der reinweißen Unterseite sehr edel und ist in Deutschland die einzige Art aus der Familie der Schleiereulen. Sie ist im ganzen Land überall dort anzutreffen, wo ihr geeignete Lebensräume mit genügend Nahrung und Nistkästen zur Verfügung stehen, denn passende natürliche Höhlungen sind kaum mehr in ausreichender Zahl vorhanden.

Die Schleiereule ist nachtaktiv und begibt sich erst in der Dämmerung und der absoluten Dunkelheit auf die Jagd. Ihre Federn sind mit feinen Daunen und Fransen bestückt, die ihr Fluggeräusch absorbieren und ihr den so gut wie lautlosen Flug ermöglichen. Kleine Nagetiere wie die Feldmaus, Spitzmaus oder Waldmaus machen über die Hälfte der Beute der Schleiereule aus und haben zumeist nicht den Hauch einer Chance, dieser hoch spezialisierten Jägerin zu entkommen. Je nach Vorkommen und Gelegenheit erbeutet sie auch Fledermäuse, Kleinvögel, Insekten, Reptilien und Amphibien.

PROJEKT

Schleiereulen-Nistkasten

HILFE FÜR DIE SCHLEIEREULE

Die Schleiereule ist ein klassischer Kulturfolger und mehr als andere Arten in vielen Gegenden von uns Menschen abhängig, denn sie benötigt zum Brüten große Hohlräume, die in Form von Baumhöhlen vielerorts nicht vorhanden sind. Das Anbringen von Nistkästen kann dem Brutplatzproblem Abhilfe verschaffen und den Tieren neue Möglichkeiten bieten, sich anzusiedeln.

DAS BRAUCHEN SIE

Zum Bau des Kastens benötigen Sie Folgendes:

- 20 mm dickes Holz (auch 18 mm sind kein Problem. Es ist keine bestimmte Holzart und Lackierung notwendig. Achten Sie darauf, nicht zu schweres Holz zu wählen, da der Kasten sehr groß wird).
- Bleistift und Lineal (zum Einzeichnen der Teile)
- Stichsäge oder Kreissäge, bei Bedarf auch Tischsäge (zum sauberen Aussägen)
- Schmirgelpapier oder Holzfeile (um Kanten abzurunden und Splitter zu entfernen)
- Bohrmaschine (Vorbohren ist sinnvoll, um zu vermeiden, dass das Holz ausreißt)
- Akkuschrauber und Torx-Schrauben (zum späteren Verbinden der Bauteile)
- zwei Scharniere (um den Kastendeckel zu öffnen)
- Metallwinkel oder Lochband (je nach Art der Anbringung des Kastens)

Soll der Kasten im Freien angebracht werden, brauchen Sie außerdem:

- wasserabweisende Holzlasur (um den Kasten gegen Witterung zu schützen)
- Borstenpinsel (zum Streichen des Kastens)
- Dachpappe (als zusätzlichen Schutz für die Kastenoberseite)
- Handtacker (um die Dachpappe zu befestigen)

Maße der Bauteile für die große Ausführung:

- 3 x 1140 x 540 mm (Dach, Rückwand, Frontseite)
- 2 x 500 x 540 mm (Seitenteil rechts und links)
- 1 x 1100 x 500 mm (Boden)
- 1 x 300 x 520 mm (Trennwand)

Maße der Bauteile für die kleine Ausführung:

- 3 x 900 x 500 mm (Dach, Rückwand und Frontseite)
- 2 x 460 x 500 mm (Seitenteil rechts und Seitenteil links)
- 1 x 860 x 460 mm (Boden)
- 1 x 260 x 480 mm (Trennwand)

Schritt 1: Das Zeichnen

Zeichnen Sie sorgfältig mit einem Lineal und einem Bleistift die benötigten Bauteile auf dem Holz ein. Das Einflugloch hat eine Größe von 150 x 250 mm. Es wird 50 mm von der rechten oder linken Seite der Frontseite in einer Höhe von 140 mm von oben eingezeichnet (bei großer Kastenausführung, →Foto rechts). Der Sitz und die Maße des Einfluglochs bei der Ausführung des kleineren Nistkastens bleiben gleich.

Achten Sie schon beim Einzeichnen auf Sorgfältigkeit, damit beim Zusammenbau alles passt. In vielen Baumärkten gibt es auch die Möglichkeit, sich die Teile passend zuschneiden zu lassen.

Schritt 2: Das Aussägen

Wenn Sie die Bauteile nicht im Baumarkt zuschneiden lassen, geht es nun an den nächsten Schritt.

↑ Die Bauteile werden zunächst aufgezeichnet, dann sorgfältig ausgeschnitten und die scharfen Kanten zum Schluss geglättet.

↑ Front- sowie Rückseite werden mit dem Boden verschraubt.

↑ Die Trennwand wird eingesetzt.

↓ Das Dach wird mit Scharnieren verschraubt.

↑ So wird das Einflugloch für den Nistkasten richtig platziert.

Jetzt werden die Bauteile mithilfe einer Stich-, Kreis- oder Tischsäge ausgesägt. Bitte achten Sie wie schon beim Einzeichnen auf Sorgfältigkeit, damit im Nachhinein beim Verschrauben keine Spalten entstehen. Auch die eigene Sicherheit sollte selbstverständlich gewährleistet sein.

Schritt 3: Das Schmirgeln und Abrunden
Durch das Sägen entstehen oft Splitter und harte Kanten. Diese kann man mit Schmirgelpapier oder einer Holzfeile entfernen und abrunden.

Schritt 4: Der Zusammenbau
Die fertig ausgesägten und abgerundeten Teile liegen nun vor Ihnen und können nun mit einem Akkuschrauber verschraubt werden. Empfehlenswert ist, dabei Torx-Schrauben zu verwenden. Auch mit einem dünnen Bohrer vorzubohren, kann ich Ihnen sehr ans Herz legen, da sonst die Gefahr besteht, dass das Holz reißt.

- Beginnen Sie damit, die Rückwand und die Frontseite mit jeweils fünf Schrauben am Boden zu befestigen.
- Fixieren Sie die Trennwand in einem Abstand von 50 mm zum Einflugloch und verschrauben Sie sie mit zwei Schrauben an der Frontseite sowie von unten mit dem Boden, indem Sie den Kasten kurz kippen. Die Trennwand dient dazu, dass es im Brutraum später so dunkel wie möglich ist.
- Danach schieben Sie die beiden Seitenteile rechts und links zwischen Rückwand und Frontseite und verschrauben sie mit je drei Schrauben am Boden, der Frontseite und der Rückwand.
- Zu guter Letzt legen Sie das Dach auf den Kasten und verschrauben es mit zwei Scharnieren an der Rückwand.
- Wenn Sie den Kasten im Freien aufstellen wollen, sollten Sie ihn außen noch mit einer wasserabweisenden Holzlasur einstreichen und Dachpappe auf dem Deckel mithilfe eines Handtackers befestigen. Fertig ist der Nistkasten!

Schritt 5: Standort und Pflege
Als Standort für den Nistkasten bieten sich hohe Gebäude wie beispielsweise Kirchtürme, Lagerhallen, Scheunen oder große Bäume an. Als Faustregel sollten Sie nur beachten, dass unter 2 Metern die Chance auf einen erfolgreichen Bezug unwahrscheinlich, aber auch nicht ausgeschlossen ist.
Da Schleiereulen selbst kein Nistmaterial eintragen und auf dem blanken Boden brüten würden, empfehlen wir als Einstreu für den Kasten Rindenmulch, den Sie in einer Schicht von 20 bis 30 mm in den Kasten einbringen.
Mit den Jahren wird die Schicht durch Federn und Gewölle der Eulen immer höher, und alle fünf Jahre kann man in den Wintermonaten zwischen November und Januar den Kasten einmal von grobem Schmutz befreien. Ist der Kasten schlecht erreichbar angebracht, ist das aber auch nicht zwingend notwendig.

Schritt 6: Das Anbringen des Nistkastens
Entscheiden Sie sich, den Kasten an oder in einem Gebäude anzubringen, sind große Schwerlastträger die beste Wahl, um den Kasten sicher zu montieren. Achten Sie darauf, dass die Eulen den Kasten ohne Behinderung erreichen können. Mit leichter bis starker Verschmutzung aus Kot und Gewöllen rund um den Kasten müssen Sie rechnen. Daran sollten Sie denken, wenn Sie den Platz für den Nistkasten auswählen.
Wenn Sie den Kasten in einem Baum aufhängen möchten, sollte der Baum am besten frei stehen und am Stamm mit einem Abwehrgürtel gegen Marder und Hauskatzen gesichert werden. Ansonsten können diese Fressfeinde die Brut gefährden. Für das Anbringen des Nistkastens eignet sich ein Lochband. Achten Sie auch hier darauf, dass der Kasteneingang für die Eulen gut erreichbar ist.
Hinweis: Holen Sie die Erlaubnis des Eigentümers ein, falls Ihnen das Gebäude oder Grundstück nicht gehört (→ Schritt 6, Seite 188).

↑ Sicht von oben in den Kasten: Rechts gelangt die Eule in den Nistkasten und an der Trennwand vorbei zur dunklen Brutkammer.

↑ Als Einstreu für den Nistkasten ist Rindenmulch geeignet.

↑ Die große Aufführung des Nistkastens ist fertig. Je größer der Kasten ist, desto leichter tun sich die Eulen bei der Aufzucht ihrer vier bis sieben und in Extremfällen sogar neun Jungtiere.

↑ Der große Nistkasten unter dem Dach ist eine wunderbare Kinderstube für den Schleiereulen-Nachwuchs.

Da die standorttreue Schleiereule nur wenig Fettreserven anlegen kann, bedeuten schneereiche Winter harte Zeiten für sie. Wenn das Land über mehrere Wochen unter einer hohen Schneedecke begraben ist und sie keine Beute machen können, sterben viele Schleiereulen.

Die Großen

Hier geht es um Vogelarten mit einer Größe bis zu 98 Zentimetern – von der geselligen Alpendohle mit ihren rotorangen Beinen und dem gelben Schnabel bis zum Graureiher, der seinen Kopf beim Fliegen einzieht und den Hals s-förmig krümmt.

Alpendohle

Pyrrhocorax graculus

AUF EINEN BLICK

LEBENSERWARTUNG
bis zu 10 Jahre

GRÖSSE
35 bis 40 cm

MIGRATION
Standvogel

BRUTZEIT
April bis Juli

EIER
3 bis 5

ROTE LISTE DEUTSCHLAND
(6. Fassung 2020)
Kategorie R (Extrem selten)

Wer schon mal eine längere Wanderung in den Alpen gemacht hat, wird diesem kleinen, durch seine rotorangefarbenen Beine und dem gelben Schnabel recht bunt wirkenden Rabenvogel sicher schon begegnet sein. Die Alpendohle ist ein Gebirgsspezialist und in felsigem Gelände mit alpinen Matten zu Hause. Sie ist äußerst intelligent und hat vielerorts schnell erkannt, wo es leicht etwas Fressbares zu holen gibt. Wanderer an Gipfeln oder Berghütten, paarweise oder in kleinen Trupps, lautstark nach etwas Fressbarem anzubetteln, stellte sich für sie als äußerst lohnend heraus.

Neben ihrer durch Menschen erschlossenen Nahrung sucht die Alpendohle nach verschiedenen Insekten, Spinnen, Würmern und anderen Wirbellosen. Sollte sie Aas oder Vogeleier entdecken, freut sie sich auch über diese Nahrungsquelle. Im Winter, wenn Futter in den Höhenlagen des Gebirges knapp wird, zieht es sie oft ins Tal, wo sie verschiedene Sämereien, Beeren und Früchte sowie Abfall aufnimmt.

Die Alpendohle lebt monogam und bleibt ihrem einmal gewählten Partner meist bis zum Tod treu. Sie brütet in Felsnischen, -spalten und -höhlungen an steilen Felswänden. Dort legt sie ihr Nest aus Zweigen, Halmen und Wurzelstückchen an und polstert es mit Gräsern, Haaren und Federn aus. Ihre Eier bebrütet sie etwa 20 Tage lang. Wenn die Küken geschlüpft sind, verweilen diese noch einen bis eineinhalb Monate im Nest und werden von den Altvögeln versorgt.

←
Selfie mit Alpendohle! Wo viele Wanderer unterwegs sind, ist in den Alpen auch die Alpendohle oft nicht weit. Zum Fotografieren sind diese lustigen Gesellen immer ein Highlight, auch wenn in diesem Fall das Licht nicht ganz optimal war.

↓
Die Männchen der Alpendohle werden etwas größer und schwerer als die Weibchen. Doch ansonsten unterscheiden sich die Geschlechter äußerlich nicht. Paare, die sich einmal gefunden haben, bleiben sich ein Leben lang treu.

↑
Die Rufe der Alpendohle haben einen zirpenden, hellen Klang und bestehen meist aus kurzen Silben. Charakteristisch ist ein »zirrr« oder auch »zrr-rieh«. Je nach Situation werden die Rufe in verschiedenen Tonhöhen ausgestoßen, die dann auch jeweils eine eigene Bedeutung haben.

Blässhuhn

Fulica atra

AUF EINEN BLICK

LEBENSERWARTUNG
bis zu 15 Jahre

GRÖSSE
36 bis 42 cm

MIGRATION
Standvogel

BRUTZEIT
April bis August

EIER
5 bis 10

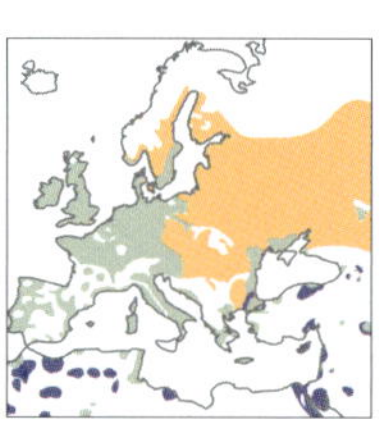

Das Blässhuhn ist in Deutschland so gut wie überall zu finden, wo nährstoffreiche Wasserflächen mit genügend Ufervegetation zur Verfügung stehen. Daher ist es nicht ungewöhnlich, dass sich diese völlig schwarz gefärbte Ralle mit ihrer weißen Stirnplatte, dem weißen Schnabel und den glutroten Augen in unmittelbarer Nähe zu uns Menschen an Parkteichen, Stadtseen, Flüssen oder Hafenanlagen aufhält und sich dort durch Futterzugabe schnell an Menschen gewöhnt und recht zahm wird. Warum Sie aber auf eine Fütterung von Brot oder sonstigen Backwaren verzichten sollten, erfahren Sie auf Seite 288.

Auf dem Wasser schwimmend, nickt das Blässhuhn gleichmäßig mit dem Kopf und erinnert aus der Ferne ein wenig an eine Ente. Es ist nicht in der Lage, direkt von der Wasseroberfläche zu starten und benötigt einen relativ langen Anlauf, um sich in die Luft zu erheben. Während der Brutzeit sind Blässhühner sehr territorial und verteidigen ihre Reviere energisch gegen Eindringlinge. Zuerst wird versucht, den Gegner mit gehobenen Flügeln einzuschüchtern. Hilft das nicht, geht der Hausherr zum Angriff über. Ein Blässhuhnpaar baut gemeinsam sein Nest aus verschiedenem Pflanzenmaterial. Es wird entweder an Land oder auf dem Wasser in dichter Ufervegetation errichtet. Der Bau kann zwischen zwei und drei Wochen dauern. Das Pärchen legt neben dem Hauptnest oft noch weitere Nester in der Umgebung an, in denen der spätere Nachwuchs Schutz suchen und sich ausruhen kann.

←
Das Blässhuhn erinnert aus der Ferne ein bisschen an eine Ente. Als Allesfresser ist es flexibel und ernährt sich je nach Verfügbarkeit von verschiedenen Wasserpflanzen, Sämereien, Gräsern, Insekten und Würmern.

↓
Man vermutet, dass die Kopffärbung der Küken den Fütterungstrieb der Altvögel auslöst. Als Nestflüchter können sie kurz nach dem Schlüpfen bereits schwimmen und werden etwa vier bis fünf Wochen von den Eltern umsorgt.

↑
Vor einem Tauchgang macht das Blässhuhn einen kleinen Sprung und kommt nach wenigen Sekunden wie ein Korken wieder an die Wasseroberfläche. Durch die starke Bindung ans Wasser ist das Blässhuhn die einzige Ralle, die Schwimmlappen an den Zehen besitzt.

Waldkauz

Strix aluco

AUF EINEN BLICK

LEBENSERWARTUNG
bis zu 15 Jahre

GRÖSSE
37 bis 42 cm

MIGRATION
Standvogel

BRUTZEIT
Februar bis August

EIER
3 bis 5

Den schaurigen Ruf des Waldkauzes hört man regelmäßig in nächtlichen Szenen von Krimis oder Gruselfilmen, und er wird wahrscheinlich vielen im Gedächtnis bleiben. Gerade wenn man im Frühjahr einen Abendspaziergang macht, hat man gute Chancen, das lang gezogene »huh-huhuhu« zu vernehmen, das in der Dämmerung oder im Stockdunkeln ziemlich unheimlich wirken kann.

Der Waldkauz ist nach dem Uhu und dem Habichtskauz die drittgrößte Eulenart Deutschlands und in allen Bundesländern zu finden. Anders, als es sein Name vermuten lassen würde, findet man ihn nicht nur in seinem typischen Habitat, sprich alten Laub- und Mischwäldern, sondern auch in Gärten oder Parks mit altem Baumbestand. Selbst in alten Scheunen, auf Dachböden oder in alten unbenutzten Kaminen lässt er sich nieder.

Der Waldkauz ist nachtaktiv, doch mit etwas Glück auch an schönen Tagen - dösend im Eingang seines Unterschlupfes oder dicht an einen Baum gepresst - anzutreffen. Dieses Verhalten ist vor allem dort zu beobachten, wo er sich an die Nähe des Menschen gewöhnt hat und weiß, dass von diesem keine Gefahr ausgeht.

Vor einem Jahr habe ich sogar erstmals erlebt, dass ein Waldkauz mitten im Dorf an einer gewöhnlichen Hausfassade in einen Turmfalkenkasten einzog, die Falken verdrängte und sogar im Nistkasten brütete und zwei Junge aufzog.

Diese erstaunliche Anpassungsfähigkeit, in den verschiedensten Habitaten zu überleben und sich fortzupflanzen, trägt einen großen Teil dazu bei, dass der Waldkauz eine der häufigsten Eulen in Deutschland ist. Waldkauzpaare sind sehr partner- und standorttreu und verlassen ein einmal gewähltes Revier auch in strengen Wintern nicht.

Der Waldkauz geht in der Nacht in fast lautlosem Suchflug auf die Jagd nach Mäusen und anderen Kleinsäugern, die einen Großteil seiner Nahrung ausmachen. Vernimmt er das für uns schwer hörbare leise Wispern der Mäuse, die sich auf diese Weise untereinander verständigen, kann der Waldkauz die Lautquelle orten und seine Flugrichtung abrupt ändern. Hat er keinen Erfolg bei seinem Suchflug, fliegt er Ansitzwarten an, um sich einen Überblick zu verschaffen. Hier verweilt er mehrere Stunden in der Hoffnung, dass er Beute machen kann. Zum Nahrungsspektrum des Waldkauzes gehören auch Vögel von der Größe einer Kohlmeise bis hin zu einer jungen Elster. Ebenso wenig verschmäht er Spitzmäuse, Frösche, Käfer und Regenwürmer. Ja sogar Kaninchen, Eichhörnchen und Ratten stehen ab und zu auf dem Speiseplan, wenn er sie ergattern kann. Größere Beutetiere und auch das Futter für die Jungtiere werden in der Regel vor dem Fressen zerkleinert. Übrigens: Wussten Sie schon, dass der Waldkauz seinen Kopf um 270 Grad drehen kann? Auf diese Weise entgeht ihm selbst die kleinste Bewegung eines Beutetieres nicht. Einmal im Visier, haben Beutetiere keine Chance, mit dem Leben davonzukommen.

Die persönliche Geschichte

HANNES BONZHEIM

Ich erinnere mich noch sehr genau an meine erste Begegnung mit einer Eule. Es war Ende März 2019, und ein Bekannter von mir gab mir den Tipp, dass es zurzeit auf einem Friedhof im Raum Stuttgart ein Waldkauzpaar mit Jungen gäbe.

Direkt am nächsten Tag fuhr ich mit der U-Bahn dorthin, um nachzusehen, denn ich konnte es kaum erwarten, eine Eule »in real life« sehen zu können. Der Friedhof war nicht sehr groß, doch ich hatte zu dieser Zeit noch kein geübtes Auge für diese Meister der Tarnung und war sicher schon dreimal an einer großen Eibe, die relativ zentral auf dem Friedhof stand, vorbeigelaufen, bis ich nach zwei Stunden meine Strategie änderte und nicht mehr die Bäume hinaufsah, sondern den Boden darunter absuchte. Dort hatte ich endlich Erfolg und fand unter der besagten Eibe Unmengen an Gewöllen, also unverdauten Nahrungsresten.

Wenig später entdeckte ich auch meine erste Eule – eine Waldkauzdame –, die es sich mit ihrem Nachwuchs in mittlerer Höhe des Baumes gemütlich gemacht hatte. Ich kann mein Gefühl gar nicht beschreiben, es war einfach ein so wunderschönes Erlebnis. Auf den ersten Blick hatte ich mich in diese Geschöpfe der Nacht verguckt, und viele großartige Momente mit diesen Tieren sollten noch folgen …

Wie auch bei vielen anderen Vogelarten, mangelt es dem Waldkauz häufig an geeigneten natürlichen Höhlen und Unterschlüpfen. Deshalb werden Nistkästen oft dankbar von dieser großen Eule angenommen. Sie nutzt den Kasten entweder als Ruhe- und Brutplatz oder als Nahrungsdepot. Befindet sich die Stelle, an welcher der Nistkasten angebracht werden soll, jedoch nicht auf dem eigenen Grundstück, muss man zunächst die Erlaubnis des Eigentümers beziehungsweise des zuständigen Jägers oder Försters des Gebietes einholen.

Der Habichtskauz ist mit 58 Zentimetern Körperlänge deutlich größer als sein Verwandter, der Waldkauz. Habichtskauze brüteten im Bayerischen sowie Böhmerwald, bis sie um 1926 endgültig ausgerottet wurden. Heute zeigt die Wiederansiedlung in bayerischen Wäldern erste Erfolge.

Brand-seeschwalbe

Thalasseus sandvicensis

AUF EINEN BLICK

LEBENSERWARTUNG
bis zu 10 Jahre

GRÖSSE
37 bis 43 cm

MIGRATION
Zugvogel

BRUTZEIT
Mai bis Juli

EIER
1 bis 2

ROTE LISTE DEUTSCHLAND
(6. Fassung 2020)
Kategorie 1 (Vom Aussterben bedroht)

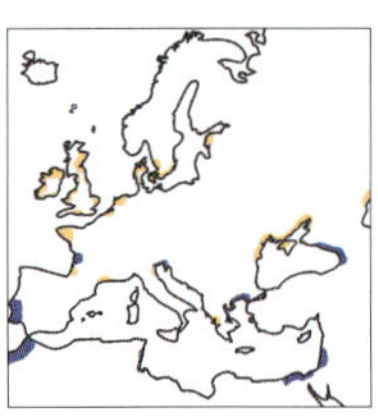

Eine rabenschwarze Kopfplatte, kurze, schwarze Beine und ein langer, schlanker, schwarzer Schnabel mit gelblicher Spitze sind das Markenzeichen dieser Seeschwalbenart im Prachtkleid, das von März bis Juni getragen wird. Die Brandseeschwalbe ist zwischen März und September - mit etwas Glück - als gelegentlicher Küstenvogel an unseren Nord- sowie Ostseestränden zu beobachten. Sie brütet gern auf kleinen, störungsfreien Inseln in riesigen Kolonien, die aus Tausenden von Paaren bestehen können.

Ihre ein bis zwei Eier legt sie in eine kleine ausgescharrte Bodenmulde im Sand ab und bebrütet diese zwischen 23 und 25 Tage lang. Die geschlüpften Jungvögel verlassen bereits in ihrer ersten Lebenswoche das Nest und werden von den Altvögeln weiter mit Nahrung versorgt. Als eingefleischter Zugvogel verbringt die Brandseeschwalbe die kalten Wintermonate am warmen Mittelmeer und zieht sogar gelegentlich bis nach Südafrika.

Wie der Eisvogel, Basstölpel oder manch andere Seeschwalbe, praktiziert auch die Brandseeschwalbe das Stoßtauchen. Auf der Jagd nach kleinen Fischen fliegt sie entlang der Küste oder über dem offenen Meer, oft in deutlich größeren Höhen als etwa die Flussseeschwalbe, und sucht das Wasser nach einem lohnenden Fang ab. Hat sie vielversprechende Beute entdeckt, stürzt sie sich im Sturzflug wie ein Pfeil in die Tiefe. Da dies regelmäßig aus großen Höhen erfolgt, ist

der Aufprall auf dem Wasser zu vernehmen. Nach wenigen Sekunden taucht die große Seeschwalbe wieder auf und erhebt sich mit kräftigen Flügelschlägen aus dem Wasser. Hatte sie kein Jagdglück, schraubt sie sich sogleich erneut in die Höhe und setzt zum nächsten Sturzflug an, bis sie einen Fisch erbeutet hat. Ist sie nicht auf Fischfang, verspeist sie auch Insekten, Würmer oder verschiedene Mollusken wie Muscheln und Schnecken.

Die Angewohnheit, in großen Kolonien zu brüten, wurde der Brandseeschwalbe im Jahr 2022 zum Verhängnis, als die Vogelgrippe erstmals im Sommer ausbrach und die letzten bereits angeschlagenen Brutvorkommen mit voller Wucht traf. Tausende Vögel der bereits vom Aussterben bedrohten Seeschwalbenart kamen ums Leben.

FUN FACT

Nach einer anstrengenden Brutperiode, die von Mai bis Juli dauert, wechselt die Brandseeschwalbe im Juli ihr Prachtkleid in ein Schlichtkleid, das sie dann bis in den Februar des nächsten Jahres hinein trägt. Das Schlichtkleid unterscheidet sich optisch nicht wesentlich vom Brutkleid, aber die Farbe des Stirngefieders wechselt nun von schwarz zu weiß.

Ringeltaube

Columba palumbus

AUF EINEN BLICK

LEBENSERWARTUNG
bis zu 10 Jahre

GRÖSSE
38 bis 43 cm

MIGRATION
sowohl Stand- als auch Zugvogel

BRUTZEIT
April bis September

EIER
1 bis 2

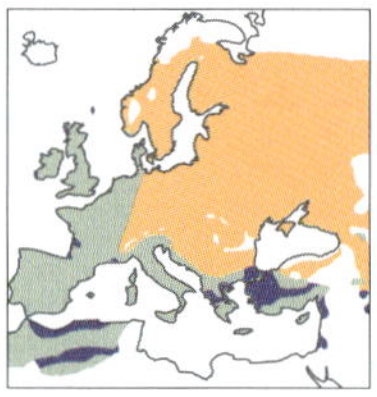

Die Ringeltaube, seltener auch »Waldtaube« genannt, ist die größte Taubenart Deutschlands und weit verbreitet. Sie ernährt sich hauptsächlich pflanzlich und sucht in kleinen Trupps oder paarweise verschiedene Sämereien, Blätter, Früchte, Knospen, Beeren und vieles mehr am Boden oder in Büschen und Bäumen.

Auch Würmer, Weichtiere und Backwaren sowie sonstige Nahrungsreste, die sie in Städten und Dörfern findet, stehen auf ihrem Speiseplan. Im Winter ist die Ringeltaube häufig ein regelmäßiger Besucher von Futterstellen.

Die Brutzeit dieser großen Taube liegt zwischen April und September. Gute zwei Wochen dauert der Nestbau, an dem sich beide Partner beteiligen. Das Nest wird aus verschiedenen Stöcken und Zweigen gebaut und oft hoch in Bäumen angelegt. Ein Ringeltaubenweibchen legt nur ein bis zwei Eier, die es zwischen zwei und drei Wochen ausbrütet. Wenn die Küken geschlüpft sind, werden sie mit Kropfmilch gefüttert. Nach einem guten Monat sind die Jungvögel so weit entwickelt, dass sie das Nest zum ersten Mal verlassen. Mit etwa 35 Tagen sind sie voll flugfähig.

Außerhalb der Brutzeit verbringt die Ringeltaube die Nächte oft in großen Schlafgemeinschaften. Zu ihren Hauptfeinden zählen der Uhu und der Habicht sowie seltener der Wanderfalke, der Mäusebussard oder die Sperberweibchen.

Austernfischer

Haematopus ostralegus

AUF EINEN BLICK

LEBENSERWARTUNG
bis zu 30 Jahre

GRÖSSE
40 bis 45 cm

MIGRATION
sowohl Stand- als auch Zugvogel

BRUTZEIT
April bis August

EIER
2 bis 3

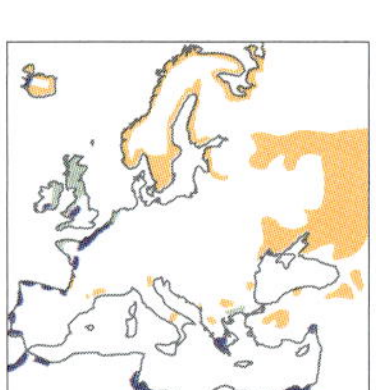

Er ist der Charaktervogel unserer Küsten. Der Austernfischer wird wohl von den meisten Menschen, die es an die deutsche Nord- oder Ostseeküste gezogen hat, bemerkt worden sein. Er hält sich oft unmittelbar in Menschennähe auf und teilt vielerorts den Strand mit Badegästen von nah und fern.

Hat sich ein Austernfischerpaar gefunden, bleibt es sich lebenslang treu. In einem Alter von etwa vier bis fünf Jahren kommt es bei Austernfischern zum ersten Mal zur Brut, was in der Vogelwelt nicht unbedingt üblich ist. Austernfischer können sogar bis zu einem Lebensalter von über 30 Jahren noch Nachwuchs bekommen. Das bedeutet, dass ein Weibchen, das jährlich zur Brut schreitet, über 25-mal in seinem Leben zwei bis drei Jungtiere pro Brut haben kann. Daher ist es nicht verwunderlich, dass der Austernfischer mit gut 25.000 bis 33.000 Brutpaaren einer der häufigsten Küstenvögel Deutschlands ist.

Wenn es um seine Nahrung geht, ist der Austernfischer recht breit aufgestellt. Er erbeutet – je nach Vorkommen – hauptsächlich Muscheln, Krebse oder Borstenwürmer. Auch Regenwürmer, Schnecken oder gar Insekten werden im Binnenland nicht verschmäht. Der Austernfischer ist in der Lage, mithilfe seines ausgezeichneten Tastsinns zwischen lebenden und leeren Muscheln zu unterscheiden, was ihm die Nahrungssuche bei Nacht ermöglicht und die er auch durchaus regelmäßig praktiziert.

←
Im Juni 2020 an der Nordsee. Plötzlich hüpfte das Männchen auf den Rücken des Weibchens. Ich konnte es gar nicht glauben! Ich fotografierte gerade eine Austernfischerpaarung – ohne Tarnung in meinen besten Klamotten.

↓
Wie ich so meinen Blick über den menschenleeren Strand schweifen ließ, blieb ich plötzlich an zwei schwarzen Punkten hängen: an zwei Austernfischern, die inmitten der Strandkörbe ein Nickerchen machten. Meine Chance, sie abzulichten!

↑
Durch seinen langen, kräftigen Schnabel ist der Austernfischer optimal an das Leben in Küstengebieten angepasst. Er ermöglicht ihm, im Schlamm und an der Nordseeküste vor allem im Watt nach Muscheln und anderem Getier zu stochern und gegebenenfalls harte Muscheln aufzuschlagen.

Reiherente

Aythya fuligula

AUF EINEN BLICK

LEBENSERWARTUNG
bis zu 15 Jahre

GRÖSSE
40 bis 47 cm

MIGRATION
sowohl Stand- als auch Zugvogel

BRUTZEIT
April bis Juli

EIER
5 bis 12

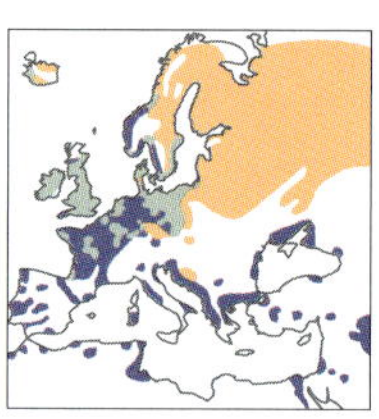

Diese schwarz-weiße Reiherente aus der Familie der Entenvögel kam vermutlich durch ihren langen, reiherähnlichen Federschopf zu ihrem Namen. Sie ist nach der Stockente die zweithäufigste Ente Deutschlands. Anders als die Stockente, ist die Reiherente eine sogenannte Tauchente, die ihre hauptsächlich tierische Nahrung tauchend in mehreren Metern Wassertiefe sucht. Ein Großteil ihrer Nahrung machen verschiedene Muscheln und Schnecken aus, aber auch Krebstiere, Würmer, kleine Fische und hier und da mal etwas Pflanzliches runden ihr Nahrungsrepertoire ab.

Prinzipiell findet man die Reiherente an so gut wie allen Gewässern, besonders an Seen und langsam fließenden Gewässern. Auch an der Meeresküste oder in Stadtparkteichen kann man ihr mit etwas Glück begegnen. Als Schwarmtier ist die Reiherente meistens in Trupps oder kleinen Schwärmen unterwegs.

Ihr Nest aus Pflanzenmaterial legt die Reiherente gut versteckt am Boden, inmitten dichter Ufervegetation, an. Sie brütet allerdings auch gelegentlich gemeinsam mit Lachmöwen oder Seeschwalben in kleinen Kolonien. In diesem Fall sind die Nester meist nicht sonderlich gut versteckt, da die Enten von der Wachsamkeit ihrer Nachbarn profitieren. Das Weibchen brütet die Eier über einen Zeitraum von fast einem Monat allein aus. Verlässt es das Nest, verdeckt es die Eier mit Daunenfedern, um sie vor Fressfeinden zu verbergen.

←
Die Jungtiere der Reiherente sind Nestflüchter. Sie werden schon kurze Zeit nach dem Schlüpfen vom Weibchen rasch ans nächste Gewässer geleitet. Die Kleinen können schon sehr bald schwimmen und tauchen. Gefüttert werden sie anfangs mit Insekten.

↓
Je nach Tageszeit und Lichteinfall wirkt das Kopfgefieder der Reiherente entweder gänzlich schwarz, grünlich oder violett. Die gelben Augen sind jedoch immer ihr auffälligstes Merkmal.

↑
Eine männliche Reiherente schwimmt auf dem Rhein und setzt immer wieder zu Tauchgängen an. Besonders im Winter kann es zu Verwechslungen mit Bergentenmännchen kommen, die bis auf eine hellgrau gemusterte Oberseite der Reiherente auf die Feder gleichen. Auch die Weibchen der beiden Arten sehen sich sehr ähnlich.

Mandarin-ente

Aix galericulata

AUF EINEN BLICK

LEBENSERWARTUNG
bis zu 10 Jahre

GRÖSSE
40 bis 49 cm

MIGRATION
Standvogel (etabliertes Neozoon)

BRUTZEIT
April bis Juli

EIER
6 bis 10

Sie ist für viele Menschen die schmuckste Entenart Deutschlands und kommt ursprünglich aus Asien. Die Mandarinente kam anfänglich als Ziervogel schon gegen 1745 nach Europa. Da sie sehr anpassungsfähig und kälteunempfindlich ist, bildeten sich im Laufe der Zeit mancherorts aus Gefangenschaftsflüchtlingen kleine Wildpopulationen, die sich ohne großes Zutun des Menschen vermehrten.

Mittlerweile gilt die Mandarinente in Deutschland, wie die Nilgans oder der Halsbandsittich, als etabliertes Neozoon, das heißt, sie ist eine gebietsfremde Vogelart. Die Mandarinente ist auf Gewässer mit großen, alten Bäumen in der Umgebung angewiesen, denn sie ist ein Höhlenbrüter! Teilweise liegen geeignete Baumhöhlen in Höhen von 10 bis 15 Metern. Es kommt sogar vor, dass Mandarinenten in Schleiereulen-Nistkästen an hohen Gebäuden einziehen, sofern diese in der Nähe eines geeigneten Gewässers liegen. Allein das Weibchen ist für das Ausbrüten der sechs bis zehn Eier verantwortlich. Seine Aufgabe erfüllt es so aufopferungsvoll, dass es sich selbst bei schwerwiegenden Störungen nicht von seinem Gelege vertreiben lässt.

Die Brutperiode beträgt einen Monat, bis eine neue Generation Mandarinenten schlüpft. Der Start ins Leben könnte für ein kleines Entenküken, das in einer Baumhöhle zur Welt kommt, kaum spannender sein. Mandarinenten besitzen bereits nach dem Schlüpfen scharfe Krallen an den Füßen, die es ihnen – wenn es so weit ist – ermöglichen,

gemeinsam mit ihren Geschwistern den Höhlenausgang zu erklimmen und ohne zu zögern die Höhle mit einem Sprung in die Tiefe zu verlassen. Da sie durch ihr weiches Daunenkleid gut gepolstert sind und zumeist auf weichem Waldboden oder trockenem Laub landen, bleiben sie dabei unverletzt. Im Laufe ihres Lebens werden sie den Schutz der Bäume weiterhin nutzen und insbesondere die Nacht in luftigen Höhen verbringen.

Die Mandarinente ist unempfindlich gegenüber Kälte und findet wegen ihrer unproblematischen Ernährungsweise das ganze Jahr über etwas Fressbares, um zu überleben. In ihrer asiatischen Heimat ist sie bedroht, weshalb die neu entstandenen ungefährdeten Wildpopulationen in Europa äußerst wichtig und schützenswert sind.

FUN FACT

Anders als etwa der Fasan, wurde die Mandarinente nicht zum puren Jagdvergnügen nach Europa gebracht, sondern war von Anfang an als bunter Ziervogel für Parkanlagen vorgesehen. Bis heute erfreut sich dieser hübsche Vogel großer Beliebtheit. In China gilt die Mandarinente als Symbol für eheliche Treue, und gern wurde früher ein Pärchen als Hochzeitsgabe geschenkt.

←
Sein wunderschönes buntes Prachtkleid, das es ab September bis in den Mai des folgenden Jahres hinein trägt, macht das Männchen der Mandarinente unverwechselbar.

↑
Dieses zerfleddert wirkende Mandarinmännchen habe ich im August 2020 an einem großen See in der Nähe von Salzburg fotografiert. Es sieht geschwächt oder gar krank aus, doch es ist kerngesund und befindet sich lediglich mitten in der Mauser vom Schlicht- zum Prachtkleid. Spätestens Mitte September ist die Mauser abgeschlossen.

Die persönliche Geschichte

HANNES BONZHEIM

In meiner Nähe gibt es drei große Seen, die mitten im Wald liegen. Ein optimales Habitat, mit vielen großen Bäumen, die den Enten genug Brutmöglichkeiten und Schutz vor Feinden bieten.

Seit vielen Jahren gibt es dort Mandarinenten, die erfolgreich Junge aufziehen. Im Winter sind es teilweise bis zu 15 Paare, von denen jedoch viele, wenn der Frühling näher rückt, zu anderen Seen in der Nähe weiterziehen und erst im Winter wieder zurückkehren.

Es ist immer wieder amüsant zu sehen, wie staunend so manch ein Spaziergänger stehen bleibt und die Mandarinenten betrachtet, sobald er mich, mit Kamera im Anschlag auf die Wasseroberfläche zielend, entdeckt. Gespräche sind da natürlich in der Regel vorprogrammiert, sodass ich mich an manchen Tagen mehr mit interessierten Menschen unterhalte, als ich zum Fotografieren komme.

Da Mandarinenten von Natur aus sehr scheu sind, ist es teilweise gar nicht so einfach, an sie heranzukommen, und man sollte nicht unterschätzen, dass die Männchen trotz ihres bunten Gefieders perfekt mit der herbst- oder winterlichen Ufervegetation verschmelzen. Doch mit etwas Glück und Geduld findet man ein Pärchen, das etwas entspannter ist und einen auf gute Aufnahmedistanz herankommen lässt. Es ist schön zu sehen, wie es jedes Jahr mehr Mandarinenten werden. Ich hoffe, dass uns diese Schmuckstücke noch lange an dem großen Waldsee erhalten bleiben. Wie es momentan aussieht, scheint dem nichts entgegenzustehen.

Im Gegensatz zum Erpel in seinem Prachtkleid ist das Weibchen (links) eher unscheinbar gefärbt.

Elster

Pica pica

AUF EINEN BLICK

LEBENSERWARTUNG
10 bis 15 Jahre

GRÖSSE
40 bis 50 cm

MIGRATION
Standvogel

BRUTZEIT
April bis Juni

EIER
4 bis 7

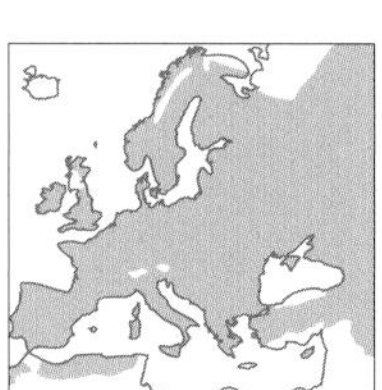

Schon seit Urzeiten ranken sich Mythen und Gerüchte um die Elster. Sicher kennen Sie den Begriff »diebische Elster«. Man sagt der Elster nach, dass sie eine Vorliebe für glitzernde Dinge habe, diese stiehlt und in ihr Nest verschleppt. Dieses Vorurteil trifft jedoch bei Weitem nicht auf alle Elstern zu. Es mag einzelne Exemplare geben, die aus Neugier tatsächlich eine Schwäche für glitzernde Gegenstände entwickeln, doch im Normalfall sind Elstern - wie alle Rabenvögel - sehr vorsichtige und misstrauische Tiere.

Die Elster ist besonders schlau. Sie ist in der Lage, Dinge zu zählen und sich sogar selbst im Spiegel zu erkennen. Sie ist sehr sozial und entweder paarweise, in kleinen Trupps oder im Winter in großen Scharen anzutreffen. Dabei kann sie Artgenossen individuell unterscheiden. Auf ihrem Speiseplan steht sowohl pflanzliche wie tierische Kost, wobei Letztere während der Brutzeit deutich überwiegt. Verzehrt werden Insekten, kleine Wirbeltiere, Aas, Sämereien, Früchte bis hin zu Eiern und Jungvögeln anderer Arten.

Die Elster brütet in einem großen, aus Zweigen und Ästen gefertigten Kugelnest mit Überdachung, an dem sie gemeinsam mit ihrem Partner oft über einen Monat lang baut. Das Gelege bebrütet allein das Weibchen, während das Männchen versucht, für die Sicherheit zu sorgen, indem es Eindringlinge vom Nest fernhält. Wenn alles gut geht, schlüpfen nach rund drei Wochen die ersten Elsterküken.

Die persönliche Geschichte

MATTHIAS FUTTERER

Anders als viele unserer Mitmenschen, sind Hannes und ich trotz des schlechten Rufes dieses Vogels von der Elster fasziniert. Besonders ihre Intelligenz und ihr schönes schwarz-weiß glänzendes Federkleid sind bemerkenswert.

Da wir in unserer Gegend auch viele Wiedehopfe haben und sich diese beiden Arten im Flug durch ihre schwarz-weißen Handschwingen von Weitem recht ähnlich sehen, führt dies ab und an zu lustigen Situationen. Man hat einen Wiedehopf erwartet und realisiert nach einem kurzen Moment, dass es sich »nur« um eine Elster handelt, was man in der Nähe sofort an den langen Schwanzfedern erkennt.

Da Elstern in der Regel sehr scheu sind, konnten wir sie meist nur aus der Ferne beobachten und hatten so gut wie nie die Möglichkeit, uns unbemerkt zu nähern. Als wir Anfang 2021 den Bau unserer festen Ansitzhütte abgeschlossen hatten, änderte sich das jedoch. Schon bald konnten wir die ersten Elstern willkommen heißen, die sich über das gestreute Körnerfutter freuten und uns einmalige Einblicke in ihr Leben ermöglichten.

Fast täglich kamen sie pünktlich zur selben Zeit und gaben uns die Gelegenheit zu beobachten, wie sie einzelne Körner und Nüsse an verschiedenen Stellen in der Wiese vergruben und sie nach ein paar Tagen oder Wochen dort wieder hervorholten. Das sind tolle Momente, auf die wir uns schon vor jedem Ansitz immer wieder freuen.

Saatkrähe

Corvus frugilegus

Dieser Rabenvogel zählt nicht gerade zu den schönsten oder beliebtesten Vögeln, ist aber – wie alle Rabenvögel – äußerst intelligent und ein typischer Vogel unserer Kulturlandschaft. Die Saatkrähe ist ein Rabe, wie er im Buche steht, kohlrabenschwarz von Kopf bis Fuß. Nein, nicht ganz, die Saatkrähe unterscheidet sich von anderen Rabenvögeln durch ihre unbefiederte, cremefarbene Schnabelbasis, die lediglich den Jungtieren noch fehlt. Junge Saatkrähen kann man daher schneller mit der Rabenkrähe verwechseln, die im Flug jedoch gerade Schwanzfedern aufweist, während die Schwanzfedern der Saatkrähe abgerundet sind. Als äußerst sozialer Vogel lebt die Saatkrähe ganzjährig in kleinen Trupps oder großen Schwärmen zusammen.

Hinsichtlich ihrer Nahrung ist die Saatkrähe nicht besonders wählerisch. Sie erbeutet sowohl tierische Nahrung wie Würmer, Schnecken, Insekten, ab und zu mal eine Maus, und gelegentlich plündert sie Vogelnester. Auch pflanzliche Nahrung in Form von Sämereien, Nüssen, Wurzeln oder Früchten frisst sie.

Ihr kräftiger Schnabel dient ihr als Universalwerkzeug, mit dem sie problemlos Nüsse knackt, Sämereien aufliest oder Nahrung im Boden ausgräbt. Oft sieht man riesige Saatkrähenschwärme auf Feldern und Äckern nach Nahrung suchen, denen sich gelegentlich Dohlen oder Hohltauben anschließen. Gerade abgeerntete Maisfelder ziehen sie im Herbst meist in großen Schwärmen an.

AUF EINEN BLICK

LEBENSERWARTUNG
bis zu 10 Jahre

GRÖSSE
41 bis 49 cm

MIGRATION
sowohl Stand- als auch Zugvogel

BRUTZEIT
März bis Juni

EIER
3 bis 6

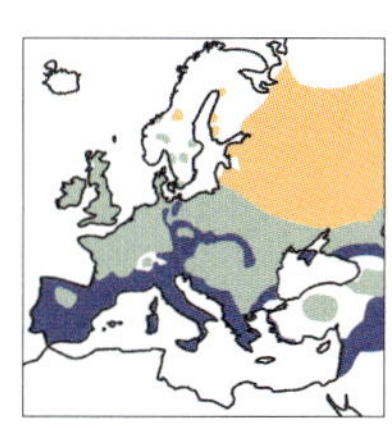

↑
Männchen und Weibchen der Saatkrähe unterscheiden sich weder in der Gefiederfarbe noch in der Größe.

In unserer Heimat Baden-Württemberg gibt es viele Nussbäume, und wenn die Walnüsse reif werden, erscheinen jährlich Dutzende von Saatkrähen, die sich eifrig am Aufsammeln der Nüsse unter den Bäumen beteiligen.

In ländlichen Regionen fallen die Saatkrähen in vielen Dörfern und Städten sowohl zum gemeinsamen Nächtigen wie auch zur Brut ein. Besonders da, wo es viele Platanenalleen oder Alleen anderer großer Bäume gibt, bauen sie in großen Brutkolonien ihre Nester in die Baumkronen. Wegen des Lärms und Schmutzes, den die Vögel verursachen, sind sie nicht besonders beliebt. Ein kleiner Tipp aus eigener Erfahrung: Parken Sie Ihr Auto nicht unter solchen Bäumen. Warum, können Sie sich sicher denken ...

Kleine Schlaumeier

In einer Kleinstadt am Rhein staunten Passanten nicht schlecht über einen Uhu mitten in der Fußgängerzone. Er saß weit oben auf dem Querast einer alten Platane und rührte sich nicht – er war nämlich aus Blech! Der Uhu, als Feind der Saatkrähe, sollte dafür sorgen, dass sich die große Brutkolonie nicht noch weiter ausdehnte.

Es dauerte nicht sehr lange, bis die schlauen Saatkrähen die List durchschaut hatten. Provokant lassen sie sich nun immer wieder auf dem Kopf des Uhus nieder. Ein paar Saatkrähen haben unmittelbar neben dem »Feind« schon mit dem Bau ihres Nests begonnen. Da müssen sich die unbefiederten Zweibeiner schon etwas Besseres einfallen lassen, um eine Saatkrähe zu täuschen.

Rabenkrähe

Corvus corone

Rabenvögel zählen zu den intelligentesten Vögeln der Welt. Nicht gerade beliebt, aber wohl eine der bekanntesten, ist die Rabenkrähe. Sie ist in der Lage zu verstehen, dass ein Mensch, der zum Beispiel ein Gebäude betritt, nicht weg ist, sondern zu gegebener Zeit wieder herauskommen wird. Sie kann sich auch Gesichter einprägen und sie in einem gewissen Zeitraum wiedererkennen.

Rabenkrähen leben paarweise in selbst gewählten Revieren oder bilden außerhalb der Brutzeit kleine Trupps. Die Geschlechter kann man nicht unterscheiden. Sie sind Allesfresser und erfreuen sich an einem breiten Nahrungsspektrum, das von vegetarischer Kost über kleine Wirbeltiere, Fische, Obst oder Würmer bis hin zu Vogeleiern, Insekten und Abfällen reicht. Selbst haben sie kaum natürliche Feinde. Lediglich vor einem hungrigen Uhu, einer Hauskatze, einem Marder oder einem Habicht sollten sie sich in Acht nehmen.

Rabenkrähen auf dem Land sind besonders scheu dem Menschen gegenüber. In Städten hingegen ist es oftmals umgekehrt. Vor einiger Zeit beobachtete ich am Bonner Hauptbahnhof eine Rabenkrähe, die einem Mann, der eine Bäckertüte in der Hand hielt, durch den ganzen Bahnhof folgte. Als der Mann fertig gegessen hatte, ließ er die Tüte in einen überfüllten Mülleimer fallen. Ein gefundenes Fressen für die Krähe! Sie fischte die Tüte heraus, flog mit ihr auf ein Vordach, riss sie mit dem Schnabel auf und verspeiste genüsslich die Krümel.

AUF EINEN BLICK

LEBENSERWARTUNG
bis zu 10 Jahre

GRÖSSE
45 bis 47 cm

MIGRATION
Standvogel

BRUTZEIT
März bis Juli

EIER
2 bis 6

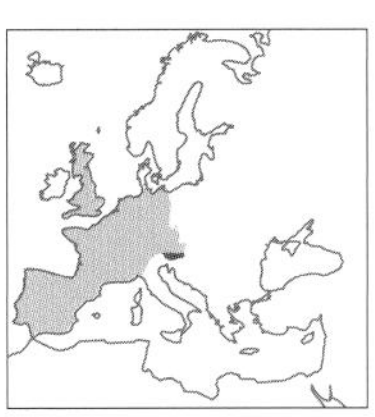

Wie alle Rabenvögel, sind auch Rabenkrähen sehr klug. Sie können sich Gesichter merken, sind erfinderisch, sprachbegabt und nutzen Werkzeuge. Forschungsprojekte haben gezeigt, dass Krähen sogar ihre Zukunft planen.

Löffelente

Anas clypeata

Ein besonderes Highlight unserer Entenwelt ist die Löffelente, die sofort durch ihren sehr dicken, löffelähnlichen Schnabel auffällt. Der Schnabel brachte ihr schließlich auch ihren Namen ein, und er unterscheidet sie grundlegend von allen anderen Enten, die bei uns heimisch sind.

Der Schnabel ist mit vielen kleinen Borsten versehen und dient dazu, ihre Nahrung, die aus Wasserinsekten oder auch Kaulquappen und Fischlaich besteht, aus dem Wasser zu filtern. Dazu dreht sich die Löffelente auf der Wasseroberfläche und wirbelt dabei das Wasser auf. Mit dem breiten Schnabel nimmt sie das Wasser auf und lässt es an der Seite wieder herauslaufen., wobei die Borsten dafür sorgen, dass das Futter im Schnabel zurückgehalten wird. Löffelenten gründeln und tauchen im Übrigen auch gern.

Die Löffelente besiedelt Sumpfgebiete sowie nicht allzu große Seen und Teiche mit ausreichender Ufervegetation und freien Wasserflächen. Außerhalb der Brutzeit halten sich viele Löffelenten außerdem an der Meeresküste auf. Dabei verhalten sich einzelne Exemplare recht unterschiedlich. Es gibt Tiere, die von Natur aus, ohne Beeinflussung des Menschen, eine geringe Fluchtdistanz haben, und andere, die schon bei der kleinsten Annäherung eines Menschen die Flucht ergreifen oder diesem entschieden ausweichen und auf Abstand bleiben. Wie bei nahezu allen Entenarten, unterscheiden sich auch bei

AUF EINEN BLICK

LEBENSERWARTUNG
10 bis 20 Jahre

GRÖSSE
45 bis 52 cm

MIGRATION
sowohl Stand- als auch Zugvogel

BRUTZEIT
Mai bis Juli

EIER
8 bis 12

ROTE LISTE DEUTSCHLAND
(6. Fassung 2020)
Kategorie 3 (Gefährdet)

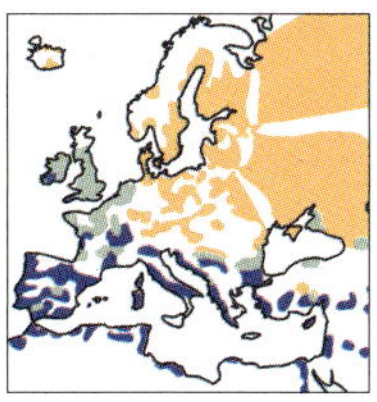

↑
Eine weibliche Löffelente schwimmt flussaufwärts. Im Hintergrund schwimmt ein Blässhuhn in die entgegengesetzte Richtung.

der Löffelente die Geschlechter. Das Männchen, welches wir leider noch nicht vor die Linse bekommen konnten, sticht im Prachtkleid durch sein schönes dunkelgrünes Kopfgefieder hervor und besitzt eine weiße Brust sowie eine rostbraune Seite und orangefarbene Füße. Der Schnabel ist schwarz, und die Augen weisen eine intensiv gelbe Färbung auf. In Küstengebieten könnte man das Männchen bei schlechten Sichtverhältnissen aus der Ferne mit einer Brandgans verwechseln, die allerdings größer ist und im Prachtkleid einen intensiv roten Schnabel präsentiert.

Das Weibchen trägt ein schlicht braun gemustertes Gefieder und besitzt einen bräunlichen Schnabel mit einem gewissen Anteil Orange, der, je nach Individuum, mal mehr und mal weniger ausgeprägt ist. Im Schlichtkleid ähneln die Männchen den Weibchen. Die Brutzeit findet zwischen Mai und Juli statt. Das Weibchen scharrt eine kleine Bodenmulde nahe dem Ufer in dichter Ufervegetation und polstert diese mit Laub, Pflanzenteilen oder Dunen aus. Die sage und schreibe acht bis zwölf Eier brütet das Weibchen einen guten Monat lang allein aus. Löffelentenküken sind Nestflüchter, und nach dem Schlüpfen des letzten Kükens verlässt die Entenfamilie sofort den Brutplatz. Die Gefährdung der Löffelente ist besonders dem Rückgang ihrer Brutgebiete geschuldet. Im Winter ziehen viele Löffelenten in wärmere Gebiete und überwintern im Mittelmeerraum oder fliegen sogar bis nach Afrika. Ist der Winter milder, verbringen ihn einige Exemplare auch das ganze Jahr über bei uns.

Hauben-taucher

Podiceps cristatus

Hier kommt der ultimative »Fischalbtraum« mit kräftigen Schwimmfüßen, einem stromlinienförmigen Torpedokörper und einem spitzen Dolchschnabel, der alles packt und verschlingt, was ihm in die Quere kommt. Klingt vielleicht etwas übertrieben, aber der Haubentaucher ist in der Tat ein Meister in Sachen Unterwasserjagd. Er erbeutet dort verschiedenste Fischarten bis zu einer Größe von etwa 25 Zentimetern, die er zumeist mit dem Kopf voraus verschlingt. Auch andere Wasserbewohner wie Frösche, Krebse oder Wasserinsekten stehen auf seinem Speiseplan. In Deutschland ist er mit 21.000 bis 31.000 Paaren (2005-2009) die häufigste Art innerhalb seiner Familie der Lappentaucher und bewohnt bevorzugt größere Seen und Teiche mit ausreichender Ufervegetation. Im Winter finden sich Haubentaucher regelmäßig an der Meeresküste oder an breiten Flüssen ein, wo sie ab und an in kleinen Trupps nach Beute tauchen.

Sein Nest baut der Haubentaucher zusammen mit seinem Partner als schwimmendes Floß aus Pflanzenteilen - entweder in der Nähe des Ufers, gut verankert am Gewässerboden oder an einer Pflanze, andernfalls mitten auf dem offenen Wasser treibend. Die Fertigstellung ist in der Regel nach weniger als einer Woche vollbracht, kann aber auch bis zu einem Monat dauern. Die Paarung findet ausschließlich auf dem Nest statt. Die jungen Haubentaucher lassen sich in ihren ersten Lebenswochen auf dem Rücken ihrer Eltern herumtragen.

AUF EINEN BLICK

LEBENSERWARTUNG
10 bis 15 Jahre

GRÖSSE
46 bis 51 cm

MIGRATION
sowohl Stand- als auch Zugvogel

BRUTZEIT
April bis Juni

EIER
3 bis 4

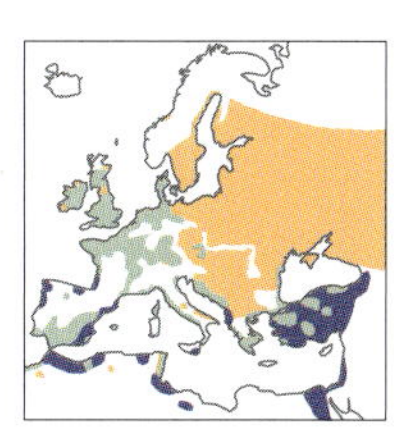

←
Ein erfolgreicher Beutezug. Während des Balztanzes taucht häufig einer der beiden Partner ab und übergibt dem anderen ein »Hochzeitsgeschenk«, beispielsweise in Form eines Fisches.

↓
Der Haubentaucher ist bekannt für seinen Balztanz, auch »Pinguintanz« genannt. Dabei richten sich die Partner Brust an Brust voreinander auf und schütteln ihre Köpfe.

↑
Das Element des Haubentauchers ist das Wasser. Festen Boden hat er freiwillig nie unter den mit Schwimmlappen besetzten Füßen. Dieses Exemplar konnte ich an einem großen Stausee in Bayern fotografieren. Da viele Kleinfische in den Uferbereichen Schutz suchen, war er mehr oder weniger »gezwungen«, dort auf die Jagd zu gehen. Männchen und Weibchen kann man beim Haubentaucher äußerlich nicht unterscheiden.

Kornweihe

Circus cyaneus

Weihen sind Greifvögel und gehören derselben Familie an wie beispielsweise Adler, Bussard und Co. Deutschland wird von drei Weihenarten besiedelt. Das Weihen-Trio besteht aus der Rohrweihe, der Wiesenweihe und der Kornweihe. Die grauen Männchen mit den gelben Augen der beiden letztgenannten Arten gehören sicher zu den am schönsten gefärbten Greifvögeln und lassen sich durch ein paar Merkmale auch gut voneinander unterscheiden. Das Männchen der Kornweihe besitzt eine weiße Unterseite und eine im Allgemeinen hellere gräuliche Oberseite als die männliche Wiesenweihe, die rotbräunliche Streifen an der Unterseite und den Unterflügeln sowie eine mittelgraue Oberseite aufweist. Von den drei Weihenarten ist die Rohrweihe am leichtesten zu identifizieren.

Die Kornweihe ist ein Nahrungsspezialist und jagt nahezu ausschließlich kleine Säugetiere wie Feldmäuse und Wühlmäuse, Kaninchen und junge Hasen. Auch Singvögel wie Lerchen oder Pieper sollten sich vor ihr in Acht nehmen, denn gerade wenn Säugetiernahrung knapp wird, schwenkt die Kornweihe gern auf gefiederte Kost um. Seltener erbeutet sie auch Eidechsen, Frösche, Insekten oder - in absoluten Ausnahmefällen - sogar Fische.

Ihr Jagdgeheimnis basiert auf dem Überraschungsmoment. Nahezu lautlos segelt sie dicht über dem Boden entlang und sucht ihn nach potenzieller Beute ab. Einmal entdeckt, hat das überraschte

AUF EINEN BLICK

LEBENSERWARTUNG
10 bis 15 Jahre

GRÖSSE
42 bis 55 cm

MIGRATION
sowohl Stand- als auch Zugvogel

BRUTZEIT
April bis Juli

EIER
3 bis 7

ROTE LISTE DEUTSCHLAND
(6. Fassung 2020)
Kategorie 1 (Vom Aussterben bedroht)

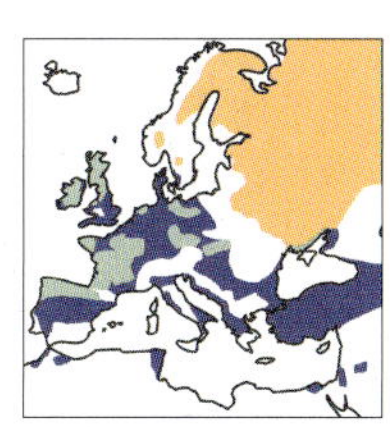

↑
Eine weibliche Kornweihe fliegt auf der Suche nach Feldmäusen über eine Feuchtwiese.

FUN FACT

Ihr rundes Haupt, in Verbindung mit den gelben Augen, lässt den Kopf der Kornweihe »eulenähnlich« erscheinen. Ihr Name ist unpassend gewählt, denn mit Kornfeldern hat dieser elegante Greifvogel wenig zu tun. Es sind vielmehr Heidelandschaften, Taigas, Moore, Feuchtwiesen und Steppen, wo sie sich wohlfühlt und man sie regelmäßig antrifft.

Opfer keine Zeit mehr zu reagieren, und die Weihe packt entschlossen zu. Im Sommer erbeutet sie auf diese Weise in Küstenregionen häufig junge Kiebitze oder Rotschenkel, weshalb ausgewachsene Vögel extrem empfindlich auf die Anwesenheit einer Kornweihe reagieren und diese häufig unter lautem Gezeter direkt attackieren.

Ihr Nest legt die Kornweihe am Boden an – gut geschützt zwischen dichter Vegetation. Junge Männchen verpaaren sich meist nur mit einer Partnerin, während alte und erfahrene Männchen recht oft einen Harem von zwei oder mehr Weibchen haben. Je mehr Weibchen es zur Brutzeit sind, desto mehr hungrige Schnäbel muss der werdende Vater nachher stopfen, denn bei der Kornweihe versorgt das Männchen so gut wie allein das Weibchen und die Küken. Sobald die jungen Weihen allerdings das Nest verlassen haben, übernimmt allein das Weibchen die Nahrungsversorgung. Außerhalb der Brutzeit bilden Kornweihen übrigens regelmäßig Schlafgemeinschaften.

Noch können wir die Kornweihe bei uns bestaunen, doch es geht ihr alles andere als gut. Gerade mal 40 bis 60 Brutpaare (2005-2009) gibt es noch bei uns, und so hat sie es leider in die Kategorie 1 der Roten Liste deutscher Brutvögel als »Vom Aussterben bedroht« geschafft. Wie konnte es so weit kommen? Das liegt hauptsächlich an dem Verlust geeigneter Lebensräume. Kornweihen sind Vögel der offenen Landschaft mit niedriger Bodenvegetation. Doch leider mussten Moorgebiete, Heideflächen, Feuchtwiesen und viele weitere potenziell geeignete Lebensräume zunehmend unserer Landwirtschaft, Wasserwirtschaft und der Aufforstung weichen. Da es bei uns in Deutschland nur noch so wenige Brutpaare gibt, sind es die Wintermonate, in denen man gute Chancen hat, ziehende Kornweihen zu sichten. Diese kommen häufig aus ihrem skandinavischen Brutgebiet und sind auf dem langen Weg in die Mittelmeerregion, um dort zu überwintern. Einige Kornweihen ziehen sogar bis nach Nordafrika! In ihrem Winterquartier angekommen, verhalten sich viele Exemplare äußerst aggressiv gegenüber anderen Greifvögeln wie etwa Milanen, Bussarden oder Falken.

Standvögel verweilen eigentlich das ganze Jahr über in ihrem Revier. Ist der Winter allerdings zu streng, kann es zu sogenannten »Winterfluchten« kommen, und manch eine Kornweihe tritt doch noch den Flug Richtung Süden an.

> Was bei einer Fototour vorbeifliegt, weiß man nie. Das macht die Naturfotografie so spannend für mich.
>
> MATTHIAS FUTTERER

DAS GLEICHE SCHICKSAL

Vor noch nicht mal 100 Jahren konnte die Kornweihe beim Überfliegen von weitläufigen naturbelassenen Steppen, Wiesen und Feldern den bis dato häufigen Feldhamster erbeuten. Heute steht der Feldhamster nicht nur in Deutschland, sondern auch weltweit vor dem Aussterben! Schuld daran sind industrielle Landwirtschaft, Monokulturen, Pestizideinsatz und die Versiegelung von Ackerflächen.

Eissturmvogel

Fulmarus glacialis

AUF EINEN BLICK

LEBENSERWARTUNG
bis 60 Jahre

GRÖSSE
45 bis 53 cm

MIGRATION
sowohl Stand- als auch Zugvogel

BRUTZEIT
April bis Juni

EIER
1

ROTE LISTE DEUTSCHLAND
(6. Fassung 2020)
Kategorie R (Extrem selten)

Dieser schlichte, weißgräuliche Vogel, den schon die Wikinger aufgrund seiner Eier und seines Fleisches sehr schätzten, ist in Deutschland nur auf der Hochseeinsel Helgoland beheimatet. Der Eissturmvogel mit dem kurzen, starken und gelborangefarbenen Schnabel gehört zur Familie der Sturmvögel und erinnert zwar an eine Möwe, ist aber näher mit den Albatrossen verwandt. Wie diese verbringt auch er einen großen Teil seines Lebens über der weiten, stürmischen See und kommt lediglich zur Brut an Land, die meistens auf Felsvorsprüngen und in Höhlungen an Steilküsten stattfindet. Er ist ein geschickter Flieger und gleitet scheinbar mühelos über die Wellen und an steilen Klippen entlang.

Auf dem offenen Meer findet der Eissturmvogel alles, was er zum Leben braucht. Es bietet ihm ausreichend Nahrung hinsichtlich Fischen, Krebsen, Tintenfischen, Quallen und vielen weiteren Wasserlebewesen, die er von der Wasseroberfläche pickt oder beim Tauchen erbeutet. Aber er frisst auch Aas und Abfälle.

Leider ist der Eissturmvogel ein weiteres trauriges Beispiel für die starke Plastikmüllbelastung der Nordsee. Untersuchungen haben ergeben, dass fast jeder Vogel Plastikteilchen im Magen hat. Im schlimmsten Fall ist der Magen so voll mit Plastik, dass das Tier kein Hungergefühl mehr verspürt. Es stirbt sozusagen mit vollem Bauch. Gelegentlich folgt der Eissturmvogel auch Fischerbooten, um die ein

oder anderen von Bord geworfenen Fischabfälle zu ergattern. Auch an Aas und anderen Abfällen, die er finden kann, ist er interessiert. Entdeckt ein Eissturmvogel beispielsweise den Kadaver eines toten Wales, finden sich in kürzester Zeit mehrere Tausend Tiere an der gedeckten Tafel ein. Streitereien um die besten Plätze sind da vorprogrammiert und werden mit lautem Gegacker ausgefochten.

Das Leben eines Eissturmvogels auf und über dem Meer ist vergleichsweise sicher. Es kann jedoch vorkommen, dass Haie unaufmerksame, auf der Wasseroberfläche ruhende Vögel erbeuten.

Den Nachwuchs sichern

Ein Eissturmvogel kann bis zu 60 Jahre alt werden und schreitet erst in einem Alter von sechs bis zehn Jahren das erste Mal zur Brut. Eissturmvögel brüten in Kolonien, die hoch über der Brandung an steilen Felswänden liegen. Bereits gegen Ende des Winters finden sich die Brutpaare an ihren Nistplätzen ein, beginnen allerdings erst mehrere Monate später mit der eigentlichen Brut. Das Weibchen legt nur ein einziges weißes Ei, das größer als ein Hühnerei ist. Sollte das Ei zu Bruch gehen oder gestohlen werden, legt das Weibchen kein neues Ei. Das Gelege wird von beiden Partnern abwechselnd 48 bis 57 Tage bebrütet. Um sein Ei so gut wie möglich vor Fressfeinden und Störenfrieden zu schützen, verfügt der Eissturmvogel über die Fähigkeit, sich durch blitzschnell hervorgespucktes, übel riechendes gelbes Magenöl zu verteidigen. Den Ölstrahl kann er bis zu zwei Meter weit und mehrmals hintereinander schleudern.

Wird zum Beispiel eine Raubmöwe, ein Greifvogel oder ein anderer Meeresvogel davon getroffen, kann dies das Todesurteil für den Betroffenen bedeuten. Das Magenöl verklebt und beschädigt nämlich das Gefieder des Angreifers und ist nur schwer zu entfernen. Auch halbwüchsige Jungvögel verfügen bereits über die Spuckwaffe und können sich so allein gut zur Wehr setzen. Die Jungen schlüpfen etwa Mitte Juni. Sie haben von Anfang an ein dichtes Dunenkleid. Die Eltern versorgen ihren Nachwuchs sechs bis acht Wochen lang, bevor sie ihn verlassen und wieder hinaus aufs Meer ziehen. Wenig später stürzen sich die jungen Eissturmvögel von den hohen Felsen ins Meer, obwohl sie noch gar nicht flugfähig sind. Sie treiben so lange auf dem Meer, bis ihr Gefieder völlig ausgebildet ist und sie fliegen können. Währenddessen zehren sie von ihren Fettreserven und ernähren sich von Plankton, das auf der Wasseroberfläche treibt.

> Eissturmvögel folgen Fischerbooten, um bequem an Nahrung zu kommen, ohne selbst jagen zu müssen.
>
> HANNES BONZHEIM

FUN FACT

Der Eissturmvogel trinkt Salzwasser! Während wir Menschen kein Salzwasser vertragen, ist es für den Eissturmvogel völlig selbstverständlich, Meerwasser zu trinken. Er verfügt über eine Salzdrüse, die es ihm ermöglicht, überschüssiges Salz zu filtern und durch seine röhrenförmigen Nasenöffnungen in einer hoch konzentrierten Lösung wieder auszuscheiden.

Die persönliche Geschichte

HANNES BONZHEIM

Endlich war es wieder so weit - im Juni 2021 stand die zweite Tour auf die Hochseeinsel Helgoland an. Wer sich ein wenig mit Ornithologie beschäftigt, weiß, dass Helgoland die einzige Insel ist, wo man in Deutschland Basstölpel, Trottellummen, Tordalke, Dreizehenmöwen und Eissturmvögel beobachten und fotografieren kann. Gemeinsam mit meinem Vater ging es dann also von Cuxhaven aus mit dem Schiff nach Helgoland.

Nach zwei Stunden Fahrt kam die Insel endlich in Sicht. An Land angekommen, machten wir uns so schnell wie möglich auf den Weg zum Lummenfelsen am anderen Ende der Insel, um den Massen an Menschen, die von den Tagesfähren strömten, zu entgehen. Neben den Basstölpeln und Trottellummen konnte ich auch Dreizehenmöwen und Tordalke entdecken und war gut mit Fotografieren beschäftigt. Ich hielt besonders nach Eissturmvögeln Ausschau, denn diese hatte ich auch bei meinem ersten Helgolandbesuch leider nicht entdecken können. Die Zeit verstrich rasend schnell, und ehe ich mich's versah, sagte mein Vater schon: »Wir müssen langsam los, zurück zum Schiff.« Ich folgte ihm, doch plötzlich nahm ich aus dem Augenwinkel einen weißen, möwenähnlichen Vogel wahr, der aber keine Dreizehenmöwe, sondern ein Eissturmvogel war! Ich konnte es kaum glauben!

Wir hatten noch gute fünfzehn Minuten, und jetzt erst ließ sich dieser Vogel blicken!?! Ich sagte meinem Vater, er solle schon mal vorgehen, ich würde gleich nachkommen. Doch aus einem Eissturmvogel wurden fünf, und diese flogen in optimaler Aufnahmedistanz vor mir an den Klippen herum. Ich schöpfte die letzten Minuten so gut aus, wie ich konnte. Als schneller Läufer wusste ich, dass ich keine zehn Minuten zum Schiff brauchen würde, und machte schweren Herzens die letzten Fotos. Dann joggte ich los. Die letzten Meter sprintete ich den Steg entlang und erreichte gerade noch rechtzeitig das Schiff.

Heringsmöwe

Larus fuscus

AUF EINEN BLICK

LEBENSERWARTUNG
bis zu 15 Jahre

GRÖSSE
48 bis 57 cm

MIGRATION
Zugvogel

BRUTZEIT
April bis Juni

EIER
2 bis 3

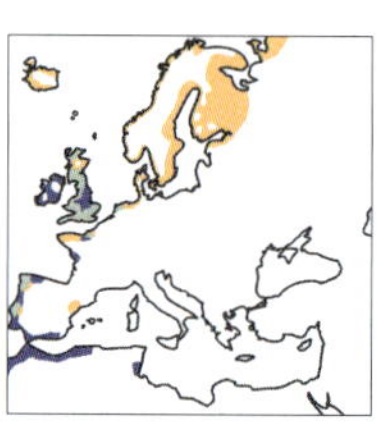

Die Heringsmöwe ist etwas kleiner und zierlicher als die Silbermöwe und gehört im Prachtkleid mit ihren intensiv gelb gefärbten Beinen und dem gelben Schnabel, der wie bei vielen anderen Möwen auch einen roten Fleck auf dem Unterschnabel aufweist, im Kontrast zu dem dunkelgrauen Rücken zu den besonders schön anzusehenden Möwenarten. Man findet sie sowohl an der Nordsee- als auch an der Ostseeküste. Sie ist ein sehr geselliger Vogel und häufig in Trupps unterwegs, die auch aus anderen Möwenarten bestehen können.

Anders als etwa die Silbermöwe, praktiziert die Heringsmöwe seltener das direkte Stehlen von Nahrung und ist lieber auf dem offenen Meer unterwegs, wo sie Ausschau nach kleinen Fischen hält. Hat sie einen Fischschwarm entdeckt, stürzt sie sich in die Tiefe, bremst kurz vor der Wasseroberfläche noch mal kurz ab und taucht ein und mit etwas Glück mit einem erbeuteten Fisch wieder auf. Ebenso stehen Krabben, Würmer, Insekten, Muscheln, Vogeleier und Aas auf ihrem Speiseplan.

Die Heringsmöwe beginnt im April in Kolonien zu brüten, die meist auf kleinen Inseln vor der Küste oder in schützendem Dünengelände liegen. Ihr Nest baut sie aus Pflanzenmaterial auf dem Boden und legt dort zwei bis drei Eier hinein, die etwa einen Monat lang bebrütet werden. In einem Alter von drei bis vier Jahren sind die jungen Möwen geschlechtsreif und können selbst für Nachwuchs sorgen.

←
Im Winter zieht es viele Heringsmöwen in die Mittelmeerregion, und manch eine Population zieht sogar bis nach Afrika. Andere verbleiben dagegen in Westeuropa und sind auch häufig im Binnenland vorzufinden.

↑
Diese Heringsmöwe hat am Strand von Sankt Peter-Ording eine schwertförmige Scheidenmuschel entdeckt und greift geschickt mit ihrem dünnen Schnabel zu. Möwen sind äußerst schlaue Vögel, und so folgt auch die Heringsmöwe liebend gern Fischkuttern weit aufs offene Meer hinaus, um Fischabfälle zu ergattern, die von Bord geworfen werden.

Mäusebussard

Buteo buteo

AUF EINEN BLICK

LEBENSERWARTUNG
20 bis 25 Jahre

GRÖSSE
50 bis 57 cm

MIGRATION
Standvogel

BRUTZEIT
März bis Juni

EIER
2 bis 4

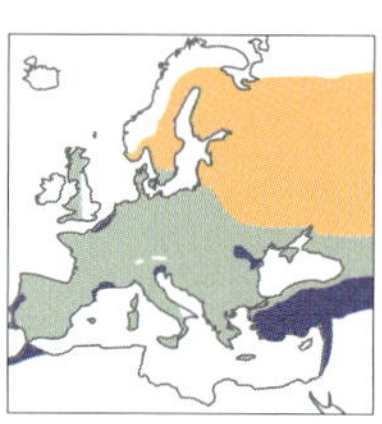

Messerscharfe Krallen, ein scharfer Hakenschnabel und Augen, denen so schnell keine Bewegung entgeht. Mit über einer Million Brutpaaren ist dieser große, schlicht gefärbte Räuber der häufigste Greifvogel Europas und auch Deutschlands.

Der Mäusebussard hat sich den verschiedensten Habitaten angepasst und ist im ganzen Land anzutreffen. Wie nahezu alle Greifvögel, ist auch der Mäusebussard territorial und duldet während der Brutzeit - außer seinem Partner und seinen Jungvögeln - keine Artgenossen in seinem Revier. Ein typisches Bussardrevier bietet ausreichend offene Landschaften wie Wiesen, Felder oder Feuchtgebiete, denn dort jagt er von Ansitzwarten oder aus dem Flug heraus seine Beute.

Beutetiere sind überwiegend Kleinsäuger wie die Feldmaus, aber auch Insekten wie das Grüne Heupferd, Reptilien wie Mauereidechsen oder Amphibien wie Frösche werden gefressen. Wälder oder große einzeln stehende Bäume dürfen in einem gut gewählten Revier nicht fehlen, denn dort baut der Mäusebussard gemeinsam mit seinem Partner jedes Jahr einen Horst - so nennt man das Nest eines Greifvogels - für die Brut, die zwischen März und Juni stattfindet. Menschen sollten sich in der Nähe eines solchen Nistbaumes vorsehen, denn oft attackieren Altvögel Eindringlinge, wenn sie ihren Nachwuchs in Gefahr sehen. Für gewöhnlich zieht ein Paar zwei bis vier Jungvögel groß, die, wenn sie alt genug sind, aus dem elterlichen Revier vertrieben werden.

Die persönliche Geschichte

MATTHIAS FUTTERER

Es war ein milder Frühlingsmorgen, und ich war wieder einmal früh auf den Beinen, um an einem nahe gelegenen See Eisvögel zu fotografieren. Da man diese Vögel mit ihrem schillernden Federkleid ohne gute Tarnung nicht vor die Linse bekommt, hatte ich mir vor einigen Wochen ein nagelneues Tarnzelt gekauft und wollte dieses nun zum zweiten Mal ausprobieren.

Am See angekommen, baute ich es mit wenigen Handgriffen auf und bezog meinen Posten nahe dem Ufer. Eine Stunde, zwei Stunden vergingen – nichts geschah. Ich schaute gerade aus dem kleinen Seitenfenster des Zeltes hinaus, als ich den Mäusebussard sah, der mit ausgebreiteten Flügeln dicht über dem Wasser geradewegs auf mich zuflog. Der wird doch wohl nicht mein Tarnzelt als Landeplatz benutzen wollen? In der Tat, der imposante Greifvogel landete tatsächlich auf meinem Zeltdach.

Seine scharfen Krallen bohrten sich wie Messer durch den dünnen Stoff meines Zeltes. Für einen kurzen Moment dachte ich, wie cool es ist, dass ein Mäusebussard quasi auf meinem Kopf sitzt. Aber dann wurde mir schnell bewusst, wie viele Löcher mein neues Zelt davontragen würde. Also klopfte ich von unten gegen die Decke, um den Bussard zu verscheuchen.

Ihm muss wohl ein Riesenschreck durch die Glieder gefahren sein, denn er suchte sofort das Weite. Was für eine kuriose Situation, sowohl für mich als auch für den Mäusebussard! Wieder einmal eine schöne Geschichte, die ich als Naturfotograf zum Besten geben konnte …

←
Hat der Mäusebussard eine potenzielle Beute entdeckt, gleitet er auf sie zu und bohrt seine scharfen Krallen hinein. Hier hat er eine unvorsichtige Waldmaus erbeutet, die sich nicht rechtzeitig in Sicherheit bringen konnte.

↓
Wenn auch kein allzu üppiges Mahl: Doch so ein ausgewachsenes Grünes Heupferd ist auch für einen Mäusebussard nicht zu verachten. Immerhin stillt es den kleinen Hunger zwischendurch.

↑
Frisch gemähte Wiesen, abgeerntete oder umgepflügte Äcker und Felder ziehen Mäusebussarde und andere Greifvögel fast schon magisch an. Dutzende finden sich innerhalb kürzester Zeit dort ein und suchen nach aufgescheuchten oder bereits toten Kleinsäugern und Insekten. Auch Regenwürmer pulen sie aus dem Boden.

↑
»Sieh her, wie groß ich bin! Da musst du doch Angst bekommen« – der Mäusebussard im Anflug auf einen Kontrahenten.

↓ Kämpfe und Streitereien gehören zum Leben eines Bussards dazu und sind meist schnell und ohne ernsthafte Verletzungen geklärt.

→
Eine Rabenkrähe geht auf einen doppelt so großen Mäusebussard los, um ihr Revier zu verteidigen.

Stockente

Anas platyrhynchos

AUF EINEN BLICK

LEBENSERWARTUNG
15 bis 25 Jahre

GRÖSSE
50 bis 60 cm

MIGRATION
Standvogel

BRUTZEIT
Februar bis August

EIER
7 bis 15

Die Stockente ist die wohl bekannteste Entenart Deutschlands. Der Erpel, also das Männchen, fällt in seinem Prachtkleid mit dem leuchtend grünen Kopfgefieder schnell auf. Allerdings verliert er sein Prachtkleid gegen Mitte Mai wieder. Im Schlichtkleid ist er dann lediglich durch seinen gelben Schnabel von dem bräunlich gefärbten Weibchen zu unterscheiden.

Den Wechsel des Gefieders vom Pracht- zum Schlichtkleid und umgekehrt nennt man Mauser. Sie dient dazu, abgenutzte Federn zu erneuern, führt jedoch auch dazu, dass die Enten für mehrere Wochen flugunfähig sind. In dieser Zeit sind sie besonders anfällig für Feinde wie Greifvögel oder Füchse. Stockenten sind sehr gesellige Tiere und oft in großen Schwärmen anzutreffen. Diese Schwärme bestehen häufig auch aus Enten anderer Arten.

Die Stockente hat ein breites Nahrungsspektrum, das von verschiedenen Land- und Wasserpflanzen über Sämereien und Früchte bis hin zu Schnecken, Würmern und Insektenlarven reicht. Die Nahrungssuche unter der Wasseroberfläche wird als Gründeln bezeichnet. Die Ente taucht mit dem Kopf ab, schlägt mit den Flügeln und kippt dann vornüber ab. Zu sehen ist dann nur noch ihr senkrecht aus dem Wasser ragendes Hinterteil. Viele Spaziergänger füttern die Stockenten und andere Wasservögel gern mit Brot oder sonstigen Backwaren in der Annahme, den Vögeln etwas Gutes zu tun. Leider ist das Gegenteil

der Fall: Backwaren quellen in Zusammenhang mit aufgenommenem Wasser im Magen oder Hals der Tiere auf und können zum qualvollen Erstickungstod führen! Außerdem belasten Salz und Konservierungsstoffe das Gewässer.

Wer Wasservögel bedenkenlos füttern möchte, kann dies alternativ mit Obststückchen, Getreidekörnern, Haferflocken oder speziellem Wassergeflügelfutter tun, sofern keine Fütterungsverbotsschilder aufgestellt sind. Streuen Sie das Futter am besten auf dem trockenen Uferrand aus.

Im Frühherbst mausern sich Stockentenerpel in ihr Prachtkleid und fallen nun wieder mit dem grünen Kopfgefieder in Verbindung mit dem zitronengelben Schnabel auf. Sie strotzen nur so vor Selbstvertrauen und beginnen, Weibchen zu umwerben. Da in vielen Populationen mehr Männchen als Weibchen vorhanden sind, verfolgen meistens drei bis sechs Männchen ein einziges Weibchen. Werden diesem die Bewerber zu aufdringlich, fliegt es auf, und es kommt zu typischen »Reihflügen«, bei denen ihm die Männchen sogleich folgen. Häufig paart sich das erschöpfte Weibchen schließlich mit mehreren Männchen, von denen allerdings nur eines über den gesamten Brutzeitraum an seiner Seite verweilt. Wenn die Küken nach einer Bebrütungsdauer von 25 bis 28 Tagen schlüpfen, verlassen sie binnen weniger Stunden als Nestflüchter den Brutplatz und folgen ihrer Mutter zum nächsten Gewässer. Bis zu 15 Küken können es sein, von denen aber bei Weitem nicht alle so alt werden, dass sie selbst für Nachwuchs sorgen können.

Die persönliche Geschichte

HANNES BONZHEIM

Die Stockente ist sehr anpassungsfähig und prinzipiell überall zu finden, wo es Gewässer gibt. Manche Individuen sind sehr scheu, weil sie an ruhigen Gewässern mit keinen oder nur wenig Menschen leben, andere sind zu uns an den Stadtsee, den Garteneich oder Dorfbach gezogen. Hier haben sich die Enten an die ständige Anwesenheit von uns Menschen gewöhnt und zeigen kaum mehr Scheu vor uns. Gern suche ich ab und zu solche Orte auf, um gezielt Enten zu fotografieren. Zutrauliche Tiere bieten mir die Möglichkeit, mich ungestört mit ihnen zu beschäftigen, ihre Gewohnheiten und ihr Verhalten kennenzulernen und neue fotografische Blickwinkel auszuprobieren.

Kürzlich besuchte ich einen guten Freund. In der Nähe seines Wohnorts gibt es einen großen Friedhof mit einem kleinen See und an Menschen gewöhnten Stockenten. Ideale Motive, um ihn in die Welt der Fotografie einzuführen. Gegen Mittag machten wir uns auf den Weg zum Friedhof. Als wir durch den Haupteingang kamen, entdeckten wir sofort Scharen von Amseln, die überall zwischen den Grabsteinen herumhuschten. Auch ein Eichhörnchen kreuzte immer wieder unseren Weg. Optimale Bedingungen für einen Fotogrundkurs. Ich gab meinem Freund meine Zweitkamera und zeigte ihm, wie man sie bedient.

Als wir gerade dem Gesang einer Mönchsgrasmücke folgten, entdeckten wir die ersten beiden Stockenten, die es sich im Schatten eines großen Baumes gemütlich gemacht hatten. Ich legte mich auf den Boden, um eine schönere Fotoperspektive zu bekommen. Mein Freund tat das Gleiche. Als hätte er noch nie etwas anderes gemacht, fotografierte er ebenfalls die Enten – mit einem ausgesprochen passablen Fotoergebnis. Zu zweit macht das Fotografieren einfach mehr Spaß, und vier Augen sehen bekanntlich mehr als zwei …

Ringelgans

Branta bernicla

Die Ringelgans ist in Deutschland kein Brutvogel, doch man kann sie als Durchzügler und Wintergast regelmäßig an der Nordseeküste beobachten. Bei Flut erscheint sie häufig in großen Schwärmen auf Feuchtwiesen, in Flussmündungen oder Hafenbecken. Sie ist die kleinste Art aus der Gattung der Meergänse und verdankt ihren Namen dem weißen Halsfleck, den nur die Altvögel besitzen und der bei den Jungvögeln noch fehlt. Aufgrund ihrer dumpfen Flugrufe wird die Ringelgans im Volksmund auch »Rottgans« genannt.

Als sehr geselliger Vogel trifft man die Ringelgans oft in Schwärmen an, die im April zu ihren Brutgebieten aufbrechen. Es gibt allerdings auch vereinzelte Schwärme, die erst im Mai oder Juni verspätet aufbrechen, und wieder andere, die das ganze Jahr über an der Küste bleiben. Als reiner Vegetarier ernährt sich die Ringelgans von verschiedenen Gräsern, Kräutern, Moosen und Flechten sowie Algen und Sämereien. Während des Zuges bilden Ringelgänse keine für Gänse typische V-Formation. Auch ihre Zugrouten sind nicht genetisch veranlagt, sondern variieren von Population zu Population. Im Brutgebiet angekommen, zerstreut sich der Zugschwarm in kleine Brutkolonien, die auf kleinen Inseln oder in Küstennähe auf dem Festland gegründet werden. Jedes Paar errichtet ein Nest und bebrütet seine Eier. Nach 24 bis 26 Tagen schlüpfen die Küken, die noch etwas über einen Monat von ihren Eltern mit Nahrung versorgt werden.

AUF EINEN BLICK

LEBENSERWARTUNG
10 bis 15 Jahre

GRÖSSE
55 bis 60 cm

MIGRATION
Zugvogel

BRUTZEIT
Mai bis Juli

EIER
3 bis 6

←
Anhand von Gefiedermerkmalen kann man die beiden Geschlechter der Ringelgans nicht unterscheiden. Männchen sind allerding etwas größer und schwerer als die Weibchen. Jungvögel besitzen noch keinen weißen Halsring.

↑
Die Ringelgans ist ein schneller und ausdauernder Flieger. In großen Schwärmen legt sie jedes Jahr auf dem Weg in ihr Brutgebiete Tausende Kilometer zurück. Wie viele Gänsearten, ist auch die Ringelgans sehr treu und verpaart sich häufig jedes Jahr aufs Neue mit demselben Partner. Erst wenn dieser stirbt, begibt sie sich auf die Suche nach einem neuen Lebensgefährten.

Die persönliche Geschichte

HANNES BONZHEIM

Nordsee 2021! Die Corona-Lage hatte sich etwas beruhigt, und so konnte ich mit meiner Familie an die Nordsee fahren. Schon nach zwei Tagen hatte ich Brandgänse, Steinwälzer, Wildkaninchen, zwei Seehunde und vieles mehr vor die Linse bekommen. Ich war mehr als zufrieden, doch meine schöne Ordnung auf der Festplatte war dahin. Sie wurde buchstäblich überflutet mit neuem Bild- und Videomaterial, und zudem hatte ich noch dieses Buch zu schreiben, sodass ich teilweise bis in den späten Abend hinein vor dem PC am Bearbeiten und Schreiben saß. Frühes Aufstehen war ab einem gewissen Punkt nicht mehr möglich.

Meine Stiefmutter war jedoch oft schon frühmorgens unterwegs. An unserem vierten Aufenthaltstag entdeckte sie hinter ein paar Strandkörben und einem Spielplatz einen riesigen Schwarm Ringelgänse auf einer großen Wiese. Ringelgänse standen schon lange auf meiner Wunschliste.

Ich schnappte meine Ausrüstung und eilte zu besagter Stelle. Tatsächlich! Ein riesiger Schwarm von etwa 90 Ringelgänsen graste dort. Ein paar Tiere standen etwas abseits des Hauptschwarms - und eine Gans sogar nur etwa zehn Meter von mir entfernt hinter einem Strandkorb. Diese Gans nahm ich ins Visier, wobei ich den Strandkorb als Sichtschutz nutzte. Die Ringelgans bemerkte mich nicht, sondern schlief ein. Nach gut fünf Minuten, in denen nichts passierte, wurde sie langsam munter und begann sich zu putzen und zu strecken. Was für ein Erlebnis, das ich zu einem großen Teil der Aufmerksamkeit meiner Stiefmutter zu verdanken hatte!

Silbermöwe

Larus argentatus

AUF EINEN BLICK

LEBENSERWARTUNG
bis zu 20 Jahre

GRÖSSE
54 bis 66 cm

MIGRATION
Standvogel

BRUTZEIT
April bis Juni

EIER
2 bis 3

ROTE LISTE DEUTSCHLAND
(6. Fassung 2020)
Kategorie V (Vorwarnliste)

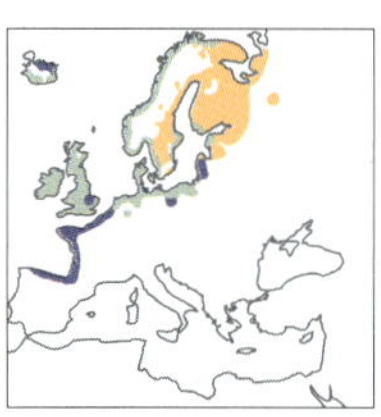

Ein Leben an unserer schönen Nord- und Ostseeküste ohne Möwen kann man sich kaum vorstellen. Die große Silbermöwe mit den rosa Beinen, dem hellgrauen Rücken und dem gelben Schnabel mit rotem Fleck am vorderen Teil des Unterschnabels zählt zu den Möwen, die an der Küste am häufigsten anzutreffen sind. Binnen kürzester Zeit hat sie die Vorteile eines Lebens in Menschennähe erkannt.

In Häfen, Küstendörfern und Kleinstädten belästigt sie zunehmend Touristen und Anwohner, um leicht an Nahrung zu kommen. Besonders gerissene Silbermöwen harren geduldig auf Laternen, Hausdächern oder »Ansitzen« neben Bäckereien, Fischläden, Metzgereien, Imbissen oder anderen Lebensmittelläden aus, bis sich ihnen eine Gelegenheit bietet, einem unachtsamen Anwohner oder Touristen das Fischbrötchen oder andere Leckereien zu stibitzen.

Silbermöwen folgen auch Schiffen, um leichte Beute zu machen, indem sie beispielsweise versuchen, Fische, Krabben und anderes Meeresgetier aus den Netzen der Fischkutter zu holen, oder auf Fischabfälle spekulieren, die von Bord geworfen werden.

Nicht jede Silbermöwe hält jedoch etwas davon, sich ihre Nahrung zu ergaunern. Normalerweise ernährt sie sich nämlich zu einem Großteil von Krebsen, Schnecken, Muscheln, Würmern sowie weiteren Weichtieren. Fische, Aas, Insekten, Getreide oder Vogeleier und Jungvögel werden bei passender Gelegenheit ebenfalls gern gefressen.

←
Diese ausgewachsene Silbermöwe sitzt auf einem Sandhügel und überblickt ihr Revier. Vielleicht lässt ja der ein oder andere Badegast seine Kekspackung auf dem Handtuch herumliegen oder vergisst, den Rucksack mit den Vesperbroten zu schließen.

↑
Ein Altvogel (rechts) bei der Fütterung seines Nachwuchses (links). Man vermutet, dass die Jungtiere durch gezieltes Picken auf den roten Fleck am Unterschnabel den Fütterungsreflex des Elterntieres auslösen und dieses daraufhin die Nahrung hervorwürgt. Das Jungtier freut sich über sein Mittagessen. Bis zu vier Jahre dauert es, bis bei jungen Möwen langsam das charakteristische Gefieder der Altvögel zum Vorschein kommt.

Brandgans

Tadorna tadorna

AUF EINEN BLICK

LEBENSERWARTUNG
bis zu 10 Jahre

GRÖSSE
55 bis 65 cm

MIGRATION
sowohl Stand- als auch Zugvogel

BRUTZEIT
Februar bis August

EIER
7 bis 12

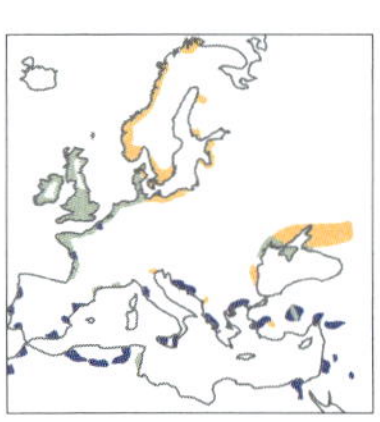

Die Brandgans ist ein typischer und weit verbreiteter Vogel der Küste. Während der Brutzeit färbt sich ihr Schnabel intensiv rot und macht sie gegenüber anderen Arten unverwechselbar. Das Männchen ist etwas größer als das Weibchen und lässt sich durch seinen roten Schnabelhöcker zweifelsfrei vom Weibchen unterscheiden. Bereits gegen Ende der Brutzeit bildet sich der Höcker des Männchens zurück, und der Schnabel wechselt die Farbe von einem intensiven Rot zu einem dunklen Rotbraun. Erst zu Beginn der Brutzeit bildet sich der Schnabelhöcker wieder aus.

Die Brandgans ist ein Höhlenbrüter, der jedoch nicht in der Lage ist, eigene Höhlen anzulegen. Sie lässt die Arbeit andere übernehmen (→ Dreiste Untermieter, Seite 298). Wo geeignete Baue und sonstige Höhlungen fehlen, ist die Brandgans gezwungen, mehr oder weniger ungeschützt zwischen Sträuchern oder niedrigen Gebüschen zu brüten. Das eigentliche Nest besteht in diesem Fall aus einer Mulde, die mit Federn ausgelegt wird. Hier ist das Gelege nun Feinden wie Großmöwen, Rabenvögeln oder Mardern ausgesetzt, und auch der Fuchs kennt keinen Burgfrieden mehr.

Daher ist es die Aufgabe des kräftigen Männchens, für die Bewachung und Verteidigung des Nistplatzes zu sorgen. Erfüllt es seine Aufgabe, schlüpfen nach gut einem Monat der Bebrütung, die allein durch das Weibchen erfolgt, sieben bis zwölf junge Küken.

←
Eine männliche Brandgans sucht mit ihrem während der Brutzeit intensiv roten Schnabel die Oberfläche des Wattenmeers nach Nahrung ab. Außerhalb der Brutzeit sind Brandgänse häufig in Trupps unterwegs.

↓
Die Brandgans gehört zur Unterfamilie der Halbgänse und weist sowohl Merkmale von Gänsen als auch von Enten auf. Deshalb wird sie gelegentlich auch als »Brandente« bezeichnet.

↑
Das Weibchen ist etwas kleiner und deutlich schlichter gefärbt als das Männchen und verfügt über keinen Schnabelhöcker. Es ist allein für die Bebrütung seiner sieben bis zwölf Eier verantwortlich. Das Männchen sorgt für die Sicherheit des Weibchens und des Nachwuchses. In Deutschland brüten schätzungsweise 6500 bis 7500 Paare.

Bis zu ihrem Flüggewerden nach etwa 50 Tagen werden manche Jungtiere noch von ihren Eltern betreut. Viele andere dagegen nicht mehr. So sammeln sich Jungvögel aus verschiedenen Gelegen zu einem sogenannten »Kindergarten«, der aus über 100 Tieren bestehen kann. Geführt wird die Jungvogelschar meist von Altvögeln, die keinen Nachwuchs hatten. Nach gut zwei Jahren sind die jungen Brandgänse geschlechtsreif und können selbst für Nachwuchs sorgen.

Im Wattenmeer fällt die Brandgans bei Ebbe durch ihr kontrastreiches weißes Gefieder mit dem orangebräunlichen Brustband und dem schwarzen Kopf- und Halsgefieder schnell gegen die sonst gräulich dunkle Wattoberfläche auf. Sie durchpflügt dort meist paarweise oder in kleinen Trupps mit seitlich pendelndem Schnabel die nasse, schlammige Oberfläche auf der Suche nach Herzmuscheln, Schnecken oder kleinen Krebstieren.

Wenn die Flut kommt, zieht sich die Brandgans auf das Festland zurück und ist regelmäßig auf Wiesen beim Grasen oder auf Seen und Flüssen beim Gründeln nach Pflanzen und diversen Kleintieren zu beobachten. Besonders zur Mauser im Sommer hält sich die Brandgans gern im Wattenmeer auf, denn in dieser Zeit wirft sie unter anderem ihre Schwingen ab. Das heißt, sie kann für einen Zeitraum von 25 bis 31 Tagen nicht fliegen. Das Wattenmeer bietet jetzt einen nahrungsreichen und sicheren Aufenthaltsort. So sammeln sich Mitte August, während des Höhepunkts der Mauser, beispielsweise auf den Sandwatten des Großen Knechtsandes zwischen Weser- und Elbmündung bis zu 100.000 Brandgänse.

> Gans oder Ente? Ich kann mich nicht festlegen. Die Bezeichnung »Halbgans« trifft es am besten.
>
> HANNES BONZHEIM

DREISTE UNTERMIETER

Regelmäßig werden die langen Baue von fleißigen Kaninchen in Dünen oder geschützten Uferdämmen von der Brandgans beschlagnahmt, ausgescharrt und zur Brut genutzt. Sogar in bewohnten Fuchsbauen wurde diese dreiste Halbgans schon nachgewiesen. Das klingt unglaublich, doch Füchse reißen in einem bestimmten Umkreis um ihren Bau keine Beute. Und das weiß die Brandgans!

Spießente

Anas acuta

Die elegante Spießente ist etwas größer als die Stockente, allerdings bei Weitem nicht so häufig zu sehen. Der lange Schwanzspieß der Männchen gab ihr ihren Namen und macht sie unter den bei uns vorkommenden Entenarten so gut wie unverwechselbar. Lediglich an der Meeresküste könnte eine Verwechslung mit der Eisente zustande kommen, da diese ebenfalls einen langen Schwanzspieß besitzt.

Die Spießente mischt sich häufig paarweise oder einzeln unter andere Wasservögel, und es kann durchaus vorkommen, dass sie trotz ihres speziellen Aussehens von Vogelbeobachtern schlichtweg übersehen wird. Das betrifft besonders die Weibchen, die keinen langen Schwanzspieß besitzen und äußerlich Stockentenweibchen oder auch Schnatterentenweibchen sehr ähnlich sehen.

Die Nahrung der Spießente besteht aus Wasserpflanzen und verschiedenen Wasserinsekten. Ihr Futter sucht sie gründelnd im Flachwasser, aber auch Körner und Sämereien werden an Land - auf Wiesen und Feldern - gelegentlich aufgenommen.

Die Spießente ist hauptsächlich als Durchzügler oder Überwinternder zwischen September und März in Deutschland zu Gast. Manche Exemplare ziehen sogar bis nach Afrika! Lediglich 15 bis 20 Paare dieser speziellen Ente sollen laut Bestandsanalysen in Deutschland brüten. Der Erpel umwirbt sein Weibchen mit Balzrufen und präsentiert dazu seine langen Schwanzfedern. Ist das Weibchen zur

AUF EINEN BLICK

LEBENSERWARTUNG
bis zu 25 Jahre

GRÖSSE
53 bis 70 cm

MIGRATION
sowohl Stand- als auch Zugvogel

BRUTZEIT
April bis Juni

EIER
8 bis 12

ROTE LISTE DEUTSCHLAND
(6. Fassung 2020)
Kategorie 2 (Stark gefährdet)

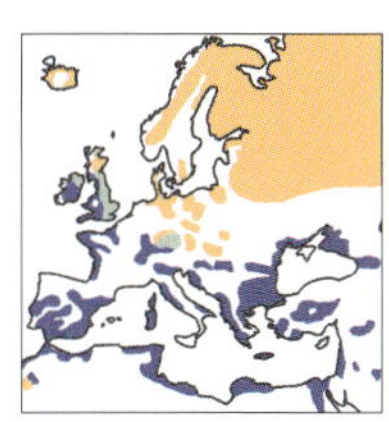

↑
Der lange Schwanzspieß des Männchens gab der Spießente ihren Namen.

FUN FACT

Die Spießente könnte man als Porsche unter den Schwimmenten bezeichnen. Ihr schmaler Körperbau und die vergleichsweise langen, etwas nach hinten gebogenen Flügel machen sie zu einer schnellen und wendigen Fliegerin, der nur wenige flugfähige Fressfeinde folgen können. Zum Starten vom Wasser aus braucht die Spießente keinen Anlauf.

Paarung bereit, »legt« es sich ganz flach aufs Wasser. Ist die Paarbindung abgeschlossen, beginnt das Weibchen mit dem Bau seines flachen Nests, das es gut versteckt auf dem Boden errichtet und mit Dunen und Pflanzenmaterial auspolstert. Ebenso wie der Nestbau, ist auch die Brut und die spätere Jungenaufzucht Aufgabe des Weibchens. Seine hellgrünen Eier bebrütet es 22 bis 24 Tage lang. Der Erpel ist ihm dabei keine wirkliche Unterstützung und verlässt es meist noch vor dem Schlüpfen der Küken. Das Weibchen führt seinen Nachwuchs zum nächstgelegenen Gewässer, wo die kleinen Federbällchen sich von Insekten und anderen Wirbellosen ernähren. Nach 46 bis 47 Tagen sind die jungen Spießenten in der Lage zu fliegen, bleiben aber noch einige Zeit in der Nähe ihrer Mutter.

ENTE IST NICHT GLEICH ENTE – Die drei Tribus der Entenvögel

Männchen der Stockente

Männchen der Tafelente

Männchen des Gänsesägers

Alle heimischen Entenarten, die wir hierzulande bestaunen können, gehören zwar zur selben Familie der Entenvögel (*Anatidae*), werden allerdings in der Unterfamilie *(Anatinae)* nochmals in drei verschiedene Tribus, das sind die Rangstufen zwischen Unterfamilie und Gattung, unterteilt.

Schwimmenten (*Anatini*): Zu dieser Tribus zählen die ab Seite 299 beschriebene Spießente, die weit verbreitete Stockente und ein paar weitere Entenarten wie beispielsweise auch die Mandarinente und die Krickente. Schwimmenten suchen ihre Nahrung, die sowohl aus pflanzlicher als auch tierischer Kost besteht, auf der Wasseroberfläche oder gründelnd unter Wasser. Beim Gründeln kippt die Ente vornüber, sodass Kopf und Hals untertauchen und nur das Hinterteil aus dem Wasser ragt. Auf diese Weise wird der Gewässerboden nach Nahrung abgesucht. Gegründelt wird vor allem im flachen Uferbereich. Bestimmt kennen Sie das Kinderlied »Alle meine Entchen schwimmen auf dem See ... Köpfchen in das Wasser, Schwänzchen in die Höh«. Und sofort hat man gründelnde Enten vor Augen. Aber Schwimmenten suchen durchaus auch hin und wieder an Land nach Futter. Übrigens sind sie auch in der Lage zu tauchen, doch diese Fähigkeit wird nur selten eingesetzt. Ein weiteres Merkmal der Schwimmenten ist, dass sie, ohne Anlauf zu nehmen, direkt von der Wasseroberfläche in die Luft steigen können.

Tauchenten (*Aythyini*): Drei bekannte Arten aus dieser Tribus sind die Reiherente, die Tafelente sowie die Kolbenente. Tauchenten sind im Allgemeinen etwas kleiner und gedrungener als Schwimmenten. Sie suchen ihre Nahrung, wie es der Name bereits verrät, größtenteils unter Wasser. Dort tauchen sie bis zum Gewässergrund und suchen nach pflanzlicher oder tierischer Nahrung wie Pflanzenteile, Wasserinsekten, Krebstiere und Weichtiere. Ein Tauchgang dauert in der Regel 30 Sekunden, längstens aber 60 Sekunden. Die bevorzugte Tauchtiefe liegt zwischen einem und drei Meter. Beim Abfliegen aus dem Wasser tun sich Tauchenten relativ schwer und müssen deshalb einen entsprechenden Anlauf nehmen. Aber dennoch sind sie sehr gute Flieger.

Meerenten und Säger (*Mergini*): Zu dieser Tribus gehören neben den Sägern beispielsweise die Eiderente und die Schellente. Meerenten sind meistens, aber nicht ausschließlich, an den Meeresküsten anzutreffen. Sie tauchen hauptsächlich nach tierischer Nahrung unter Wasser. Gelegentlich nehmen manche Arten auch pflanzliche Nahrung zu sich. Die Säger ernähren sich in erster Linie von Fischen. Ihr mit Sägezähnchen besetzter Schnabel hilft ihnen beim Fischfang (→ Gänsesäger, Seite 302). Viele Meerenten- und Sägerarten brauchen einen ziemlich großen Anlauf, bevor sie sich in die Luft erheben können.

Gänsesäger

Mergus merganser

AUF EINEN BLICK

LEBENSERWARTUNG
5 bis 10 Jahre

GRÖSSE
58 bis 68 cm

MIGRATION
sowohl Stand- als auch Zugvogel

BRUTZEIT
April bis Juli

EIER
8 bis 14

ROTE LISTE DEUTSCHLAND
(6. Fassung 2020)
Kategorie 3 (Gefährdet)

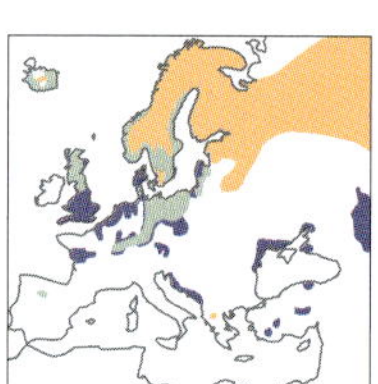

Durch seinen spitzen Hakenschnabel erinnert dieser große Entenvogel an einen Kormoran. Der Gänsesäger ist, anders als sein Verwandter, der Mittelsäger, größtenteils an Süßwassergewässern zu finden. Er ernährt sich hauptsächlich von Fischen, seltener von Wasserinsekten und Krebstieren. Sein Schnabel ist mit feinen Hornzähnchen besetzt, die ihm bei der Unterwasserjagd nach Fischen in bis zu zehn Metern Tiefe nützlich sind und ihm durch das sägeähnliche Aussehen seinen Namen gaben. Gänsesäger sind Höhlenbrüter. Sie brüten an klaren, fischreichen Gewässern und sind auf eine ausreichende Anzahl von Baumhöhlen oder seltener auch Felshöhlen angewiesen.

Ist kein ausreichendes Brutplatzangebot vorhanden, kann es durchaus schnell zu Konfrontationen mit anderen Höhlenbrütern, wie zum Beispiel dem Waldkauz, kommen. Aufgehängte Nistkästen können diesem Problem vielerorts mit Erfolg entgegenwirken.

Im Zeitraum von April bis Juli findet die Brutzeit statt. Das Geschlecht kann man bei Gänsesägern an der Kopffärbung erkennen. Beim Weibchen ist diese bräunlich und beim Männchen schwarzgrünlich. Einen Monat lang ist das Weibchen allein mit der Bebrütung seiner Eier beschäftigt. Wenn die Küken schlüpfen, verlassen sie als sogenannte Nestflüchter schon sehr früh den Brutplatz. Von ihrer Mutter werden sie versorgt und beschützt und ähnlich wie bei Haubentauchern auch häufig auf dem Rücken getragen.

←
Diese beiden Gänsesägerweibchen konnten Matthias und ich an einem großen See von einem Steg aus fotografieren. Sie waren so schnell, dass ich einfach nur mitzog, in der Hoffnung dass ein scharfes Bild dabei sein würde.

↓
Die Hauptnahrung des Gänsesägers besteht vor allem aus kleinen Fischen von einer Länge bis zu zehn Zentimetern. Mithilfe seines Schnabels, der mit winzigen Hornzähnchen besetzt ist, kann er seine Beute gut packen.

↑
Das Gänsesägerweibchen erkennt man an seinem braunen Kopfgefieder. In Extremfällen muss es bis zu 14 Jungtiere allein umsorgen. Da die Küken allerdings schon früh eigenständig tauchen können, suchen sie selbst nach Nahrung, die in den ersten Wochen aus Wasserinsekten, Würmern und anderen Wirbellosen besteht.

Uhu

Bubo bubo

AUF EINEN BLICK

LEBENSERWARTUNG
10 bis 25 Jahre (in Gefangenschaft bis zu 60 Jahre)

GRÖSSE
59 bis 73 cm

MIGRATION
Standvogel

BRUTZEIT
März bis Mai

EIER
2 bis 4

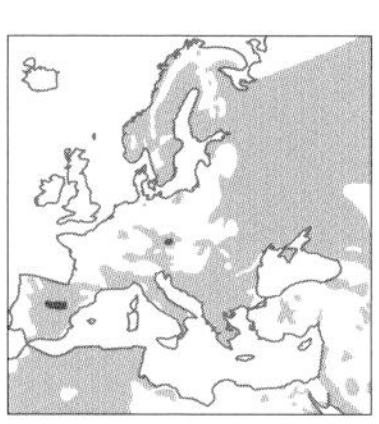

Mit einer eindrucksvollen Flügelspannweite von bis zu 1,80 Metern ist der Uhu der unangefochtene Herrscher der Nacht. Er ist die größte Eule der Welt. Man benannte ihn nach seinem klagenden »u-uh«-Ruf, den man besonders in klaren, windstillen Nächten zur Balzzeit wahrnimmt und der kilometerweit zu hören ist.

Der Uhu bevorzugt reich strukturierte Landschaften, die sich bestens zum Jagen eignen. In Mitteleuropa brütet er vor allem in den Alpen sowie den Mittelgebirgen, aber auch das Flachland wird seit den letzten Jahrzehnten wieder besiedelt.

Mit der einsetzenden Dämmerung begibt sich der Uhu auf die Jagd, legt um Mitternacht eine Pause ein, um dann bis zur Morgendämmerung weiterzujagen. Bei seinen Beutetieren ist er alles andere als wählerisch. So ziemlich jedes Tier, das ihm ahnungslos über den Weg läuft, sollte sich vor ihm und seinen riesigen Klauen - sie haben die Größe einer Faust und sind mit drei Zentimeter langen, messerscharfen Krallen bestückt - in Acht nehmen. Von kleinen Mäusen, flinken Hasen und Kaninchen, diversen Kleinvögeln über stachelige Igel, Ratten und Marder bis hin zu großen Rabenvögeln und wehrhaften Greifvögeln wie dem Habicht - alles passt in sein Beuteschema. Auch andere Eulenarten, Entenvögel und Hühnervögel wie der Fasan stehen auf seinem Speiseplan. Und er ist sogar in der Lage, Hauskatzen, junge Füchse oder geschwächte Rehkitze zu überwältigen.

Ein Jäger, der mit allen Wassern gewaschen ist

Bei der Jagd auf bodenbewohnende Säugetiere gleitet der Uhu lautlos, dicht oberhalb des Erdbodens, über sein Revier. Bei der Vogeljagd verfolgt er seine Beute selbst in dichte Baumkronen. Er ist in der Lage, Rabenvögel und andere im Flug einzuholen.

Sogar am Boden ist der Uhu ein geschickter Jäger, der es mit schnellen Schritten vermag, eine flüchtende Maus einzuholen. Auch nach Regenwürmern, Schnecken und anderen Wirbellosen wird der Boden abgesucht.

Obwohl Eulen wie der Uhu mit den nahezu hervorragendsten Augen, die die Vogelwelt zu bieten hat, ausgestattet sind und noch bei geringstem Lichteinfall etwas sehen können, geht es ihnen bei völliger Dunkelheit wie uns Menschen, dann sind sie nämlich blind.

Ein kräftiger ausgewachsener Uhu hat selbst so gut wie keine natürlichen Feinde. Lediglich ein verwaistes Gelege und unbeaufsichtigte Junguhus können zum Beispiel Füchsen, Mardern, Wildschweinen oder Adlern zum Opfer fallen, wenn die Feinde an die Brutplätze herankommen. In Mitteleuropa brütet der Uhu bevorzugt auf Vorsprüngen oder in Nischen in felsigem Gelände, aber auch Greifvogelhorste oder Gebäude und Ruinen werden als Brutplatz genutzt.

Ein einmal gewähltes Revier wird oft über mehrere Generationen hinweg beansprucht und nur in seltenen Fällen verlassen. Am Tag ist der Uhu, trotz seiner beachtlichen Größe, durch sein hervorragend tarnendes Federkleid nur sehr schwer zu entdecken.

> Nie hätte ich gedacht, dass ich dieser großen Eule einmal so nahe kommen würde.
>
> HANNES BONZHEIM

UHU TRIFFT MURMELTIER

Erzfeind Nummer eins des Murmeltiers ist der Steinadler. Doch nicht nur der majestätische Greifvogel ist hinter dem Murmeltier her, sondern auch die größte Eule der Welt, der Uhu, wenn sich die zwei bis sieben Kilo schweren Nagetiere in seinem Revier angesiedelt haben. Das Murmeltier muss sich dann also doppelt, sowohl tagsüber als auch in der Dämmerung und bei Nacht, in Acht nehmen.

Die persönliche Geschichte

HANNES BONZHEIM

Anfang August hörten Matthias und ich von einem Bekannten, dass er in einem kleinen stillgelegten Steinbruch zutrauliche Uhus entdeckt habe. Nichts wie hin, denn bis dato hatten wir diese majestätischen Tiere noch nie aus der Nähe beobachten, geschweige denn fotografieren können.

Nach einer anstrengenden Autofahrt kamen wir kurz vor Mitternacht am Steinbruch an. Am Rand des Steinbruchs stand ein Hotel, in das wir eincheckten und sofort ins Bett gingen, um wenigstens noch ein bisschen Schlaf zu bekommen. Kaum waren wir eingeschlafen, klingelte gefühlt auch schon wieder der Wecker. Zeit, die Uhus zu suchen! Draußen war es noch stockfinster, und wir begannen vom Parkplatz aus mit dem Fernglas die Felswand abzusuchen. Dann fiel unser Blick auf eine abgestorbene Tanne, die auf einem Hügel gegenüber des Steinbruchs stand.

Auf ihrer Spitze entdeckten wir einen großen, schwarzen Punkt. Es war tatsächlich ein Uhu! Grazil wie eine Feder saß er auf der dürren, abgestorbenen Tannenspitze. Wie aus dem Nichts tauchten plötzlich drei Krähen auf, die zeternd auf ihn losgingen. Daraufhin ließ sich der Uhu in die Tiefe fallen und landete vor uns in der Felswand, um dort aber nicht lange zu verweilen. Er startete und flog im Gleitflug auf uns zu – über unsere Köpfe hinweg. Ich kann gar nicht beschreiben, was dieser Moment für ein unglaubliches Glücksgefühl in mir hervorgerufen hat.

Und es kam noch besser! Der Uhu landete keine zwanzig Meter von uns entfernt zwischen ein paar Birken auf einem Steinhaufen. Er musste das Eichhörnchen gesehen haben, das aber noch, bevor er zuschlagen konnte, über alle Berge war. Wir wagten kaum, uns zu bewegen, so gebannt waren wir in diesem Augenblick. Schließlich begann er sich vor uns zu putzen. Nach fesselnden zehn Minuten schwang sich der »König der Nacht« wieder in die Luft und verschwand Richtung Felswand. Was für ein großartiges Erlebnis in der Morgendämmerung!

Rotmilan

Milvus milvus

AUF EINEN BLICK

LEBENSERWARTUNG
bis zu 30 Jahre

GRÖSSE
60 bis 73 cm

MIGRATION
sowohl Stand- als auch Zugvogel

BRUTZEIT
April bis Juni

EIER
2 bis 3

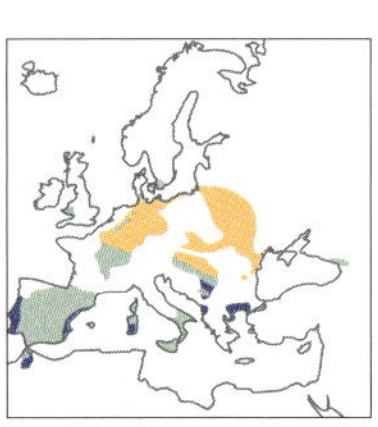

Die größte Population an Rotmilanen befindet sich in Deutschland! Nirgendwo sonst auf der Welt brüten so viele Paare wie bei uns. Durch seine Körpergröße von 60 bis 73 Zentimetern und seine beeindruckende Flügelspannweite von bis zu 1,70 Metern wird der Rotmilan auch »Königsweihe« genannt. Ein Titel, dem er absolut gerecht wird.

Sein Erkennungsmerkmal Nummer eins ist zweifellos sein tief gegabelter Schwanz, der ihn von allen anderen Greifvögeln hierzulande grundlegend unterscheidet und weswegen er auch »Gabelweihe« genannt wird. Er ist ein majestätischer Flieger, der bei gut stehendem Wind mühelos, ohne mit den Flügeln zu schlagen, in luftigen Höhen umherkreist, um nach Beute Ausschau zu halten. Seine langen Schwanzfedern dienen ihm als Ruder. Das ermöglicht ihm, geschickt durch die Luft zu segeln und spektakuläre Flugmanöver über Land oder Wasser zu vollführen. Hat er eine Maus in einer Wiese entdeckt, stürzt er sich in die Tiefe und holt sie meist im Flug mit seinen Fängen aus dem Gras! Getötet wird die Beute mit kräftigen Schnabelhieben. Der Rotmilan ist fähig, Beutetiere bis zur Größe eines jungen Hasen zu schlagen und davonzutragen.

Im Alter von zwei bis drei Jahren wird ein Rotmilan geschlechtsreif und sucht sich einen Partner. Einmal gewählt, bleiben sich Rotmilanpaare in der Regel ein Leben lang treu. Die Geschlechter kann man nicht voneinander unterscheiden.

←
Beim Rotmilan und auch bei Falken lohnt es sich, nach frisch gemähten Wiesen Ausschau zu halten. Dort jagen sie gern aufgescheuchte oder bereits verendete Kleinsäuger, Insekten und Würmer.

↓
Vorsicht, Verwechslungsgefahr! Der Schwarzmilan kann dem Rotmilan, je nach Situation, sehr ähnlich sehen. Seine Schwanzfedern sind allerdings nicht so tief gegabelt, und er ist etwas kleiner und deutlich dunkler gefärbt.

↑
Geeignete Thermik, also aufsteigende Luft, die wärmer ist als die Umgebungsluft, zieht den Rotmilan magisch an. Sie hilft ihm, sich mühelos wie in einem Fahrstuhl in die Höhe zu schrauben.

Nilgans

Alopochen aegyptiaca

AUF EINEN BLICK

LEBENSERWARTUNG
bis zu 10 Jahre

GRÖSSE
63 bis 73 cm

MIGRATION
Standvogel (etabliertes Neozoon)

BRUTZEIT
Mai bis August

EIER
8 bis 10

Die ursprüngliche Heimat der Nilgans mit dem typischen braunen Augenfleck und den rosa Beinen ist der warme afrikanische Kontinent. Allerdings breitete sie sich, als ursprünglicher Gefangenschaftsflüchtling aus den Niederlanden kommend, in einem rasanten Tempo in Deutschland aus. Man findet sie an den verschiedensten Gewässern und besonders an Stadtteichen, Seen und größeren Flussläufen

Ihr Speiseplan ist größtenteils vegetarisch und reicht von verschiedenen Gräsern und Sämereien, die sie auf Wiesen und Feldern findet, bis hin zu Wasserpflanzen, die sie gelegentlich gründelnd verzehrt. Hin und wieder verspeist sie auch tierische Nahrung in Form von kleinen Wirbellosen wie Insekten, Würmern oder Schnecken.

Da Nilganspaare bis zu zehn Jungtiere bekommen können, anpassungsfähig sind und vielen anderen Arten körperlich überlegen sind, breitet sich die Art zusehends in Europa aus..

Die Brutzeit liegt in den meisten Fällen zwischen Mai und August, allerdings gibt es auch Küken, die bereits im Februar das Licht der Welt erblicken. Da die Kleinen in ihren ersten Lebenswochen noch sehr verletzlich sind, hält ein Elternteil in einiger Entfernung nach Gefahren Ausschau, während sich der andere um die Küken kümmert. Einem Nilganspaar mit Küken sollte man besser nicht zu nahe kommen, ansonsten kann es durchaus Scheinangriffe und Drohgebärden der Altvögel geben.

←
Die standorttreue Nilgans besitzt – neben ihrem markanten braunen Überaugenfeld – schwarz-weiß gefärbte Flügelunterseiten. Sie braucht zum Starten aus dem Wasser keinen langen Anlauf. Ihr Flug ist schnell und wirkt hastig.

↑
Die Nilgans erhielt ihren Namen aufgrund des gleichnamigen Flusses Nil, der in ihrem afrikanischen Verbreitungsgebiet liegt. In Deutschland ist die Nilgans ein treuer Standvogel und hält sich das ganze Jahr über mit ihrem gewählten Partner im eigenen Revier auf. Schwärme bildet die große Halbgans selten. Zu kleineren Ansammlungen kommt es lediglich, wenn sie sich mit den eigenen, noch unselbstständigen Jungtieren vergesellschaftet.

Nilgänse können gegenüber anderen Vögeln besonders während der Brutzeit äußerst aggressiv werden. In diesem Konkurrenzkampf siegte allerdings das Blässhuhn.

Fasan

Phasianus colchicus

AUF EINEN BLICK

LEBENSERWARTUNG
3 bis 8 Jahre

GRÖSSE
55 bis 90 cm

MIGRATION
Standvogel

BRUTZEIT
April bis Juli

EIER
5 bis 16

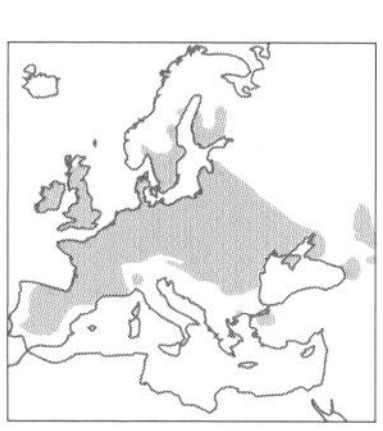

Der Fasan gehört zur Ordnung der Hühnervögel und ist mit seinem bunten Gefieder zweifelslos einer unserer schmucksten heimischen Vogelarten. Er kommt ursprünglich aus Asien, doch vermutlich wurde er bereits zur Römerzeit aus dem Schwarzmeergebiet als beliebter Ziervogel und natürlich auch wegen seines köstlichen Fleisches bei uns eingeführt.

Er bewegt sich meist schreitend vorwärts, ist jedoch auch ein ausgesprochen guter Läufer und in Gefahrensituationen ein pfeilschneller Kurzstreckensprinter. Besonders aktiv ist der Fasan vor allem in den frühen Morgenstunden und am Nachmittag bis hinein in die Abenddämmerung.

Antreffen kann man ihn überall dort, wo ihm deckungsreiche Landschaften, allerdings auch offene Freiflächen zur Nahrungssuche zur Verfügung stehen. Zu seinem Speiseplan gehören Sämereien, Insekten, Würmer und andere Wirbellose. Ab und an werden zusätzlich auch kleine Steinchen zur Verdauungsunterstützung aufgenommen. Selbst ruhige Futterstellen an Dorfrändern sind vor einem kecken Fasan nicht sicher. Auch ein Gartenzaun kann ihn nicht davon abhalten, den Singvögeln ihr Futter zu stibitzen. Fasane können nämlich fliegen. Insbesondere nachts ist es für den Fasan überlebenswichtig, in luftigen Höhen oder im dichten Gestrüpp Schutz vor Fressfeinden, wie zum Beispiel dem Fuchs, zu finden.

←
Ein ausgewachsener Fasanenhahn versucht balzend eine Partnerin anzulocken. Er schlägt kräftig mit den Flügeln, manchmal hebt er sogar etwas ab und gibt dabei laute »göö-göck-Rufe« von sich, die weit zu hören sind.

↓
Ein Ausschnitt des wunderschönen bunten Gefieders eines männlichen Fasans. Das Weibchen dagegen hüllt sich in ein bräunliches Tarngefieder. Hähne sind gut 15 bis 25 Zentimeter größer als Hennen.

↑
Diesen Fasan konnten Matthias und ich im letzten Abendlicht auf einer gemähten Wiese, nahe eines kleinen Waldrandes, fotografieren. Der Hahn ist durch seine intensive Gefiederfärbung, den weißen Halsring und die langen Schwanzfedern unverwechselbar. Er lebt nicht monogam, sondern führt zur Brutzeit in der Regel einen kleinen Trupp von fünf bis sieben Hennen.

Rohrdommel

Botaurus stellaris

Durch exzellente Anpassung an ihren Lebensraum kann dieser Reiherart in puncto Tarnung keiner das Wasser reichen. Die Rohrdommel kommt ausschließlich an Gewässern mit ausgedehnten Röhricht- und Schilfgürteln vor und verschmilzt dort, wie durch Zauberei, mit der dichten Vegetation.

Droht ihr dennoch unmittelbare Gefahr, nimmt sie eine stocksteife Tarnstellung ein, indem sie sich lang macht, ihren Schnabel nach oben streckt und den Körper sachte hin und her wiegt, um das Schwanken der Schilfhalme im Wind nachzuahmen. Dieses Verhalten wird »Pfahlstellung« genannt.

Zu sehen bekommt man die scheue und versteckt lebende Rohrdommel selten, doch sie verrät im Frühsommer durch tiefe Balzrufe, die teilweise kilometerweit zu hören sind, ihre Anwesenheit. Da diese Rufe entfernt an die Laute eines Rinds erinnern, wird die Rohrdommel auch »Moorochse« genannt.

Ihr Nest legt die Rohrdommel in Form eines großen Haufens aus verschiedenem Pflanzenmaterial im Schilf an. Ein Männchen hat – je nach Populationsgröße – pro Saison mehrere Weibchen, die allerdings allesamt mit der Bebrütung der Eier und der Aufzucht der Jungen auf sich allein gestellt sind. Die vier bis sechs Küken schlüpfen nach gut einem Monat und verlassen dann das Nest im Alter zwischen drei und acht Wochen.

AUF EINEN BLICK

LEBENSERWARTUNG
bis zu 10 Jahre

GRÖSSE
70 bis 80 cm

MIGRATION
sowohl Stand- wie auch Zugvogel

BRUTZEIT
April bis Mai

EIER
4 bis 6

ROTE LISTE DEUTSCHLAND
(6. Fassung 2020)
Kategorie 3 (Gefährdet)

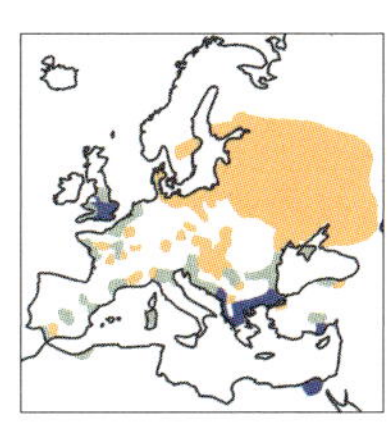

←
Wenn die Rohrdommel gegen Abend zum Jagen am Schilfrand erscheint, hat man so gut wie keine Chance, sie kommen zu sehen. Sie steht plötzlich da.

→
Langsam und überaus vorsichtig schreitet die Rohrdommel über eine Holzplanke in die Mitte eines kleinen Tümpels, um dort auf die Jagd zu gehen.

↓
Hier hat sie einen Flussbarsch erbeutet. Doch nicht nur Fische stehen auf dem Speiseplan der Rohrdommel, auch Amphibien wie Frösche oder Molche sowie Wasserinsekten und gelegentlich kleine Nagetiere passen in ihr Beutespektrum.

↑
Stundenlanges regungsloses Ausharren ist für die Rohrdommel ein Kinderspiel und wird früher oder später einem unachtsamen Fisch zum Verhängnis. Wie aus dem Nichts schnellt sie mit ihrem langen Hals ins Wasser und packt mit ihrem kräftigen Schnabel zielsicher zu.

Vorsicht ist besser als Nachsicht

Auf dem Speiseplan der Rohrdommel stehen vor allem kleine Fische, Frösche und Wasserinsekten. Ab und an werden jedoch auch Reptilien und Kleinsäuger erbeutet und - wenn sich die Gelegenheit bietet - die Eier von Entenvögeln gefressen.

Für die Jagd nach Fischen braucht die Rohrdommel kleine freie Wasserflächen. Dafür wagt sie sich in Zeitlupentempo am frühen Morgen, dem späten Abend oder in der Nacht vorsichtig aus dem Schilf. Sie ist mit ihrem Federkleid so hervorragend an das Schilf angepasst, dass man keine Chance hat, sie kommen zu sehen. Wie ein Geist steht sie dann plötzlich am Schilfrand.

Gelegentlich watet sie auch durch seichtes Wasser oder bewegt sich anmutig mit ihren langen, grüngelben Beinen und den überaus langen Füßen, die mit scharfen Krallen besetzt sind, über herumtreibendes Schilfmaterial oder anderweitiges Treibgut aus der Deckung.

> Die Rohrdommel zieht mich mit ihrem heimlichen Wesen immer wieder in ihren Bann.
>
> HANNES BONZHEIM

Man sieht es der Rohrdommel nicht an, doch sie kann auch fliegen. Das muss sie sogar, denn viele Individuen verlassen, wenn der Winter naht, ihre Brutgebiete und ziehen in wärmere Gefilde. Vögel, die ganzjährig in ihrem Revier verweilen, bezahlen in besonders harten Wintern, wenn die Gewässer über mehrere Wochen zufrieren, mit ihrem Leben.

←
Die Rohrdommel ist eng mit einer der kleinsten Reiherarten der Welt verwandt - der Zwergdommel. Obwohl die Zwergdommel auffälliger gefärbt ist, kann man sie aufgrund ihrer geringen Größe von gerade mal 25 bis 36 Zentimetern - das entspricht etwa der Größe einer Dohle - ebenfalls nur schwer im Schilf entdecken. Diese Flugaufnahme gelang mir an einem kleinen See mit überschaubaren Schilfflächen.

Purpurreiher

Ardea purpurea

Der große, dünnhalsige Purpurreiher ist eine der farbenfrohsten Reiherarten Deutschlands. Er hat einen langen, gelborangen »Speerschnabel«, gelbe Augen und einen hellbräunlichen Hals mit dunklen Streifen sowie eine schwarzbläuliche Kopfplatte, die in mehrere lange, abstehende Kopffedern verläuft. Seine Oberseite ist gräulich, versehen mit dünnen, hellen Schmuckfedern. Die Unterseite bis zur Schulter weist die wunderschön purpurne Färbung auf, der er seinen Namen verdankt. Seine langen Beine sind wie die Augen und der Schnabel meistens gelborange.

Der Purpurreiher hat ein großes Verbreitungsgebiet, das sich von Afrika über Südeuropa und Teile Asiens bis hin nach Indonesien erstreckt. In Deutschland trifft man ihn nur sehr lokal - mit einem kleinen Brutbestand von unter hundert Brutpaaren - an Seen- und in Feuchtgebieten mit ausreichendem Schilfanteil an. Im Herbst verlassen uns die Purpurreiher wieder und ziehen ins warme Afrika.

Die Hauptnahrung dieses versteckt lebenden Gesellen machen Fische, Amphibien und andere Wassertiere aus, die er mit seinem langen Schnabel meist in ruhigen, offenen Flachwasserzonen erbeutet. Daneben stehen auch Insekten und kleine Wirbellose auf seinem Speiseplan. Der Purpurreiher geht eine monogame Saisonehe ein. Am Nestbau sowie der Brut beteiligen sich beide Elternteile. Die Jungvögel schlüpfen nach einer Brutdauer von 26 Tagen.

AUF EINEN BLICK

LEBENSERWARTUNG
bis zu 20 Jahre

GRÖSSE
70 bis 90 cm

MIGRATION
Zugvogel

BRUTZEIT
April bis Juli

EIER
4 bis 5

ROTE LISTE DEUTSCHLAND
(6. Fassung 2020)
Kategorie R (Extrem selten)

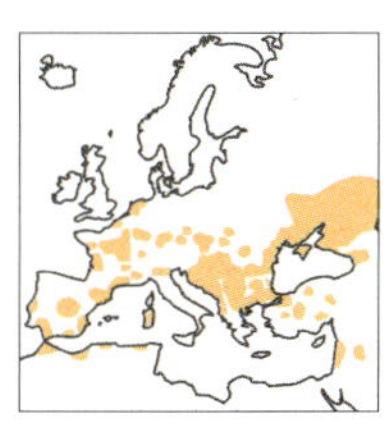

←
Dieses Purpurreiherpaar scheint mit dem Verlauf seines Nestbaues sehr zufrieden zu sein und beginnt nun mit der Familienplanung. Ist das Nest vollends fertiggestellt, bebrüten beide Elternteile die Eier abwechselnd etwa einen Monat lang.

→
Mit kräftigen Flügelschlägen erhebt sich der Purpurreiher in die Luft und gleitet wenig später davon. Auf der Nahrungssuche ist er vor allem in den Morgen- und Abendstunden zu beobachten.

↑
Dieses Purpurreiherpärchen hat sein Nest fertiggestellt und widmet sich nun der Aufgabe, für eine neue Generation zu sorgen. Die Paarung erfolgt so gut wie immer auf dem späteren Brutplatz und kann mehrmals am Tag stattfinden. Seine vier bis fünf blaugrünen Eier legt das Weibchen im Abstand weniger Tage.

↓
Der Purpurreiher ist ein engagierter Nestbaumeister und errichtet gemeinsam mit seinem Partner eine wenige Meter hohe Nestplattform aus verschiedenen Halmen und anderen Pflanzenteilen in Schilfgebieten über zumeist festem Boden.

Dieser stolze Elternvogel hat gemeinsam mit seinem Partner vier hungrige Jungtiere zu versorgen. Nach gut zwei bis drei Wochen sind die Kleinen in der Lage, kletternd die Umgebung des Nests zu erkunden.

Kormoran

Phalacrocorax carbo

Der Kormoran ist ein hoch spezialisierter Fischjäger und mit einem messerscharfen, hakenförmigen Schnabel ausgestattet. Mit dem Schnabel kann er seine Beute, die hauptsächlich aus Fischen verschiedener Größe besteht, zielsicher unter Wasser packen. Insbesondere Fischen wie etwa Karpfen, die für ihn zu groß sind und die er nicht verschlingen kann, fügt der Kormoran bei seinen Fangversuchen häufig tödliche Wunden zu. Kein Wunder also, dass dieser pechschwarze »Seerabe« unter Fischzüchtern, Anglern und vielen anderen Menschen äußerst unbeliebt war und immer noch ist. Er wurde erbarmungslos gejagt und so bis an den Rand des Aussterbens gebracht. Erst seit den letzten Jahrzehnten erholen sich die Bestände durch diverse Schutzprogramme wieder. In Deutschland soll es mittlerweile wieder etwa 22.000 bis 26.000 Brutpaare geben (2005–2009).

Kormorane leben in Kolonien und brüten auch zusammen mit anderen Arten wie Graureihern überwiegend in hohen Bäumen in der Nähe von fischreichen Gewässern. Beide Elternteile bauen das Nest aus Ästen und polstern es meist mit Pflanzenmaterial aus. Das Gelege wird von beiden Partnern 23 bis 30 Tage lang bebrütet. Nach dem Schlüpfen werden die Jungvögel von den Eltern mit hochgewürgten Fischen gefüttert. Durch ihren scharfen Kot können Kormorane ihre Nistbäume im Verlauf weniger Jahre zum Absterben bringen. Zurück bleiben weiße Baumskelette mit Massen von Nestern.

AUF EINEN BLICK

LEBENSERWARTUNG
15 bis 20 Jahre

GRÖSSE
77 bis 94 cm

MIGRATION
sowohl Stand- als auch Zugvogel

BRUTZEIT
April bis Juni

EIER
3 bis 4

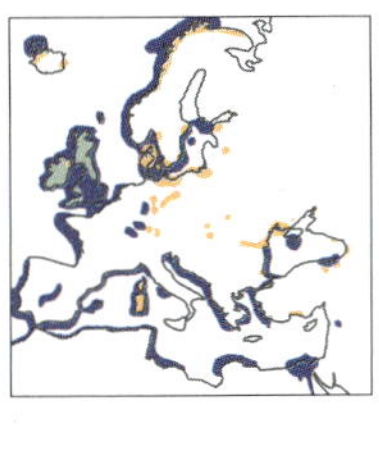

Anders als bei anderen Wasservögeln, produziert die Bürzeldrüse des Kormorans kein Gefiederfett. Das führt dazu, dass sich sein Gefieder im Wasser schnell vollsaugt. Das zusätzliche Gewicht nützt ihm beim Tauchen. Er muss sich jedoch an Land regelmäßig trocknen.

Die persönliche
HANNES BONZHEIM
Geschichte

Als ich Anfang 2019 am Rhein unterwegs war, entdeckte ich einen Kormoran, der es sich nahe am Ufer auf einem Stein bequem gemacht hatte und sich entspannt sonnte.

Bis dato hatte ich immer die Erfahrung gemacht, dass Kormorane sehr scheu sind und selbst bei großem Abstand die Flucht ergreifen. Diesmal wollte ich es vorsichtiger angehen. Ich legte mich fünfzig Meter entfernt ans Ufer und robbte immer, wenn der Kormoran gerade wegsah oder abgelenkt war, ein kleines Stück auf ihn zu.

Ich war noch nicht besonders nah an ihn herangekommen, als plötzlich keine zehn Meter von mir entfernt eine Braut vor mir stand. Ja, Sie haben richtig gelesen, da stand doch tatsächlich eine Braut! Ihr folgte kurz darauf der Bräutigam samt Gästen und Fotografen. Sie brachten sich zwischen mir und dem Kormoran in Position und machten Hochzeitsfotos. Vollkommen überrascht, aber einigermaßen gefasst, blieb ich auf dem Bauch liegen – und wurde nicht einmal bemerkt …

Ich dachte, der Kormoran wäre beim Anrücken der Versammlung abgeflogen. Doch als die Hochzeitsgesellschaft nach einiger Zeit wieder verschwunden war, stellte ich fest, dass der Kormoran immer noch da war und keinerlei Scheu zeigte.

Er ließ mich sogar bis auf etwa vier Meter an ihn herankommen. Jetzt saß ich quasi neben ihm und konnte ihn ausgiebig fotografieren. Eine gute Viertelstunde verbrachte ich bei dem Kormoran, bis er schließlich abflog. Für mich war das ein Erlebnis der ganz besonderen Art.

Löffler

Platalea leucorodia

AUF EINEN BLICK

LEBENSERWARTUNG
bis zu 30 Jahre

GRÖSSE
80 bis 90 cm

MIGRATION
Zugvogel

BRUTZEIT
April bis Juli

EIER
3 bis 4

ROTE LISTE DEUTSCHLAND
(6. Fassung 2020)
Kategorie R (Extrem selten)

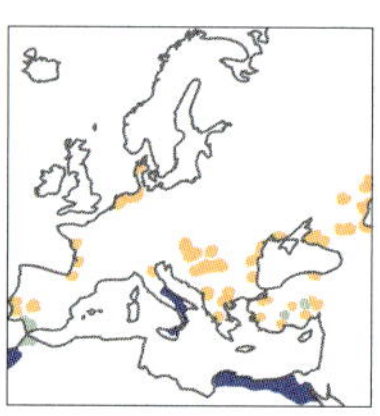

Viele Menschen werden diesen schneeweißen, nur etwa 80 Zentimeter großen Vogel mit dem seltsamen Schnabel wohl noch nie oder nicht oft gesehen haben. Anders als sein Aussehen es vermuten lassen würde, gehört der Löffler - oder fälschlicherweise auch Löffelreiher genannt - nicht zur Familie der Reiher oder Störche, sondern zur Familie der Ibisse und Löffler. Als Zugvogel überwintert er, wie einige weitere in Deutschland vorkommende Brutvögel, am Mittelmeer oder im warmen Afrika.

Oft beginnt der Löffler bereits in seinem Winterquartier mit der Suche nach einem geeigneten Partner. Hat er den richtigen gefunden, zieht er gemeinsam mit ihm und einigen Artgenossen gen Norden, in sein Brutgebiet. Dort angekommen, errichtet er in Röhrichtgebieten oder auf hohen Bäumen, in kleinen Kolonien, in der Nähe von anderen Löfflerpaaren, sein aus Zweigen, kleinen Ästen und Schilfhalmen gefertigtes Nest. Oft nutzt er dieses über mehrere Jahre hinweg und erweitert es ähnlich wie beispielsweise der Weißstorch, sodass es eine stattliche Höhe von gut und gern 50 Zentimetern erreichen kann.

Auch verlassene Nester von Kormoranen funktioniert der Löffler hin und wieder seinen Vorstellungen entsprechend um. Seine drei bis vier weißen bis cremefarbenen Eier mit kleinen braunen Sprenkeln legt das Weibchen im Abstand von wenigen Tagen. Es beginnt allerdings, abwechselnd mit seinem Partner, bereits nach der Ablage des ersten

Eies mit der Brut, was dazu führt, dass die Küken etwas zeitversetzt nach 24 bis 26 Tagen schlüpfen. Löfflerküken gehören zu den Nesthockern, bleiben über einen Monat im Nest und lassen sich von ihren Eltern versorgen. Jungvögel erkennt man an ihren schwarzen Flügelspitzen, dem hellen Schnabel und ihren rosa gefärbten Beinen. Nach guten 60 Tagen sind die ersten jungen Löffler in der Lage zu fliegen.

Auch außerhalb der Brutzeit ist der Löffler ein sehr geselliger Vogel, der die Nächte gern mit Artgenossen, im Flachwasser stehend oder auf Bäumen sitzend, verbringt. Während jeder Löffler seine eigene einzigartige Zeichnung am Schnabelende besitzt, kann man die Geschlechter nur anhand der Körpergröße unterscheiden. Männchen sind in der Regel etwas größer als die Weibchen. Farblich sehen die einzelnen Individuen nahezu identisch aus.

Holländischer Einwanderer

Vor einigen Jahren war der Löffler im deutschen Wattenmeer noch eine absolute Seltenheit. Doch da in den benachbarten Niederlanden der Brutbestand an Löfflern zu Beginn der 1990er-Jahre kontinuierlich anstieg, erfolgte wenig später eine Ausbreitung in Richtung Osten.

1996 siedelten sich die ersten Paare in Deutschland, genauer gesagt in Niedersachsen, und auch in Dänemark an, 2001 folgte die Wiederbesiedelung Großbritanniens und 2002 Belgiens. Mittlerweile brüten wieder ungefähr 1023 Paare (Stand 2019) an unseren deutschen Küsten. Die meisten davon auf einigen der Ost- und Nordfriesischen Inseln.

> Die Zeit, die ich bei dem Löffler verbringen konnte, zähle ich zu meinen außergewöhnlichsten Erlebnissen.
>
> HANNES BONZHEIM

FEINDE LAUERN ÜBERALL

Zum Schutz vor Fressfeinden wie dem Fuchs brütet der Löffler bevorzugt auf schützenden Inseln, die dieser nicht erreichen kann. Zum Verlust des Geleges durch Möwen oder Raben kommt es, wenn das Nest unbewacht ist. Gründe dafür sind oft Störungen durch den Menschen oder Greifvögel, wie etwa den Seeadler, die Panik in der Kolonie auslösen, woraufhin der Altvogel das Nest verlässt.

Die persönliche Geschichte

HANNES BONZHEIM

Es war der dritte Tag meines Nordseeurlaubs, und bisher hatte ich kaum brauchbare Beobachtungen oder gar Fotos machen können. In den letzten zwei Tagen hatte ich stundenlang den Strand abgesucht und »nur« zwei Austernfischer, ein paar Möwen und drei tote Eiderenten zu Gesicht bekommen. Heute war ich wieder früh auf den Beinen, doch das Glück schien nicht auf meiner Seite zu sein. Als die Flut kam, machte ich mich auf einem kleinen asphaltierten Weg auf den Rückweg weg vom Strand und hinter die Dünen zurück in das kleine Feriendorf.

Ich kam an einem kleinen Kurpark mit See vorbei und ging voller Erwartung um ihn herum. Vielleicht würde ich ja ein paar Eisvögel sehen. Ich lief um eine Biegung und sah weit entfernt auf der anderen Uferseite etwas Weißes stehen. Ein Silberreiher, dachte ich und schaute durch mein Fernglas. Der Vogel hob seinen Kopf, und im selben Moment realisierte ich, dass es ein Löffler war. Mein ganzer Frust der letzten Tage war vergessen, und ich brachte meine Kamera in Position. Ich wusste, dass Löffler normalerweise sehr scheu sind und ich mit einer Aufnahme aus etwa 40 Metern Entfernung noch gut bedient war.

Doch plötzlich startete der Löffler und kam direkt auf mich zugeflogen. Der Vogel landete etwa zehn Meter vor mir und begann, mit seinem Schnabel zu löffeln. Er kehrte mir den Rücken zu, und ich begab mich schnell in Deckung an einer Uferkante. Der Löffler bemerkte mich nicht und kam nach etwa fünf Minuten in die Richtung, in der ich gut getarnt auf ihn wartete. Bis auf sechs Meter kam er heran und ermöglichte mir traumhafte Aufnahmen. Die restlichen sechs Tage meines Urlaubs verbrachte ich während jeder Flut bei dem zutraulichen Löffler, denn zu dieser Zeit kam er immer in den Kurpark, um zu rasten und auf die Ebbe zu warten. Diese unvorhersehbaren Momente sind es, die die Naturfotografie so einzigartig machen.

→

Hier hat der Löffler einen kleinen Stichling in die seichte Ufernähe getrieben und erbeutet. Da Vögel keine Zähne haben, schluckt der Löffler seine Beute im Ganzen hinunter.

←

Durch pendelnde Kopfbewegungen filtert der Löffler - ähnlich wie Flamingos - seine Nahrung aus flachem Wasser. Diese Jagdstrategie wird »Seihen« genannt.

↓

Der Löffler verdankt seinen Namen dem langen, löffelähnlichen Schnabel, der ihm bei der Nahrungsaufnahme hilft. Anhand der Zeichnung am Schnabelende lassen sich verschiedene Vögel voneinander unterscheiden.

↑

Seine Nahrung besteht aus kleinen Fischen, Fröschen, Molchen und vielen anderen Wassertieren. Während der Brutzeit brütet der Löffler oft in unmittlbarer Nähe von riesigen Großmöwenkolonien, da diese zusätzliche Nahrung in Form von Eiern und Jungtieren bieten. Selbst müssen sich die Löffler nicht um ihren Nachwuchs sorgen, denn die meisten Möwen trauen sich nicht an das Gelege der deutlich größeren Vögel.

Graureiher

Ardea cinerea

AUF EINEN BLICK

LEBENSERWARTUNG
20 bis 25 Jahre

GRÖSSE
85 bis 98 cm

MIGRATION
sowohl Stand- wie auch Zugvogel

BRUTZEIT
Februar bis Juni

EIER
4 bis 5

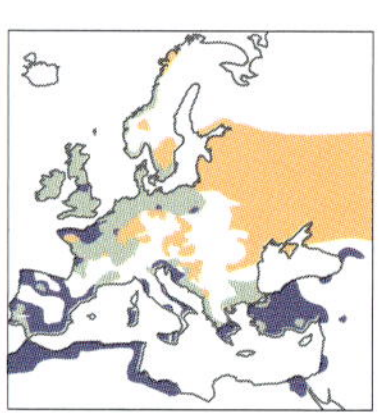

Diese große Reiherart mit ihren gelben Augen macht ihrem Namen alle Ehre. In schlichte Grautöne hüllt sich der Graureiher, der bis vor nicht allzu langer Zeit noch unter dem Namen »Fischreiher« bekannt war. Als vermeintliche Konkurrenz für uns Menschen wurde er so sehr bejagt, dass seine Bestände stark zurückgingen. Dabei steht nicht einmal ausnahmslos Fisch auf seinem Speiseplan. Auch Frösche, Mäuse und Insekten werden gern gefressen. Der Graureiher jagt am liebsten allein. Fällt das Nahrungsangebot jedoch üppig aus, findet man ihn auch in kleinen Trupps bei der Nahrungssuche.

Nachdem die Bejagung des Graureihers durch Schutzmaßnahmen zurückging, erholten sich die Populationen wieder. Mittlerweile trifft man diesen großen Reiher im ganzen Land in den unterschiedlichsten Lebensräumen an - sogar mitten in der Großstadt an Flüssen, Seen oder Parkteichen.

Der Graureiher brütet entweder einzeln oder in kleinen Kolonien. Sein Nest errichtet er gemeinsam mit seinem Partner aus verschiedenen Zweigen und Ästen auf hohen Bäumen. Das Weibchen legt grünliche Eier, die es bis zu einem Monat lang ausbrütet. Verlässt es während dieser Zeit das Nest, kann es vorkommen, dass Rabenvögel das Gelege plündern. Wenn die Jungvögel einen Monat alt sind, beginnen sie im Geäst des Nistbaumes herumzuklettern und erste Flugübungen zu machen. Übrigens, Graureiher können auch schwimmen.

←
Seinen langen Hals zieht der Graureiher häufig zwischen seinen Schultern ein, was ihn deutlich kleiner und gedrungener erscheinen lässt. In dieser Position kann er am Ufer, im flachen Wasser oder auf einem Ansitz stehen und ähnlich wie eine Giftschlange blitzschnell nach vorne stoßen, um seine Beute sicher mit dem langen, kräftigen Schnabel zu packen.

↓
Hoch aufgerichtet beobachtet der Graureiher von seinem Ansitz aus die Umgebung. Grazil und bedacht schreitet er auf der Suche nach Beute durch das Wasser oder über eine Feuchtwiese.

↑
Wenn der Winter Einzug hält, bekommt der Graureiher vielerorts Besuch von einem nahen Verwandten, dem Silberreiher. Als Wintergast mischt er sich unter die Graureiher, ist aber durch sein reinweißes Gefieder ohne Probleme von ihnen zu unterscheiden. Kleinere Streitereien entscheidet der Graureiher, trotz seiner minimal geringeren Körpergröße, oft für sich.

Die Größten

Dieses Kapitel widmet sich den Vogelarten mit einer Größe bis zu 160 Zentimetern – von der Kanadagans, der größten Gans Europas, bis zum Höckerschwan mit seinem namensgebenden auffälligen schwarzen Schnabelhöcker.

Kanadagans

Branta canadensis

AUF EINEN BLICK

LEBENSERWARTUNG
10 bis 15 Jahre

GRÖSSE
90 bis 100 cm

MIGRATION
sowohl Stand- als auch Zugvogel (etabliertes Neozoon)

BRUTZEIT
April bis Juni

EIER
5 bis 6

Neben der Nilgans aus Afrika, der Rostgans aus Asien und dem Trauerschwan aus Australien gesellt sich auch die Kanadagans zu den drei gebietsfremden Vogelarten (Neozoen), die in Deutschland eine neue Heimat gefunden haben. Ihr natürliches Verbreitungsgebiet ist Nordamerika, wie es der Landesname »Kanada« in ihrem Namen schon andeutet. Sie ist mit einer Körpergröße von 90 bis 100 Zentimetern die größte Gans Europas und auch durch ihr kontrastreiches schwarz-weißes Kopfgefieder und den langen, völlig schwarzen Hals unverwechselbar.

Nachdem die Kanadagans Mitte des 17. Jahrhunderts vielerorts ausgesetzt wurde, verbreitete sie sich in vielen Ländern Europas, darunter auch in den 1970er-Jahren in Deutschland und bildete frei lebende Populationen, die sich ohne Zutun des Menschen fortpflanzten. Stand 2005 bis 2009 leben etwa 3500 bis 5000 Paare in Deutschland. Man findet Kanadagänse bevorzugt an größeren Seen und Teichen mit angrenzenden Freiflächen - oft in Parks - , wo sie außerhalb der Brutzeit in kleinen Trupps ausgiebig grasen. Durch ihren langen Hals erreichen sie - je nach Gebiet - zudem mühelos das reiche Nahrungsangebot an Unterwasserpflanzen. Populationen aus Skandinavien ziehen, wie viele ihrer nordamerikanischen Artgenossen, im Winter gen Süden und überwintern im Ostseeraum. Die Kanadagans paart sich meist mit demselben Partner über mehrere Jahre hinweg.

Die beiden Geschlechter kann man äußerlich nicht unterscheiden. Sein Nest legt das Paar gut geschützt in dichter Ufervegetation an und bebrütet seine fünf bis sechs Eier etwa einen Monat lang.

Wo die Kanadagans sich den Lebensraum mit der Graugans teilt, kommt es gelegentlich zu Mischlingen. Feinde hat eine ausgewachsene, gesunde Kanadagans kaum, denn sie ist sehr wehrhaft und weiß sich durchaus zu verteidigen, oder aber sie wählt die Flucht, um der Gefahr zu entgehen.

Kranke und geschwächte Tiere hingegen können bei uns dem Rotfuchs zum Opfer fallen. In ihrer nordamerikanischen Heimat kommen - neben dem Rotfuchs - deutlich mehr Fressfeinde (Prädatoren) dazu, beispielsweise der Weißkopfseeadler, der Wolf oder der Kojote.

FUN FACT

Die kleinen Küken der Kanadagans, auch Gössel genannt, sind Nestflüchter und verlassen schon kurz nach dem Schlüpfen das Nest in Richtung des nächsten Gewässers - immer in Begleitung der Altvögel, die, wie andere Gänse auch, sehr wachsam sind und den Nachwuchs nicht aus den Augen lassen.

Weißstorch

Ciconia ciconia

AUF EINEN BLICK

LEBENSERWARTUNG
25 bis 30 Jahre
(in Gefangenschaft bis zu 48 Jahre)

GRÖSSE
80 bis 110 cm

MIGRATION
Zugvogel

BRUTZEIT
März bis Juni

EIER
2 bis 8

ROTE LISTE DEUTSCHLAND
(6. Fassung 2020)
Kategorie V (Vorwarnliste)

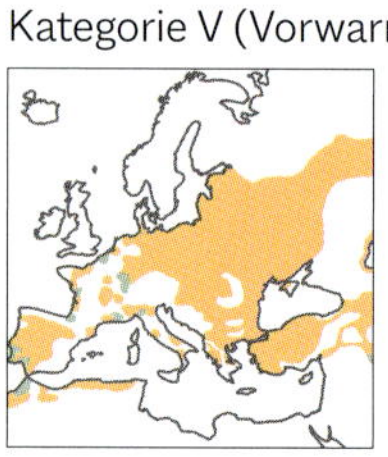

Das Schnabelklappern ist sein Markenzeichen, und nicht selten lebt er in unmittelbarer Nachbarschaft zu uns Menschen. Der »Klapperstorch« bringt die Kinder, der Vogel gilt als Glücksbringer, kündigt den Frühling an und ist das Symbol für Treue und Partnerschaft. Seit Langem wird mit diesem edlen Tier etwas Positives verbunden. Der Weißstorch ist in ganz Europa, mit Ausnahme des Nordens, heimisch.

Wenn man von Zugvögeln spricht, wird man früher oder später immer über den Weißstorch stolpern. Jährlich bringen diese großen Vögel mit einer Flügelspannweite von 1,80 bis 2,20 Metern eine Strecke von bis zu 10.000 Kilometern hinter sich und fliegen dabei teilweise bis nach Südafrika. Ein unglaublicher Kraftakt!

Jedoch nehmen mittlerweile nicht mehr alle Störche diese Strapazen auf sich und verbleiben in milden Wintern auf ihrem Zug kurz vor Afrika oder ziehen vereinzelt schon gar nicht mehr von ihren Brutgebieten fort. Möchten Sie mehr über die faszinierende Reise der Störche erfahren und diese »live« mitverfolgen? Dann installieren Sie auf Ihrem Smartphone die Animal-Tracker-App (→ Wissenschaftler von morgen, Seite 162).

Der Weißstorch baut aus Ästen und Zweigen eines der größten und schwersten Nester unserer Vogelwelt und nutzt dieses meist über mehrere Jahre hinweg. Oftmals werden künstliche Nestplattformen auf Masten, Türmen, Wohnhäusern und Kirchen besiedelt.

Die persönliche Geschichte

MATTHIAS FUTTERER

Endlich war Wochenende, und ich drehte mal wieder nach einer harten Arbeitswoche, die oft schon um fünf Uhr morgens begonnen hatte, eine kleine Beobachtungsrunde mit dem Auto.

Ich bog gerade auf eine Landstraße in Richtung meines Dorfes ein, als mir ein großer, schwarz-weißer Vogel ins Auge stach. Das konnte nur ein Weißstorch sein, der auf der gegenüberliegenden Wiese nach Nahrung suchte. Frösche, Würmer und sogar eine Maus versuchte er mit seinem kräftigen, roten Schnabel zu erwischen. Begeistert fuhr ich rechts ran.

Ich überlegte auszusteigen, ließ es aber sein, denn die Störche in meiner Gegend sind recht schreckhaft, und im Auto war es ohnehin bequemer. Meine Kamera hatte ich natürlich griffbereit auf dem Beifahrersitz liegen. Ich ließ das Seitenfenster herunter und richtete das Objektiv auf den Storch.

Als der Storch mich sah, reagierte er relativ gelassen. Wie bestellt, begab er sich in eine schöne Pose, damit ich ihn ablichten konnte. So einfach kann es sein (→ Foto, Seite 341)! Hätte ich mich für das Aussteigen entschieden, wäre er vermutlich abgeflogen.

Das stehende Auto als Tarnung ist in manchen Fällen tatsächlich die bessere Wahl, denn viele Tiere sehen es nicht als Gefahr an. Der einzige Nachteil: Man kommt als Fotograf nicht auf Augenhöhe mit dem Vogel. Doch bei solch großen Vögeln wie dem Weißstorch ist das verkraftbar. Glücklich und voller Energie fuhr ich schließlich weiter und war gespannt, was dieser Tag noch so alles bringen würde ...

Basstölpel

Morus bassanus

Der Basstölpel ist seit 1991 wieder bei uns heimisch. Es ist kein Geheimnis, dass sich Deutschlands einzige Kolonie dieser großen Meeresvögel, die mittlerweile über 400 Brutpaare zählt, auf der Hochseeinsel Helgoland befindet. Der Basstölpel legt sein Nest oft in unmittelbarer Nähe zu Artgenossen an, was schnell zu aggressiven Auseinandersetzungen führt, wenn ein fremder Vogel seinem Nest zu nahe kommt. Ein Basstölpelweibchen legt nur ein einziges Ei pro Jahr, dass es mit seinen gut durchbluteten Füßen schützt und über einen Monat lang bebrütet. Auf den steilen Klippen sind das Weibchen und sein Partner nicht allein. Sie teilen sich ihren Lebensraum mit Trottellummen, Tordalken, Dreizehenmöwen und Eissturmvögeln.

Basstölpel sind für ihre fast schon naive Zutraulichkeit bekannt, die den Tieren im Laufe der Geschichte jedoch oft zum Verhängnis wurde. Sie waren leicht zu fangen und wurden wegen ihres schmackhaften Fleisches lange Zeit gnadenlos gejagt. Anfang des 20. Jahrhunderts erloschen viele Kolonien für immer.

Auf Helgoland müssen die Basstölpel zwar keine Bejagung mehr fürchten, doch auch das Paradies hat seine Schattenseiten. Während sie normalerweise natürliche Materialien wie Seetang, Gräser oder Erde zum Bau ihres Nests verwenden, verenden mittlerweile viele Vögel qualvoll in den Unmengen von Plastikmüll und den Resten von Fischernetzen, die sie als vermeintliches Nistmaterial verbauen.

AUF EINEN BLICK

LEBENSERWARTUNG
15 bis 20 Jahre

GRÖSSE
85 bis 110 cm

MIGRATION
sowohl Stand- als auch Zugvogel

BRUTZEIT
April bis Juli

EIER
1

ROTE LISTE DEUTSCHLAND
(6. Fassung 2020)
Kategorie R (Extrem selten)

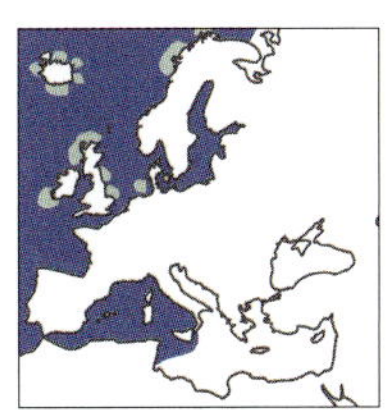

Bei genauerer Betrachtung, fallen schnell die großen Füße des Basstölpels auf. Die dunklen Schwimmhäute zwischen den Zehen sorgen für eine optimale Fortbewegung unter Wasser. Die grüngelben Streifen der Zehen spielen vermutlich bei der Balz eine Rolle.

←
Der 38 bis 43 Zentimeter große Tordalk sieht aus wie ein kleiner Pinguin, gehört aber zur Familie der Alkenvögel. Seine Hauptnahrung machen Fische aus, die er tauchend erbeutet.

↓
Die Trottellumme ist ein paar Zentimeter größer als der Tordalk. Ihren Namen bekam sie wegen ihres ulkig wirkenden Laufstils. Jungtiere springen, noch flugunfähig, von den hohen Klippen in die Tiefe und landen zumeist unverletzt im Meer, wo sie von den Eltern erwartet werden.

↑
Mit einer Flügelspannweite zwischen 160 und 180 Zentimetern ist der Basstölpel im Flug nicht nur beeindruckend anzusehen, sondern auch der größte Seevogel des Nordatlantiks. Als sogenannter Stoßtaucher sucht er das Meer nach Fischschwärmen ab. Der an Land so plump und tollpatschig wirkende Vogel stürzt sich mit Geschwindigkeiten von bis zu 100 Kilometern pro Stunde ins Wasser. Ein todbringender Torpedo!

←
Die einzige Brutkolonie des Basstölpels in Deutschland befindet sich auf der Hochseeinsel Helgoland.

↑
Unverwechselbar: sein reinweißes Gefieder, das gelbliche Kopfgefieder und die blauen Augenringe.

EI IST NICHT GLEICH EI –
Welche Unterschiede gibt es?

Das Leben jedes auf dieser Erde existierenden Vogels beginnt im Ei. Sei es in einem großen oder kleinen, runden oder ovalen, weißen, blauen oder grünen, mit oder ohne Sprenkel. Vogeleier sind so vielfältig wie die Gefiederten, die diese Eier legen.

↑ Die braun-gelblichen, recht stark gesprenkelten Eier des **Turmfalken** sind etwa 4,5 Zentimeter groß. Sie können farblich sehr variabel sein, wie die fünf Eier auf dem Foto zeigen. Bebrütet werden sie rund einen Monat lang, bis die Küken schließlich schlüpfen.

← Die Eier der **Goldammer** können eine bläuliche, gräuliche oder bräunliche Grundfärbung mit dunklen Klecksen und Flecken aufweisen.

↑ Dieser ausgewachsene **Basstölpel** schützt sein sandfarben verwaschenes Ei mit seinen großen Füßen.

↑ Die etwa 23 Gramm leichten Eier des »Singvogelschrecks«, des **Sperbers**, sind braun bis rotbraun gemustert, mit einer weiß-gelblichen Grundfärbung.

↑ Hier war ein **Kohlmeisenweibchen** fleißig und hat im Abstand weniger Tage 11 Eier in sein Nest gelegt. Die Eier haben auf einem weiß schimmernden Grund unterschiedliche Sprenkel, die von dunkelbraun bis rot variieren. Die Sprenkel können mal mehr, mal weniger ausgeprägt sein, breit oder schmal ausfallen und seltener auch ganz fehlen. Die Bebrütung der Eier ist Frauensache. Das Weibchen ist gute zwei Wochen mit dem Brüten beschäftigt, bis die ersten Küken das Licht der Welt erblicken.

↓ Das **Nachtigallweibchen** legt jeden Tag ein Ei. Die vier bis sechs tief dunkelgrünen Eier können farblich auch ins Bräunliche oder Gelbliche gehen. In der Regel gibt es nur eine Brut pro Jahr. Sind allerdings die Klimabedingungen günstig, kann es auch zu einer zweiten Brut kommen. Die Brutdauer beträgt etwa zwei Wochen.

↑ Die leicht gelbbraun bis hellgrün schimmernden Eier des **Höckerschwans** zählen zu den größten unserer heimischen Vogelwelt. Die Küken schlüpfen nach einer Brutzeit von 35 bis 38 Tagen.

← Die Eier der **Silbermöwe** liegen ungeschützt in einem Bodennest. Sie besitzen ein tarnendes hellbraunes bis hellgelbes Aussehen und sind mit dunklen Flecken, Klecksen und Punkten übersät. Auch eine rosa oder bläuliche Grundfärbung der Eier kommt gelegentlich vor.

← Die kleinen, himmelblauen Eier der **Singdrossel** zählen wohl zu den schönsten, die unsere heimische Vogelwelt hervorgebracht hat. Die fünf Eier dieses Geleges sind zudem übersät mit feinen schwarzen Pünktchen.

Trauerschwan

Cygnus atratus

AUF EINEN BLICK

LEBENSERWARTUNG
bis zu 25 Jahre

GRÖSSE
110 bis 140 cm

MIGRATION
Standvogel (etabliertes Neozoon)

BRUTZEIT
April bis August

EIER
4 bis 8

Der Trauerschwan, auch Schwarzschwan genannt, ist ein Vogel des australischen Kontinents. Zurückzuführen auf aus der Gefangenschaft entflogene und ausgesetzte Tiere, siedelte er sich erfolgreich in den Niederlanden und in kleinen Teilen Deutschlands an und wird mittlerweile als gebietsfremde Art (etabliertes Neozoon) geführt. Zu finden ist der Trauerschwan vor allem an Seen, Flussmündungen und Binnengewässern.

Wenn man ihn mit dem Höckerschwan vergleicht, fällt - abgesehen von der Gefiederfärbung - sofort auf, dass er insgesamt kleiner und zierlicher erscheint. Infolgedessen ist er seiner nah verwandten weißen Art in Konkurrenz um kleine Gewässer und Brutplätze unterlegen. Daher vermeidet der Trauerschwan direkte Konflikte. Bietet das Gewässer allerdings ausreichend Platz, leben die beiden Arten meist in friedlicher Nachbarschaft zusammen.

Der Trauerschwan ist monogam. Die Paare bleiben ein Leben lang zusammen. Trauerschwäne sind sehr gebietstreu, das heißt, sie bleiben grundsätzlich in der Nähe ihres Geburtsorts. Lediglich die Gewässer werden manchmal gewechselt - Gründe dafür können Störungen oder die Veränderung des Wasserstands sein. Die Hauptnahrung des Trauerschwans besteht aus Algen und Wasserpflanzen, die er gern ab und an mit Sämereien, Gräsern und Blättern abrundet. Je nach Verfügbarkeit bereichern Getreide und Mais seinen Speiseplan.

←
Ähnlich wie der Höckerschwan, stellt auch der Trauerschwan seine Flügel auf und reckt seinen Hals in die Höhe, um gegenüber Konkurrenten eindrucksvoller zu erscheinen. Gelegentlich wird das Imponiergehabe auch vor dem eigenen Partner gezeigt.

↓
Extrem faszinierend sind der feuerrote Schnabel mit dem weißen Schnabelring und die rötlichen Augen im Kontrast zu dem sonst völlig schwarz gefärbten Gefieder des Trauerschwans.

↑
Obwohl der Trauerschwan nicht der Größte seiner Gattung ist, so hat er dennoch den längsten Hals aller Schwäne. Er braucht ebenso wie der Höckerschwan einen langen Anlauf, um von der Wasseroberfläche zu starten. Trauerschwäne sind sehr standorttreu und halten sich zumeist in der Nähe ihres Brutgewässers auf.

Höckerschwan

Cygnus olor

AUF EINEN BLICK

LEBENSERWARTUNG
15 bis 20 Jahre

GRÖSSE
140 bis 160 cm

MIGRATION
sowohl Stand- als auch Zugvogel

BRUTZEIT
März bis Juni

EIER
5 bis 8

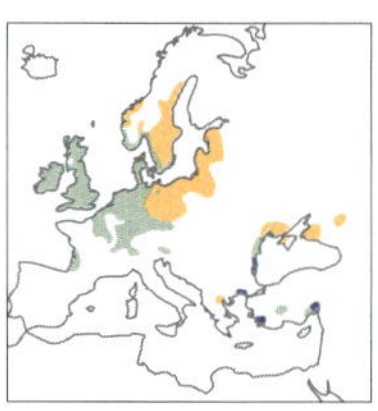

Der Höckerschwan mit seinem prächtigen schneeweißen Gefieder ist wahrlich eine majestätische Erscheinung. Egal ob an Seen, Flüssen oder dem Stadtteich, mittlerweile ist dieser große Wasservogel dort nicht mehr wegzudenken und praktisch überall in Deutschland zu finden. In unserem Nachbarland Dänemark wurde er sogar 1984 zum Nationalvogel gewählt.

Wenn man ihm ruhig begegnet, ist er harmlos. Doch speziell während der Brutzeit kann er sehr aggressiv werden, wenn er meint, dass man seinem Nest oder seinen Jungen zu nahe kommt.

Höckerschwäne bleiben ihrem Partner ein Leben lang treu, und so ist es nicht verwunderlich, dass der Schwan als Symbol der Reinheit und Treue gilt.

Sein Nest legt der Höckerschwan, gemeinsam mit seinem Partner, immer in der Nähe eines Gewässers an. Es besteht aus verschiedenen Zweigen, Schilf- oder Rohrhalmen und wird mit Dunen ausgepolstert. Die Bauzeit dauert etwa zehn bis zwölf Tage. Seine fünf bis acht Eier bebrütet hauptsächlich das Weibchen insgesamt 35 bis 38 Tage lang. Manchmal kommen auch Gelege mit bis zu zwölf Eiern vor.

Bis zu fünf Monate dauert die nach dem Schlüpfen beginnende Aufzuchtphase, an der sich beide Elternvögel hingebungsvoll beteiligen. In einem Alter zwischen 120 und 150 Tagen sind die jungen Schwäne in der Lage zu fliegen.

←
Ein prächtiges Höckerschwanmännchen auf Konfrontationskurs gegen einen Artgenossen. Es stellt seine Flügel auf, um seinen Herausforderer zu irritieren. Im Frühjahr werben häufig mehrere Männchen um verschiedene Weibchen.

↓
Seinen Namen bekam der Höckerschwan wegen seines auffälligen schwarzen Schnabelhöckers. Während der Brutzeit ist der Höcker bei den Männchen in der Regel etwas größer als bei den Weibchen.

↑
Auch der Höckerschwan kann fliegen. Um sein Gewicht von bis zu 14 Kilogramm in die Luft zu hieven, braucht er allerdings einen langen Anlauf auf der Wasseroberfläche. Wenn er in der Luft ist, entsteht ein weithin hörbares Fluggeräusch. Einmal im Jahr müssen Höckerschwäne ihr Gefieder mausern, dann sind sie für sechs bis acht Wochen flugunfähig.

REISEBERICHT COSTA RICA
Auf zu neuen Ufern

»Mein Name ist Hannes Finn Bonzheim, und im Jahr 2019 hatte ich die Möglichkeit, im Alter von 15 Jahren für drei Monate nach Costa Rica zu reisen. Wie es dazu kam und was ich auf meiner Reise erleben und kennenlernen durfte, möchte ich Ihnen in diesem Reisebericht meiner schönsten Erlebnisse erzählen.«

↑ Über Deutschland

↑ Über den Wolken

↑ Costa Rica in Sicht

WIE ALLES BEGANN

Wie kommt man im Alter von 15 Jahren auf die Idee, sich für drei Monate von der Familie, den Freunden und der gewohnten Umgebung zu verabschieden und sich ins Unbekannte aufzumachen?

Alles begann an einem normalen Mittwochmorgen im März 2019. Zu dieser Zeit besuchte ich noch die 9. Klasse der Hugo-Höfler-Realschule in Breisach, als ein älterer Lehrer das Klassenzimmer betrat und begann, von Austauschschulen zu erzählen: »Sri Lanka, Südafrika, Costa Rica …« Ich wurde hellhörig, hatte ich doch schon viele Naturdokumentationen von fernen Ländern gesehen und hatte beeindruckt von deren atemberaubenden Naturschätzen vor dem Fernseher gesessen. Meine Schule nahm an einem Austauschprogramm mit Schulen anderer Nationen teil und machte uns Schülern das Angebot zu einem dreimonatigen Schüleraustausch.

Vor einem guten Jahr hatte ich angefangen, mich intensiv mit der Vogelwelt und der Fotografie zu beschäftigen, und es machte mir große Freude. Wie ich wusste, liegt Costa Rica in Mittelamerika und ist in Bezug auf die Vogelwelt eines der artenreichsten Länder der Welt. Mein Alltag war zurzeit nicht wirklich aufregend. Wäre es nicht großartig für mich, ein unbekanntes Land, neue Menschen und eine faszinierende Natur zu entdecken? Es war nicht so, dass ich mich in meiner Umgebung unwohl fühlte, doch irgendetwas in mir reizte die Vorstellung eines Abenteuers.

16. MAI 2019 – ABFLUG NACH COSTA RICA

Es war so weit, der Tag des Abflugs war gekommen. Schon früh war ich voller Vorfreude auf den Beinen. Was würde mich wohl in ein paar Stunden erwarten? Noch ein letztes Mal sah ich mich in meinem Zimmer um, das nun ordentlicher denn je aussah, verabschiedete mich vom Rest der Familie und

Wenn du das Fliegen einmal erlebt hast, wirst du für immer auf Erden wandeln, mit deinen Augen himmelwärts gerichtet. Denn dort bist du gewesen, und dort wird es dich immer wieder hinziehen.

—

LEONARDO DA VINCI

machte mich mit meinen Eltern und einem großen Koffer, in dem alles Nötige für die drei Monate Platz fand, auf den Weg zum Frankfurter Flughafen.

Am Flughafen herrschte reges Treiben, wie es an einem Flughafen nun mal so ist, und nach dem üblichen Prozedere hieß es an der letzten Hürde, der Sicherheitskontrolle, Abschied von meinen Eltern zu nehmen, denen ich 15 Jahre meines Lebens nie lange von der Seite gewichen war. Ich war nicht traurig darüber, mich zu verabschieden, sondern vielmehr dankbar, dass sie mich ins weitgehend Unbekannte ziehen ließen. Und ich freute mich schon auf das Wiedersehen! Ein letzter Blick zurück - und ich betrat das Gate. Ab jetzt war ich auf mich allein gestellt.

Ehe ich mich‘s versah, saß ich auch schon auf meinem Platz, der relativ weit hinten im Flugzeug lag. Zuvor hatte ich noch nie so lange in einem Flugzeug gesessen, und ohnehin war es erst das dritte oder vierte Mal überhaupt, dass ich flog. Ich wurde etwas nervös, als das Flugzeug auf die Startbahn rollte. Für einen Moment stand die Maschine still, dann beschleunigte sie, wurde schneller und schneller und raste die Startbahn entlang, bis sie sich schließlich in die Luft erhob. Jetzt gab es kein Zurück mehr! Wir flogen über die Dächer Frankfurts hinweg und Richtung Atlantik davon.

Die Zeit verstrich, Deutschland hatten wir schon weit hinter uns gelassen. Das Flugzeug flog nun schon seit Stunden. Ich sah aus dem Fenster. Wo man auch hinblickte - blaues Wasser, und ab und an tauchte ein Containerschiff auf, das schnell wieder als kleiner Punkt verschwand. Irgendwann begann das Flugzeug noch ein Stück höher zu steigen und durchbrach die Wolkendecke. Wir flogen nun über den Wolken. Ein faszinierendes Gefühl. Hier oben war ich so fokussiert auf das Hier und Jetzt, dass ich für eine Zeit lang alles um mich herum vergaß und einfach nur die endlos weiße Wolkenschicht unter mir bestaunte.

Land in Sicht! Nach guten elf Stunden, von denen ich mindestens die Hälfte verschlafen hatte, tauchte endlich die Karibikküste von Costa Rica unter uns auf. Und was ich sah, überwältigte mich: so viel Regenwald, durch den sich ein kleiner Fluss ins Landesinnere schlängelte! Ich dachte zurück an den Start, als ich über Deutschland aus dem Fenster geblickt hatte. Lauter Mosaike aus Feldern und Dörfern, die sich aneinanderreihten, hatte ich dort gesehen, und nun war ich gebannt von der Schönheit der unberührten Landschaft Costa Ricas. Noch eine gute Stunde, und ich würde mittelamerikanischen Boden betreten.

ANKUNFT IN COSTA RICA

Gelandet! Ich hatte den zwölfstündigen Flug gut überstanden und verließ den Flieger. Gelandet waren wir in San José, der Hauptstadt Costa Ricas, wo auch meine Gastfamilie lebte. In Deutschland hatte ich nur kurze Zeit per E-Mail und Smartphone Kontakt zu ihnen gehabt und somit nur wenige Informationen, wie sie sein würden, doch ich machte mir darüber keine Sorgen. Ich hatte einfach dieses Gefühl, dass alles gut werden würde. Nach dem Einreisecheck und nachdem ich endlich meinen Koffer gefunden hatte, verließ ich den Flughafen durch einen schmalen Gang, der nach draußen führte.

↑ Meine costa-ricanische Gastfamilie! Alejandro rechts, Hazel links und dahinter Otto und ich.

Im Flughafen stachen mir sogleich die vielen Tafeln und Bilder von Tieren und der Natur Costa Ricas ins Auge sowie der Slogan »Pura Vida«, der mir im Laufe meiner Reise noch oft begegnen würde. »Pura Vida« bedeutet übersetzt so viel wie »das einfache/reine Leben« und wird zur Begrüßung wie auch zum Abschied von den Costa-Ricanern verwendet. Für sie ist es allerdings nicht nur ein Wort, sondern vielmehr ein Lebensmotto, sich darauf zu konzentrieren, glücklich und dankbar zu sein und mit Negativem entspannt umzugehen.

Als ich durch die Tür nach draußen trat, kam mir zuerst einmal warme, feuchte Luft entgegen, tropisches Klima eben, mit dem ich in den ersten Tagen zu kämpfen hatte und woran sich mein Körper erst mal gewöhnen musste. Draußen standen hinter einer Absperrung Dutzende Menschen, die alle auf jemanden warteten. Ich sah mich um und erkannte nach kurzer Zeit meine Gastfamilie, die mich sogleich herzlich mit einem fröhlichen »Pura Vida« begrüßte.

Ein kleiner, orangefarbener Bungalow von vielen, die dicht an dicht im Stadtteil Desamparados aneinandergereiht standen, wurde mein neues Zuhause. Ich war dankbar, so herzlich aufgenommen zu werden, und schon nach wenigen Tagen verstanden wir uns alle prächtig. Generell muss ich sagen, dass die Menschen, die ich in Costa Rica kennenlernen durfte, deutlich herzlicher waren, als ich es aus Deutschland kannte.

Kommuniziert wurde auf Deutsch und Englisch. Da Alejandro, der etwas jünger war als ich, in der Schule Deutsch lernte, konnte ich wunderbar mit ihm sprechen, und er übersetzte unsere Unterhaltung wiederum für seine Eltern. Otto, Alejandros Vater, sprach Englisch, aber natürlich wurde im Alltag nur Spanisch gesprochen, von dem ich allerdings kein Wort verstand.

Die erste Hälfte meines Austausches besuchte ich die Schule von Alejandro, denn es war schließlich ein »Schüleraustausch«. Nur an den Wochenenden konnten wir Ausflüge in die Umgebung unternehmen. Die andere Hälfte meines Austausches fiel in die Ferienzeit, und die damit einhergehende Freizeit ermöglichte mir viele ausgiebige Touren. Meine Gastfamilie merkte schnell, wie begeistert ich von der Natur und besonders der Vogelwelt war, und engagierte sich sehr, mir alles Mögliche aus ihrem Land zu zeigen, wofür ich sehr dankbar bin und was nicht selbstverständlich war.

← Mein Blick auf die Straße vor dem Bungalow. Hinten ins Auto zu steigen und über die holprigen Straßen, fernab von Gut und Böse, zu brettern, war immer wieder ein Erlebnis!

DER SCHIERE ARTENREICHTUM

Costa Rica ist eines der artenreichsten Länder der Welt – mit einer atemberaubenden Natur und Landschaft. In Sachen Umweltschutz können sich viele Länder Costa Rica als Vorbild nehmen, denn waren 1987 durch illegale Waldrodung nur noch 21 Prozent der Landesfläche bewaldet, sind es heute schon wieder rund 54 Prozent, also mehr als die Hälfte des Landes! Und die Wälder dürfen weiterwachsen. Dutzende Tiere und Pflanzen in den unterschiedlichsten Formen und Farben finden sich in Costa Rica. Allein 900 Vogelarten sind hier beheimatet! Zum Vergleich: Deutschland hat gerade mal 220 Brutvögel vorzuweisen, und rund 32 Prozent der Landesfläche sind mit Wald bedeckt. Während in Deutschland die meisten Arten vor Menschen schnell Reißaus nehmen und man ohne Tarnung oft kaum auf schöne Fotodistanz kommt, stellte ich schnell fest, dass es in Costa Rica anders war und die meisten Arten kaum Scheu vor Menschen zeigten. Die Bilder während meines Austausches entstanden alle mit einem 300-Millimeter-Objektiv!

VERSTECKT IM SCHEINBAR UNDURCHDRINGLICHEN GRÜN!

Die gefiederten Bewohner des Regenwaldes und der Umgebung

Bereits in der ersten Woche, die ich in Costa Rica verbrachte, machte meine Gastfamilie mit mir den ersten Ausflug in den Regenwald. Kaum hatten wir den Wald betreten, sprudelte es, wo man auch hinsah, nur so vor Leben. Die Luft war heiß und feucht, und besonders beeindruckten mich die Bäume, die so hoch wie Hochhäuser waren, Lianen mit der Dicke eines Oberschenkels und Blätter, größer als mein Kopf! Und inmitten dieses scheinbar undurchdringlichen Grüns: Tausende von Geräuschen, Gerüchen, Farben und Formen - ich wurde fast erschlagen von den vielen neuen Eindrücken. Nachdem ich mich wieder gesammelt hatte, wurde der Regenwald zu einem meiner liebsten Orte während der drei Monate, denn es war dort nie still und leer, sondern immer und überall hörte man die Vögel singen, sah die Pflanzen sprießen und Tiere herumflitzen. Nicht umsonst nennt man den Regenwald »Schatzkammer der Erde« - das wurde mir eindrucksvoll klar.

↑ Die Höhe der Bäume faszinierte mich.

↑ Beeindruckende Lianen und Blätter

↑ Alien-Attacke! So dramatisch war es zwar nicht, aber diesem gepunkteten Freund schien ich wohl zu gefallen. Es gab weitaus trügerischere Gesellen, wie beispielsweise Moskitos, die man in großen Schwärmen hinter sich herzog. Na ja, irgendwo musste ja in dieser ganzen Idylle ein Haken versteckt sein.

HEIMLICH UND AUFFÄLLIG

Der Regenwald Costa Ricas beherbergt Hunderte Vogelarten, die vielfältiger nicht sein könnten. Die einen leben versteckt und heimlich, wie etwa der Weißzügel-Faulvogel, und andere fallen durch ihr buntes Gefieder oder ihre lauten Rufe auf, wie etwa der Blauscheitelmotmot oder der Hellrote Ara.

↑ Die **Rotschwanzammer** ist eine recht versteckte Art, und ich hatte Glück, sie so frei sitzend fotografieren zu können. Auf den ersten Blick hat sie mich sehr an die in Deutschland beheimatete Rohrammer erinnert. Allerdings zählt die Rohrammer zu einer anderen Familie.

← Der **Weißzügel-Faulvogel** machte seinem Namen alle Ehre. Geschlagene zwei Stunden saß er stocksteif auf diesem Ast.

↑ Der »Parque Nacional Carara« ist für seine **Hellroten Aras** bekannt, die ich noch am selben Tag fotografieren konnte.

↑ Einer der schönsten Vögel des Regenwaldes ist der **Blauscheitelmotmot**! Er ist sowohl in Süd- als auch in Mittelamerika verbreitet.

↑ Ganze fünf Stunden mitten im tiefsten Regenwald bedurfte es, um diesen **Azteken-Bartvogel** sehen zu können. Dieser spezielle Vogel kommt nur in Costa Rica vor. Ein schöner Geselle, der allerdings schon bald wieder in der geheimnisvollen Tiefe des Waldes verschwand. Gelegentlich verbindet man diesen Vogel auch mit dem Namen »Azteken-Knackbärtling« oder »Zinkenschnabel«. Er ernährt sich überwiegend von Beeren und Früchten, die er zur richtigen Jahreszeit in Hülle und Fülle findet.

↓ Eine Vogelfamilie, die es in Deutschland nicht gibt, ist die der **Tangaren**. Ihre Statur ähnelt sehr der uns wohlbekannten Sperlinge. Eine der häufigsten Arten dieser Familie ist die Blautangare. Neben dieser gibt es noch die edle Goldscheiteltangare und die wunderschöne Silberkehltangare sowie viele weitere Arten.

↑ Die zitronengelbe **Silberkehltangare** mit ihren grün gemusterten Flügeln und der weißen Kehle war immer wieder ein Augenschmaus für mich.

← Einer meiner Wünsche, bevor ich nach Costa Rica kam, war, einen wilden **Hellroten Ara**, auch »Scharlachara« oder »Arakanga« genannt, zu sehen. Am Rand des Nationalparks Carara wollten meine Gastfamilie und ich die Nacht in einem kleinen Bungalow verbringen, als ich plötzlich laut kreischende Aras hörte, von denen sich kurzerhand zwei zu uns gesellten und sich die bereitgelegten Früchte schnappten. Atemberaubend! Diese prachtvolle Papageienart erreicht eine Größe von bis zu 90 Zentimetern und kommt sowohl in Mittel- als auch in Südamerika, von Mexiko bis Bolivien, vor.

↑ Der **Feuerschnabelarassari** hat auf einem Ast eine Rast eingelegt. Es gibt in Costa Rica nur sechs Tukanarten.

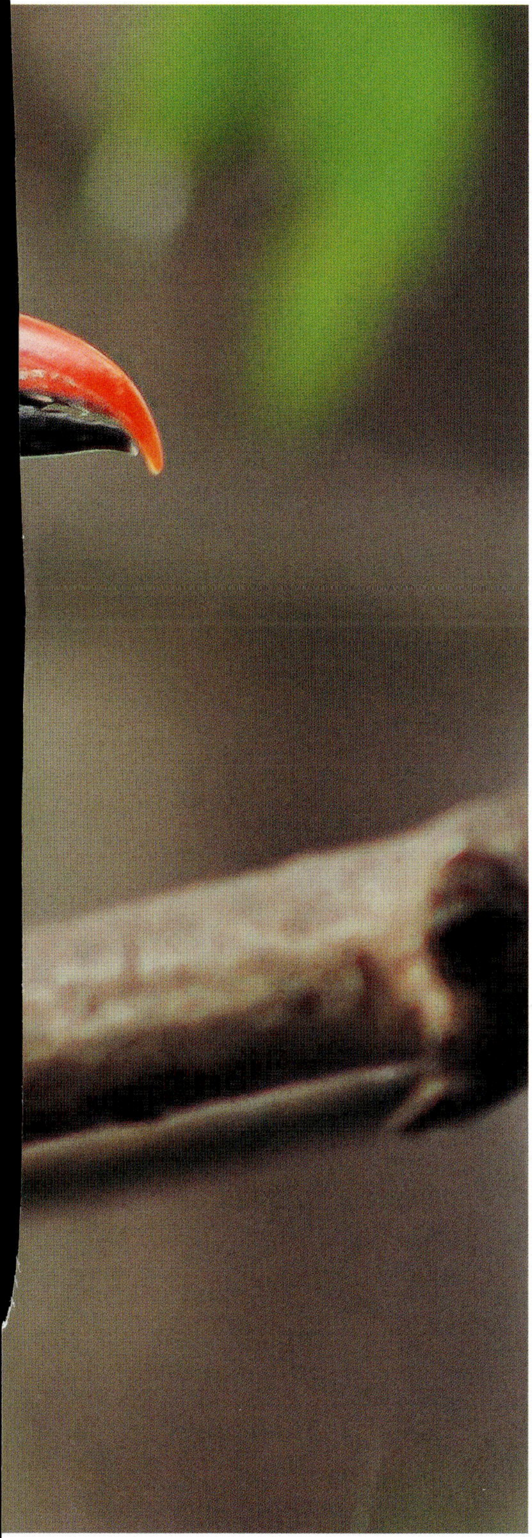

BUNTE SCHNABELSCHAU!

Tukane einmal in natura zu erleben, das war schon lange mein Traum - und er erfüllte sich schon wenige Tage nach meiner Ankunft in Costa Rica. Meine Gastfamilie fuhr mit mir in einen kleinen Naturpark außerhalb von San José. Und tatsächlich bekam ich die Chance, Tukane zu beobachten und zu fotografieren. Die pure Schönheit dieser Vögel mit dem riesigen Schnabel machte mich geradezu sprachlos.

↑ Dem **Fischertukan** begegnete ich nur zweimal auf meiner Reise. Dieses Foto entstand Anfang Juli.

↑ Diesen **Halsbandarassari** konnte ich aus dem Auto heraus bei der Nahrungssuche fotografieren.

VÖGEL DER NÄHEREN UMGEBUNG

Nicht nur außerhalb menschlicher Siedlungen ergaben sich sehr interessante Fotomöglichkeiten, denn wie ich es aus Deutschland kannte, haben auch in Costa Rica viele Vogelarten die Städte und Dörfer erobert. Sie werden überrascht sein, was für spannende Vogelarten ich entdecken konnte ...

↑ Hat ein Trupp von Rabengeiern einen Kadaver entdeckt, gesellen sich auch schnell andere Aasfresser wie der Truthahngeier, der Königsgeier oder der **Karibikkarakara** dazu. Letzterer ist auf diesem Foto zu sehen.

← Diese männliche **Passerinitangare** saß auf einem Weidezaun am Straßenrand und war kaum zu übersehen.

↑ Der **Schwefelmaskentyrann** gehört zur Familie der Tyrannen und wagt sich auch in Siedlungen hinein.

↑ Hier bin ich gerade dabei, **Rabengeier** zu fotografieren. Auffallend und gleichzeitig auch sehr entspannt war die geringe Fluchtdistanz der meisten Tiere.

↑ Jede noch so kleine biologische Nische in und um Städte und Dörfer wird genutzt, und so machte ich in einem kleinen Park im Herzen der Hauptstadt San José Bekanntschaft mit **Keilschwanzregenpfeifern**, die in dem ausgetrockneten Becken eines Teiches nach Fressbarem suchten. Menschliche Anwesenheit schien sie nicht weiter zu stören, und ich konnte in aller Ruhe verschiedene Fotos von ihnen machen.

↓ Das **Inkatäubchen** erreicht mit 22 Zentimetern und einem Gewicht zwischen 45 und 50 Gramm gerade mal die Größe einer Singdrossel. Es ist wegen seiner zierlichen Erscheinung und der schönen Gefiedermusterung wirklich hübsch anzusehen.

↑ Das **Rosttäubchen** ist sogar noch sechs Zentimeter kleiner als das Inkatäubchen und nur so groß wie ein Buchfink!

← Diese **Veraguasittiche** haben den Wald gegen eine Kirche eingetauscht, in deren Nischen sie sich wohlfühlen. Es war eine wahre Freude zu beobachten, wie die kleine Kolonie der grünen Papageien fröhlich im Umkreis der Kirche herumflog. Veraguasittiche gehören zur Gattung der Keilschwanzsittiche aus der Familie der Eigentlichen Papageien. Ein Exemplar dieser geselligen Vögel ist etwa 28 Zentimeter groß und wiegt 150 Gramm. Veraguasittiche erreichen ein Alter von bis zu 20 Jahren.

↑ **Dieser Schneekappenkolibri** trinkt den Nektar aus einer Blüte. Einzig und allein Kolibris können rückwärts fliegen.

KOLIBRIS - DIE MEISTER DER FLUGKUNST

Eine weitere Vogelfamilie, die mich schon immer ganz besonders in ihren Bann zog, sind die Kolibris. Ich hatte das Glück, 20 der 54 in Costa Rica beheimateten Arten dieser attraktiven Flugkünstler, die in Farbe und Gestalt unterschiedlicher nicht sein könnten, zu beobachten und zu fotografieren.

Wenn Sie mich nach meinem schönsten Tiererlebnis in Costa Rica fragen würden, gäbe es nur eine Antwort: meine Begegnung mit einer der kleinsten Kolibriarten der Welt, dem Schneekappenkolibri, der auf Englisch auch »Snowcap« genannt wird. Bei diesem Abenteuer lernte ich auch einen ganz besonderen Mann kennen.

An jenem Tag war es draußen noch stockdunkel, und mein Wecker riss mich um 3:30 Uhr aus meinen Träumen. Heute wollte mir Otto, mein Gastvater, eine Stelle mit vielen Kolibris zeigen. Wenig später saß ich auch schon mit ihm im Auto und bretterte über die holprigen Straßen Costa Ricas. Nach zweistündiger Fahrt, die Sonne war mittlerweile aufgegangen, kamen wir an dem kleinen Restaurant an, wo sich - so weit man sehen konnte - ringsherum der Regenwald erstreckte.

Die versprochenen Kolibris waren schnell gefunden, doch wir waren insgeheim auf der Suche nach einem ganz besonderen, nur sechs Zentimeter winzigen Geschöpf. Hatte sich da eben nicht etwas bewegt? Es war mir, als hätte ich einen kleinen, weißen Punkt gesehen, und ich sah angestrengt in die Hecke mit den pinkfarbenen Blüten.

Ich hatte mich nicht getäuscht. Seine weiße Kappe, der er seinen Namen verdankt, verriet das niedliche Snowcap-Männchen, das leise, still und heimlich von Blüte zu Blüte huschte. Doch ich war nicht der Einzige, der auf das Vögelchen aufmerksam geworden war. Ich lernte Filipe De Andrade kennen, der als Fotograf für das berühmte Magazin »National Geographic« arbeitete. Ich schien ihm sympathisch zu sein, denn prompt drückte er mir sein 10.000 Euro teures Objektiv in die Hand, mit dem ich doch mal versuchen sollte, ein paar Flugaufnahmen zu machen. Wie cool war das denn? Jetzt fotografierte ich zusammen mit einem »National Geographic-Fotografen«! Denke ich heute an die Begegnung mit ihm zurück, kommt sie mir wie eine Illusion vor. Doch dann sehe ich mir meine Aufnahmen an und erinnere mich an diese unglaubliche Begegnung zurück.

↑ Der **Violettdegenflügel** hat mit 14 bis 15 Zentimetern die Körpergröße einer hier beheimateten Kohlmeise. Er war der größte Kolibri, den ich während meiner drei Monate in Costa Rica sehen konnte, aber nicht weniger agil als seine kleineren Verwandten.

← Die häufig vorkommende **Braunschwanzamazilie** ist für Kolibri-Verhältnisse recht unspektakulär gefärbt.

↑ **Zimtbauchamazilien** haben in ihrem Revier häufig bestimmte »Ansitze«, zu denen sie regelmäßig zurückkehren.

↑ Eine weibliche **Purpurkehlnymphe**. In der Welt der Kolibris sind die beiden Geschlechter oft unterschiedlich gefärbt.

↑ Die meisten Kolibris sind Reviervögel und dulden neben einem Partner zur Brutzeit keine anderen Kolibris in ihrem Revier. Diese **Zimtbauchamazilie** konnte ich dabei beobachten, wie sie ihr Revier, das nicht größer als der Umfang einer großen Blumenhecke war, gegen jeden anderen Kolibri verteidigte, der es wagte, von ihrem Nektar zu stehlen. Selbst Insekten wurden aggressiv attackiert und verjagt. War die Hecke von Eindringlingen befreit, machte sie sich selbst über den süßen Nektar der Blüten her.

↓ Von diesem Pflanzenstängel aus konnte der **Weißnackenkolibri** sein Revier bestens überblicken und kehrte nach jedem Ausflug regelmäßig für eine kurze Verschnaufpause dorthin zurück. Als ich das beobachtet hatte, war es ein Leichtes, ihn zu fotografieren. Ich musste nur ein bisschen warten, und schon saß er vor mir!

↑ Ein **Grünstirn-Brillantkolibri** auf meinem Finger und kurz danach vor meiner Linse.

← Obwohl viele **Kolibris** ihre Reviere gegen Artgenossen verteidigen, können sie auch mehr oder weniger friedlich miteinander sein. Viele Costa-Ricaner füttern Kolibris nämlich mit Zuckerwasser aus Schalen und Futtersilos, was viele Arten gern annehmen. Da genügend Nahrung vorhanden ist, scheint es für die Kolibris keinen Grund zu geben, sich gegenseitig zu vertreiben. Es ist eine wahre Freude zu sehen, wie Dutzende von Kolibris in einer irren Geschwindigkeit herummanövrieren. Scheu sind sie nicht, und wenn man ruhig den Finger ausstreckte, ließen sie sich bereitwillig darauf nieder. Das waren mit die schönsten Augenblicke meiner Reise.

↑ Von einem großen Felsen, der aus dem dichten Regenwald herausragte, konnte ich hinabblicken auf ein weitläufiges Feuchtgebiet mit einer reichen Artenvielfalt. Die Landschaft Costa Ricas war so gut wie überall, wo ich unterwegs war, traumhaft schön.

↑ Hier wartete ich darauf, dass die **Sonnenralle**, die ich entdeckt hatte, noch etwas näher auf mich zukommt.

VÖGEL AN GEWÄSSERN ALLER ART

Während meiner drei Monate im Herzen Mittelamerikas war ich nicht nur im Regenwald, der Stadt oder anderen Lebensräumen unterwegs, sondern auch an Gewässern aller Art. Wasser ist der Inbegriff des Lebens, und wo immer ich auch auf Tümpel, Bäche, Flüsse, Seen oder das Meer stieß, blühte der Artenreichtum. Costa Rica hat zwei Meeresküsten. Die Karibik- und die Pazifikküste. Die Strände der Karibikküste hatte ich nur vom Flugzeug aus bestaunen können, doch den schwarzen Sand der Pazifikküste konnte ich selbst unter meinen Füßen spüren.

Es hatte eine Temperatur um die 36 Grad und war in der prallen Sonne kaum auszuhalten, doch ich hatte schnell ein paar Prachtfregattvögel am Himmel kreisend entdeckt und war einfach nur gefesselt von ihrer schieren Größe. Eine Spannweite von über zwei Metern können diese Vögel erreichen (→ Foto, Seite 371).

Am Pazifik konnte ich meine ersten wilden Braunpelikane beobachten und fotografieren. Sie jagten über dem Meer nach Fischen und stießen immer wieder wie riesige Torpedos ins Wasser (→ Foto, Seite 370). Die Olivenscharbe (→ Foto, Seite 371 unten) sollte ihren dicken Fang lieber schnell verspeisen, denn sowohl die Prachtfregattvögel als auch die Braunpelikane stibitzen gern mal die Beute von anderen.

Die Zeit am Strand des Pazifiks verging wie im Flug, und ich stellte am Abend mit einem Blick auf meine glutroten Füße schmerzhaft fest, dass ich vergessen hatte, sie gegen die Sonne zu schützen. Solch einen schmerzhaften Sonnenbrand hatte ich noch nie, und ich empfehle Ihnen, sich gut einzucremen, sollten Sie an heißen Tagen am Pazifik unterwegs sein!

Mal abgesehen von der Hitze, war der Besuch der Meeresküste sehr interessant, doch mich haben insbesondere Seen, Flüsse und Feuchtgebiete stets mehr zum Beobachten und Fotografieren eingeladen als das offene Meer.

↑ Ihren Namen verdankt die **Sonnenralle** ihrer Flügelzeichnung, die an eine Sonne erinnert. Wenn sie ihre Flügel öffnet, zeigt sich ein auffälliges Fleckenmuster. Bei Schmetterlingen dienen die sogenannten Augenflecken auf den Flügeln der Abschreckung von Feinden. Möglicherweise haben auch die Flecken auf den Flügeln der Sonnenralle diese Aufgabe. Sonnenrallen ernähren sich ausschließlich von tierischer Kost, die sie in und am Wasser erbeuten. Diese Vögel können bis zu 30 Jahre alt werden.

↓ Eine Vogelfamilie, die ich in Costa Rica vermisste, waren die **Entenvögel**. Außer der Herbstpfeifgans an einem kleinen See konnte ich keine Enten sehen, von denen es auch nur 16 Arten im ganzen Land gibt. Herbstpfeifgänse sind dämmerungs- und nachtaktiv. Tagsüber ruhen sie in und an der Uferzone des Gewässers.

↑ Ein Wasservogel-Highlight war der kleinste **Lappentaucher** der Welt, der Schwarzkopftaucher, den ich zufällig bei einem Schulausflug auf einem Parksee entdeckte.

← Dieses Bild einer **Sonnenralle** hat eine lustige Hintergrundgeschichte. Auf einem Stein liegend, hoffte ich darauf, dass sie näher kommen würde. Als das der Fall war, merkte ich plötzlich, dass etwas auf meinem Arm herumkrabbelte. Ich lag auf einer Ameisenstraße – von richtig großen Costa-Rica-Ameisen! Ich wollte nicht aufstehen, denn sonst hätte ich die Sonnenralle verjagt, also musste ich die Ameisen in Kauf nehmen. Nach gefühlt 100 Stichen flog die Sonnenralle endlich davon ...

↑ Der **Braunpelikan** erbeutet im Gegensatz zu den meisten Pelikanarten seine Beute hauptsächlich tauchend.

↓ Die Flügelspannweite des **Prachtfregattvogels** von über zwei Metern ist beeindruckend.

↑ Diese **Olivenscharbe** hat einen dicken Fisch gefangen. Aber die fette Beute könnte ihr abgejagt werden.

↑ **Quetzalweibchen** erkennt man an ihrem schlichten Federkleid und den kurzen Schwanzfedern. Der Quetzal gehört zur Familie der Trogone und lebt in Costa Ricas Nebel- und Wolkenwäldern.

↑ Hier sehen Sie meine Gastfamilie und mich an meinem letzten Tag in Costa Rica.

→ Vor und nach der Brutzeit besitzt das **Quetzalmännchen** bis zu 100 Zentimeter lange Schwanzfedern.

DER KRÖNENDE ABSCHLUSS

Es fiel mir schwer, all die Erlebnisse und schönsten Momente, die ich in Costa Rica erlebt habe, in diesem Reisebericht auf besondere »Highlights« zu reduzieren. Aber ich hoffe, es ist mir gelungen, Ihnen die atemberaubende Vielfalt dieses Landes ein wenig näherzubringen.

Wenn Sie auch mit dem Gedanken spielen, nach Costa Rica zu reisen, um die fantastische Vogelwelt zu beobachten, kann ich Ihnen nur sagen: »Worauf warten Sie noch?« Ich für meinen Teil wurde nicht enttäuscht und konnte innerhalb von drei Monaten über 300 für mich neue Vogelarten sehen, habe eine zweite Heimat gefunden, viele Menschen und Bräuche kennengelernt und eine Menge an Erfahrungen für mein Leben, meine Fotografie und meine Leidenschaft für die Natur von dieser Reise mitgenommen.

Meine Begegnung mit dem sagenumwobenen »Göttervogel« Quetzal war der krönende Abschluss meiner Reise. Nach diesem seltenen Vogel, der bei vielen Vogelfreunden auf der »Den muss man einmal im Leben gesehen haben«-Liste steht, habe ich während meines gesamten Aufenthalts stets Ausschau gehalten. Ich dachte, ich würde ihn nicht mehr zu Gesicht bekommen. Doch in der letzten Woche vor meinem Rückflug nach Deutschland erfüllte sich für mich im kühlen, feuchten Bergnebelwald dieser Traum! Ich entdeckte ihn in den uralten Bäumen und konnte das Männchen mit seinen extrem langen Schwanzfedern während seines Flugs über die Wipfel bestaunen.

Im Laufe meines Schüleraustauschs wurden Otto, Hazel und Alejandro zu einer zweiten Familie für mich. Ich bin ihnen unbeschreiblich dankbar dafür, dass sie mich mit offenen Armen aufgenommen und mir so viel von ihrer wunderschönen Heimat gezeigt haben. In den drei Monaten meines Aufenthalts waren sie immer für mich da. Ich bin mir sicher: Es war nicht das letzte Mal, dass ich nach Costa Rica gereist bin. Bereits jetzt freue ich mich auf eine Fortsetzung dieses Abenteuers! Pura Vida!

REGISTER

Halbfette Seitenzahlen verweisen auf Fotos
U1 = Umschlag vorne
U4 = Umschlag hinten

Arten- und Sachregister

Register deutscher Vogelnamen

Register lateinischer Vogelnamen

ADRESSEN

Verbände und Vereine

Bund für Umwelt und Naturschutz Deutschland e.V. (BUND)
Bundesgeschäftsstelle
Am Kölnischen Park 1
10179 Berlin
www.bund.net

Naturschutzbund Deutschland e.V. (NABU)
Postfach 1
10108 Berlin
www.nabu.de

Naturschutzbund Österreich
Museumsplatz 2
A-5020 Salzburg
www.naturschutzbund.at

Schweizerische Gesellschaft für Vogelkunde und Vogelschutz (Ala)
Postfach
CH-6204 Sempach
www.ala-schweiz.ch

Deutsche Ornithologen-Gesellschaft (DO-G) Institut für Vogelforschung
An der Vogelwarte 21
26386 Wilhelmshaven
www.do-g.de, www.ifv.eu

Landesbund für Vogelschutz in Bayern e.V.
Eisvogelweg 1
91161 Hilpoltstein
www.lbv.de

Max-Planck-Gesellschaft
Generalverwaltung
Hofgartenstraße 8
80539 München
www.mpg.de/de

Internet-Adressen

www.naturgucker.de
(Beobachtungsportal)

www.bavarianbirds.net/
(Bayerische Vogelarten und andere)

www.birdnet-cms.de
(Portal für Naturbeobachtungen)

www.drv-web.de
(Deutscher Rat für Vogelschutz)

www.avibasse.bsc-eoc.org
(Vögel der Welt, Datenbank)

www.worldbirdnames.org
(Vogelliste der Welt des Internationalen Ornithologischen Kongresses)

www.xeno-canto.org
(Vogelstimmen der Welt)

www.ornitho.de und www.ornitho.ch
(Beobachtungsportale)

www.birdlife.at
(BirdLife Österreich)

www.birdlife.ch
(BirdLife Schweiz)

www.dda-web.de
(Dachverband Deutscher Avifaunisten)

www.futterer-wildlife.com
(Homepage des Fotografen)

www.naturfotografiebonzheim.com
(Homepage des Autors und Fotografen)

www.vogelwarte.ch
(Schweizerische Vogelwarte, Sempach)

www.stiftung-vogelmonitoring.de
(Stiftung Vogelmonitoring)

LITERATUR

Bücher

Aebischer, A.: **Vögel beobachten in Europa: Die besten Plätze vom Mittelmeer bis zum Nordkap.**
Haupt Verlag, Bern

Bairlein, F.: **Das große Buch vom Vogelzug.**
Aula-Verlag, Wiebelsheim

Barnes, S.: **Vom Glück, einen Vogel am Gesang zu erkennen: Pfeifen, Zwitschern, Tirilieren.**
Edel Verlag, München

Bauer, H.-G./Bezzel, E./Fiedler, W.: **Das Kompendium der Vögel Mitteleuropas.**
Aula-Verlag, Wiebelsheim

Bergmann, H.-H./Helb, H.-W./Baumann, S.:
Die Stimmen der Vögel Europas.
Aula-Verlag, Wiebelsheim

Bergmann, H-H.: **Die Federn der Vögel Mitteleuropas. Ein Handbuch zur Bestimmung der wichtigsten Arten.**
Aula-Verlag, Wiebelsheim

Bezzel, E.: **Das BLV Handbuch Vögel. Alle Brutvögel Mitteleuropas.**
BLV, ein Imprint von Gräfe und Unzer Verlag, München

Bonzheim, H.: **Vögel an Deutschlands Gewässern.**
Books on Demand

Conradi, A.: **Zen und die Kunst der Vogelbeobachtung.**
Verlag Antje Kunstmann, München

Romberg, J.: **Federnlesen: Vom Glück, Vögel zu beobachten.**
Bastei Lübbe (Lübbe Ehrenwirth), München

Merritt, M.: **Naturelove. Die 50 schönsten Vögel der Welt.**
Dorling Kindersley Verlag, München

Sontag, W. A.: **Das wilde Leben der Vögel. Von Nachtschwärmern, Kuckuckskindern und leidenschaftlichen Sängern.**
C.H. Beck, München

Svensson, L./Mullarney, K./Zetterström, D.:
Der Kosmos Vogelführer.
Franck-Kosmos, Stuttgart

ZEITSCHRIFTEN

natur + kosmos
Konradin Medien,
Leinfelden- Echterdingen

Vögel
Magazin für Vogelbeobachtung
dwj Verlag, Blaufelden

Der Ornithologische Botschafter
Zeitschrift der Ala. Schweizerische Gesellschaft für Vogelkunde und Vogelschutz, Sempach

Egretta
Vogelkundliche Nachrichten aus Österreich
BirdLife Österreich, Wien

Die Vogelwarte
Zeitschrift für Vogelkunde
Deutsche Ornithologen-Gesellschaft und Vogelwarten

Die Vogelwelt
Beiträge zur Vogelkunde
Aula-Verlag,, Wiebelsheim

Ornis
Zeitschrift für Vögel, Natur und Umwelt
Schweizer Vogelschutz, SVS, Zürich

Ornithologische Mitteilungen
Thiede-Stiftung, Hamburg

Vogelschutz
Landesbund für Vogelschutz in Bayern e. V.
Hilpoltstein

DANK

Hannes Bonzheim
Bedanken möchte ich mich beim Verlag Gräfe und Unzer, der die Veröffentlichung dieses Buches möglich gemacht hat. Mein Dank gilt auch all den Verantwortlichen, die an der Entstehung dieses Buchprojektes beteiligt waren, für die gute Zusammenarbeit und die ständige Assistenz, insbesondere Anita Zellner, Gabriele Linke-Grün, Angelika Lang und Anton Walter. Von ganzem Herzen danke ich meiner Familie, Freunden und guten Bekannten, die mich stets bei meiner Leidenschaft für die Natur und ihre Bewohner fördern, bekräftigen und unterstützen!

Matthias Futterer
Mein besonderer Dank richtet sich an den Verlag Gräfe und Unzer für die Realisierung dieses Projektes und Hannes Bonzheim, der mit seinem ornithologischen Fachwissen für jede Thematik dieses Buches die passenden Worte fand. Meiner Freundin danke ich für ihre Toleranz gegenüber meinem zeitintensiven Hobby, und auch bei meinen Eltern bedanke ich mich herzlich, dass sie mir stets mit Rat und Tat zur Seite stehen.

DIE KÖNNTEN SIE AUCH INTERESSIEREN.

ISBN 978-3-96747-012-3

e

ISBN 978-3-96747-045-1

ISBN 978-3-8354-1833-2

ISBN 978-3-8354-1731-1

ISBN 978-3-8354-1817-2

ISBN 978-3-8354-1620-8

e Auch als E-Book erhältlich

Mehr von BLV auf **www.blv.de**

BLV

DER AUTOR UND FOTOGRAF

Hannes Bonzheim ist zwar erst 18 Jahre alt, aber bereits ein fantastischer Naturfotograf und Vogelkenner. Der begeisterte Hobby-Ornithologe und Naturschützer, der regelmäßig Vorträge hält und Führungen leitet, lebt am Kaiserstuhl. Sein Ziel ist es, die Menschen mit seinen Bildern zu begeistern und sie darauf aufmerksam zu machen, wie einzigartig unsere Natur ist. Im November 2018 wurde er über MaxCine Young Scientist und ICARUS-Botschafter des Max-Planck-Instituts für Verhaltensbiologie - ICARUS ist eine internationale Kooperation zur Beobachtung von Tieren aus dem Weltraum. 2019 verbrachte er drei Monate in Costa Rica und lernte dort die atemberaubende Natur dieses Landes kennen. Im selben Jahr gewann er seinen ersten Naturfotowettbewerb.
www.naturfotografiebonzheim.com

DER FOTOGRAF

Matthias Futterer ist 46 Jahre alt und ein begeisterter Naturfotograf und Naturschützer, der die Tierwelt gern in Bildern festhält. Die Freude und Begeisterung, mit der er die Tierwelt auf seinen Fotos festhält, ist beim Betrachten jedes einzelnen seiner Bilder zu spüren. Die meisten seiner Fotos entstehen am wunderschönen Kaiserstuhl, wo er beheimatet ist. Hier lichtet er besonders gern Vögel und Insekten ab, die am Kaiserstuhl in einer großen Artenvielfalt anzutreffen sind. Beim Fotografieren von Insekten bevorzugt Matthias Futterer die Makrofotografie. Damit gelingt es ihm, selbst kleinste Details für den Betrachter deutlich sichtbar zu machen und »die Kleinen ganz groß« rauszubringen.
www.futterer-wildlife.com

DIE KÖNNTEN SIE AUCH INTERESSIEREN.

ISBN 978-3-96747-060-4

ISBN 978-3-96747-056-7

ISBN 978-3-96747-005-5

e

ISBN 978-3-96747-048-2

e

ISBN 978-3-96747-029-1

ISBN 978-3-8354-1877-6

e Auch als E-Book erhältlich

Mehr von BLV auf **www.blv.de**

BLV

Impressum

Postfach 860366, 81630 München

BLV

BLV ist eine eingetragene Marke der GRÄFE UND UNZER VERLAG GmbH, www.blv.de

ISBN 978-3-96747-079-6

1. Auflage 2022

Projektleitung: Anita Zellner
Lektorat: Gabriele Linke-Grün
Korrektorat: Annette Baldszuhn
Bildredaktion: Angelika Lang, Natascha Klebl (Cover)
Umschlaggestaltung und Layout: kral&kral design, Dießen a. Ammersee
Herstellung: Susanne Fuhrmann
Satz: Anton Walter, Gundelfingen
Repro: Longo AG, Bozen
Druck: aprinta GmbH, Wemding
Bindung: Conzella, Pfarrkirchen

Umwelthinweis:
Nachhaltigkeit ist uns sehr wichtig. Der Rohstoff Papier ist in der Buchproduktion hierfür von entscheidender Bedeutung. Daher ist dieses Buch auf PEFC-zertifiziertem Papier gedruckt. PEFC garantiert, dass ökologische, soziale und ökonomische Aspekte in der Verarbeitungskette unabhängig überwacht werden und lückenlos nachvollziehbar sind.

GRÄFE UND UNZER
Ein Unternehmen der
GANSKE VERLAGSGRUPPE

Bildnachweis

Cover
U1: Mäusebussard (**Bonzheim**)
U4 li.: Wiedehopf (**Bonzheim**), re.: Steinkauz (**Futterer**)

Alle Fotos in diesem Buch stammen von **Hannes Bonzheim** und **Matthias Futterer**, mit Ausnahme von:
Shutterstock: alle Hintergründe, alle Silhouetten; S. 6-1 (Blätterbild), 210-1 (Eule), 348/349 (alle Gelege), 354-5 (Herz)

Verbreitungskarten
Anton Walter: S. 10, 32, 63, 71, 77, 80, 101, 124, 127, 136, 139, 148, 151, 168, 171, 174, 193, 248, 256, 265, 269, 273, 276, 280, 291, 299, 310, 317, 328, 343, 350;
Gecko-Publishing: S. 13-1, 17, 20, 23, 25, 38, 40, 43, 45, 50, 53, 55, 57, 60, 67, 69, 74, 84, 87, 90, 93, 96, 105, 107, 110, 118, 121, 132, 154, 158, 164, 180, 190, 195, 197, 199, 202, 204, 208, 214, 217, 226, 230, 240, 242, 244, 250, 252, 254, 262, 267, 271, 282, 288, 294, 296, 302, 304, 308, 314, 325, 334, 338, 340, 352.

Wichtiger Hinweis

Das vorliegende Buch wurde sorgfältig erarbeitet. Dennoch erfolgen alle Angaben ohne Gewähr. Weder Autor noch Verlag können für eventuelle Nachteile oder Schäden, die aus den im Buch vorgestellten Informationen resultieren, eine Haftung übernehmen.

Liebe Leserin und lieber Leser,
wir freuen uns, dass Sie sich für ein BLV-Buch entschieden haben. Mit Ihrem Kauf setzen Sie auf die Qualität, Kompetenz und Aktualität unserer Bücher. Dafür sagen wir Danke! Ihre Meinung ist uns wichtig, daher senden Sie uns bitte Ihre Anregungen, Kritik oder Lob zu unseren Büchern. Haben Sie Fragen oder benötigen Sie weiteren Rat zum Thema? Wir freuen uns auf Ihre Nachricht!

GRÄFE UND UNZER Verlag
Grillparzerstraße 12
81675 München
www.graefe-und-unzer.de

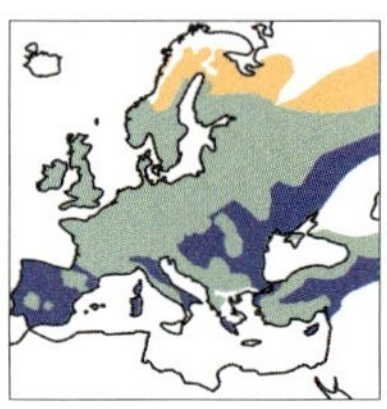

Erklärung zur Verbreitungskarte
Orange: Brutgebiet
Grün: ganzjährig
Blau: Winterareal